航天科技图书出版基金资助出版

航天型号软件工程
方法与技术

王忠贵　刘　姝 编著

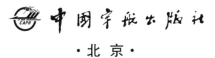

中国宇航出版社

·北京·

图书在版编目（CIP）数据

航天型号软件工程方法与技术/王忠贵，刘姝编著．－－
北京：中国宇航出版社，2015.3（2021.10 重印）
ISBN 978 - 7 - 5159 - 0895 - 3

Ⅰ.①航…　Ⅱ.①王…　②刘…　Ⅲ.①航天-应用软
件工程　Ⅳ.①V4－39

中国版本图书馆 CIP 数据核字（2015）第 045987 号

责任编辑　易　新
责任校对　王　妍　　　　　**封面设计**　文道思

出　版			
发　行	中国宇航出版社		
社　址	北京市阜成路 8 号	邮　编	100830
	（010）68768548		
网　址	www. caphbook. com		
经　销	新华书店		
发行部	（010）68371900	（010）88530478（传真）	
	（010）68768541	（010）68767294（传真）	
零售店	读者服务部	北京宇航文苑	
	（010）68371105	（010）62529336	
承　印	北京厚诚则铭印刷科技有限公司		
版　次	2015 年 3 月第 1 版	2021 年 10 月第 2 次印刷	
规　格	880×1230	开　本	1/32
印　张	13.25	字　数	380 千字
书　号	ISBN 978 - 7 - 5159 - 0895 - 3		
定　价	98.00 元		

本书如有印装质量问题，可与发行部联系调换

航天科技图书出版基金简介

航天科技图书出版基金是由中国航天科技集团公司于2007年设立的，旨在鼓励航天科技人员著书立说，不断积累和传承航天科技知识，为航天事业提供知识储备和技术支持，繁荣航天科技图书出版工作，促进航天事业又好又快地发展。基金资助项目由航天科技图书出版基金评审委员会审定，由中国宇航出版社出版。

申请出版基金资助的项目包括航天基础理论著作，航天工程技术著作，航天科技工具书，航天型号管理经验与管理思想集萃，世界航天各学科前沿技术发展译著以及有代表性的科研生产、经营管理译著，向社会公众普及航天知识、宣传航天文化的优秀读物等。出版基金每年评审1~2次，资助10~20项。

欢迎广大作者积极申请航天科技图书出版基金。可以登录中国宇航出版社网站，点击"出版基金"专栏查询详情并下载基金申请表；也可以通过电话、信函索取申报指南和基金申请表。

网址：http：//www.caphbook.com

电话：(010) 68767205，68768904

序

    多年来我国航天事业的伟大成功经验表明，在复杂的航天型号系统研制中，全面推行软件工程化是保证软件任务完成的关键。本书作者王忠贵作为我国载人航天工程、探月工程（二期）的参与者和领军人物，长期从事航天软件工程的总体设计和软件工程化工作，在相关理论、技术和标准制订等方面积累了丰富的实践经验，因此本书具有很好的成书条件和基础。

    本书认真总结了作者们多年的工作经验，详细分析了国内外航天软件工程的实施情况，全面介绍了航天型号软件的研制过程和管理内容，深入阐述了软件研制各阶段、软件项目管理与计划、软件配置管理和软件质量保证等涉及的理论、方法和相关技术，并探讨了模型驱动软件开发方法和形式化软件开发方法等软件工程新技术在我国航天领域可能的应用前景。

    我认为，本专著内容丰富全面，理论易读好懂，方法安全实用，标准严格不二，是一本值得有关专业人员一读的好书。

    我由衷地祝福本书的出版，期望本书的出版对航天型号软件工程化工作起到大的促进作用。

何矬

2015 年 2 月 26 日

前　言

软件工程是一门工程化的学科，它研究软件的本质、大规模软件开发的途径和方法学、软件行为和软件工程实践背后的理论和规律，有助于提升软件研发效率和软件质量。国内外航天实践都充分证明，航天型号软件研制引入软件工程思想是任务顺利实施的重要保障。

我国航天软件工程的发展是一个不断探索创新的过程。笔者在载人航天软件工程的工作中感触良多。载人航天工程是我国航天发展史上规模最大、系统组成最复杂、技术难度最大、可靠性安全性要求最高的大型系统工程。该工程启动初期，研制队伍中重硬件轻软件的传统观念仍然比较浓厚，个人方法理念主导的工作模式占据主流，软件开发过程不透明，质量不可控，与载人航天工程的要求有很大差距。因此，工程总体下决心引入软件工程管理思想，并作出全面推行软件工程化的决定。通过分管领导主抓、成立软件专家组和充分调研，创新性地建立并实践了工程软件标准规范，走出了一条既符合中国国情、又充分体现复杂系统工程特点的软件工程道路，软件产品质量得到切实保障。我国载人航天工程实施 20 多年来，圆满完成了 6 次无人和 5 次载人飞行任务，实现了中华民族千年的飞天梦和载人航天技术的持续突破，取得了举世瞩目的成就，软件工程功不可没。

本书结合笔者多年从事载人航天工程软件工程工作的实践，系统地总结和介绍了航天型号软件工程的方法与技术。全书共分为

17 章：

第 1 章介绍软件工程的基本概念，分析航天型号任务中软件工程的重要性。

第 2 章介绍航天型号软件的分类，总结航天型号软件工程的核心要素以及软件工程的管理内容。

第 3 章至第 4 章概述国内外软件工程化情况，分析 NASA、ESA 软件工程的组织、标准体系和主要内容，并以载人航天工程为例，详细介绍我国航天软件工程化的发展历程和成果。

第 5 章至第 12 章介绍航天型号软件的研制过程，并详细介绍系统级软件分析与设计、软件需求分析、软件设计、软件实现、软件测试、软件运行维护等阶段的工作内容、原理和方法，涵盖了目前型号软件研制中采用的结构化软件开发方法和面向对象软件开发方法。其中，软件研制过程中的安全可靠性相关工作在第 12 章专题介绍。

第 13 章至第 15 章围绕航天型号软件项目管理与计划、软件配置管理、软件质量保证展开，详细介绍了其实现过程和方法，包括软件开发成本估算、进度安排、风险管理、技术状态控制、软件评审等。

第 16 章至第 17 章分别介绍模型驱动软件开发方法和形式化软件开发方法，这两个软件工程技术在欧美航天型号软件研发中已经取得一定应用效果，是未来进一步改进软件研发过程、提升软件质量的有效途径。

本书主要面向的读者是航天型号软件系统的设计人员、开发人员、测试人员，以及管理人员。对于非型号软件系统的开发人员而言，本书也不失为一本有助于了解和掌握航天软件工程知识的教程。

本书的编写工作得到了很多同志的帮助，参阅了大量的国内外图书、标准、规范、报告、论文，吸纳借鉴了许多专家和学者的研究成果。感谢何新贵院士为本书作序，感谢载人航天工程软件专家组专家对本书提出的宝贵建议，感谢张丽艳、程胜、李书良、李尚杰等同志对本书编写与出版工作的支持；同时也感谢航天科技图书出版基金的资助和中国宇航出版社的大力支持。

因学识有限，时间紧迫，书中难免有错误和不足之处，敬请读者批评与指正。

王忠贵

2015 年 2 月

目　录

第1章 概　述

20世纪60年代末，随着计算机硬件技术的进步和元器件质量的逐步提高，整机的容量、运行速度和可靠性有了明显提升，计算机得到广泛应用。但软件开发仍处于"手工作坊"的阶段，引发了所谓的"软件危机"。软件危机是指落后的软件生产方式无法满足快速增长的计算机软件需求，从而导致软件开发和维护过程出现一系列问题的现象。随着软件规模的扩大、复杂性的增强以及功能的增加，高质量软件开发越来越困难，常会出现不能按时完成任务、产品质量得不到保证、工作效率低下和开发经费严重超支等情况。为了解决软件危机，人们逐渐开始认识软件的特性以及软件产品开发的内在规律，尝试用工程化的思想指导软件开发，于是软件工程诞生了，软件开发和生产的过程开始逐步改善。

1.1　软件工程的概念

1968年，在北大西洋公约组织举行的一次学术会议上，Friedrich L. Bauer提出了软件工程的概念，并将其定义为"为了经济地获得可靠的、能在实际机器上高效运行的软件而建立和使用的正确的工程规则"。这个定义肯定了工程化的思想在软件工程中的重要性，但是没有考虑软件产品的特殊性。经过40多年的发展，软件工程已经成为一门独立的学科，人们对软件工程也逐渐有了更全面、更科学的认识。

1.1.1　软件工程定义

从理论上看，软件工程的本质特征、理论和方法学都是由软件工程所研究的对象——"软件"确定的。为了理解软件工程，先要明确"软件"的基本特点。

在软件工业或者信息社会中，软件和程序是经常被提及的概念，但是软件并不仅仅等同于计算机程序。计算机程序是以某种编程语言编写的代码，或者是算法加上数据。而软件是代码、设计文档、支持文档以及中间工作产出的一个综合体，包括需求分析、系统设计、代码配置、测试用例和测试结果、用户手册等。

1990 年，IEEE-610.12 标准对软件工程的定义为："将系统的、严格约束的、可量化的方法应用到软件的开发、运营和维护中，即将工程学应用到软件中，并对上述方法进行研究"。

软件工程采用工程化的方法来开发大规模的软件，以获得较高的生产率、低成本、可控的质量、可度量的开发进度。这里工程化的方法包括确定的方法学、过程、措施、工具、标准、组织方法、管理方法、质量保障系统等。软件工程的提出是为了解决软件危机带来的各种弊端，具体地讲，其目标包括：

1）使软件开发的成本能够控制在预计的合理范围内；

2）使软件产品的各项功能和性能能够满足用户需求；

3）提高软件产品的质量；

4）提高软件产品的可靠性；

5）使生产出来的软件产品易于移植、维护、升级和使用；

6）使软件产品的开发周期能够控制在预计的合理时间范围内。

实现上述目标既需要严格的理论方法支持，又需要在实践中总结经验，形成各领域特定的最佳实践原则。因此，软件工程应当是理论和经验的有机整合，这就形成了软件工程第一定律："软件工程的问题必须通过理论软件工程和经验软件工程方法学共同解决"。理论软件工程由抽象、归纳的方式刻画，是以形式化推导为中心的研究；经验软件工程采用具体的、演绎的、以数据为基础的方式刻画，是以试验、确认为中心的研究。

1.1.2　软件工程的基本约束

软件工程是一个特殊的工程学科，也是迄今为止人类面临的最为复杂的工程学科之一。由于软件工程内在的不可触摸性、复杂性、多样性以及对人的依赖，存在许多先天的约束。根据 Dijkstra 等的研究，软件工程的约束体现在认知约束、组织约束和资源约束 3 个方面：

1) 认知约束来自于软件工程对象——"软件"的特性，主要体现在不可触摸性、复杂性、不确定性、多样性、多态性、难于表达、难于具体化、无法量化的质量指标等方面；

2) 组织约束主要来自劳动力使用充分性，例如时间约束、生产力限制等；

3) 资源约束主要体现在人员、成本和硬件等方面。

1.1.2.1　软件工程的认知约束

约束 1（不可触摸性）

软件的不可触摸性是软件工程的基本约束之一。软件是一种抽象结构，无法利用物理对象构造，并且软件的所有开发过程都是不可触摸的，包括问题表示、需求描述、设计和实现等。因此，难以对软件进行定义和表达。

约束 2（复杂性）

软件的复杂性主要体现在错综复杂的内部连接和外部耦合，包括软件架构、行为和环境的复杂性。架构复杂性主要涉及数据对象、外部/内部表示之间的复杂性；行为复杂性是指处理过程、输入/输出方式复杂带来的问题；环境复杂性是指软件运行所处的硬件平台、用户的操作行为等多种多样。由于软件的部件、功能、操作、数据对象之间存在着复杂的互联关系，任何一个地方发生变动都可能导致多个不可预知的后果。因此，大型软件系统开发中，任何人都无法真正理解整个系统。项目领导和系统架构师缺乏对系统实现细节的充分把握；而程序员则可能缺乏系统的全局视图，无法理解系统与其他分系统、部件之间的交互。

约束3（不确定性）

软件的不确定性是指即使给定一个算法，在设计阶段也无法完全确定软件系统中的所有事件、行为以及它们的发生顺序。软件的许多行为只能在运行时才能确定。

约束4（多样性）

多样性是指软件有多种属性，并且每个属性包括多个方面，包括软件的类型、风格、架构、行为、平台、应用领域、实现技术、可用性、可靠性和质量等。仅仅从软件的类型上看，至少可以分为系统软件、工具软件和应用软件。工具类软件又可以细分为编译器、代码生成器、调试器和测试软件。

约束5（多态性）

多态性表示软件设计和实现的途径和风格具有多种方式，可能的解空间非常大。根据认知信息学的问题求解理论，软件设计和开发是一个开放问题，也是一个创造性的过程。因此，无论是可能解空间，还是产生一个具体的解的路径都是不确定的。相似地，软件实现也具有多态性，任何一个设计的实现不是唯一的，会受多种因素影响，包括编程语言、目标计算机、编码风格、数据模型、内存分配方式等。

约束6（难于表达）

软件系统通常从3个侧面来表达，即软件架构、静态行为和动态行为。无论从结构上还是行为上对软件系统进行描述、建模、表示和量化都非常困难，尤其是形式化或者严格的表达更为困难。

约束7（难于具体化）

由于软件系统的特征难以表达，在描述软件系统的架构和行为时，单一的表示形式难以满足描述需求，只有通过复合的表示方法才能够更为准确、具体地描述。例如，图形化技术对于表示软件系统的概念模型非常有用，但却无法直接支持后续的自动代码生成。

约束8（无法量化的质量指标）

软件质量包含许多错综复杂的方面，难以量化建模和度量。例如，软件的设计质量、软件可用性、软件实现有效性、软件可靠性等至今仍然无法度量。针对大规模软件系统，如果不能度量其所有质量属性，那么就不能够完全控制该系统的开发。在软件工程中，通常使用定性的或者非正式的确认和评估技术（如评审）代替量化技术。

1.1.2.2　软件工程的组织约束

软件工程的组织约束是从协作和管理的需求出发，使得具有不同角色的软件工程师之间协同、高效地完成任务。软件工程可能面临许多不同的组织约束，但是最为根本的约束有时间依赖、生产力限制、劳动/时间不可转换。

约束 1（时间依赖）

软件工程中几乎所有的组织问题都依赖于时间，例如软件开发进度安排、劳动力分配等。

约束 2（生产力限制）

软件开发是一项智力型、具有创造性的活动，几乎所有过程都依赖于人的认知能力，包括抽象、创造、问题求解、学习和理解等。软件生产率与开发人员的能力有关。

约束 3（劳动/时间不可转换）

软件开发是一项群体性活动，需要在开发人员之间维持极高的协作和沟通。传统的工程学科中，劳动和时间是可以互换的，但是软件工程实践表明，难以简单地将劳动和时间进行互换，需要考虑协作与沟通的代价。

1.1.2.3　软件工程的资源约束

软件开发过程会使用到大量的资源，核心的资源约束包括成本约束、人的约束和硬件约束。

约束 1（成本约束）

软件研制需要成本，不仅包括开发成本，还包括运行和维护成本。成本必须处于受控状态，不恰当的软件工程组织方式可能会导致无用成本的增加。

约束 2（人的约束）

所有的软件工程活动和过程都是由人进行的，受人的特征、认知和创造能力的约束，同时还受激励和态度的影响。

约束 3（硬件约束）

软件是一个抽象的结构，其行为和能力只能通过硬件平台体现，包括硬件计算机系统、与计算机平台连接的外部 I/O 设备等。在一些软件工程活动中，软件系统和硬件平台是同步开发的，硬件平台的可用性制约了软件工程的进展。

1.1.3　软件工程的研究内容

在软件工程发展过程中，研究者采用了各种途径来处理所面临的问题和约束，归纳起来可以分为编程方法学、软件开发模型、软件工程过程、自动化软件工程和软件工程理论。

这些方法对于软件工程所面临的基本问题的有效性各不相同。编程方法学和软件开发模型等传统的方法通常对于技术类问题解决较好，但是并没有涉及底层的理论问题、组织问题和管理问题。软件工程过程对于组织、管理问题提供了全面的解决方案，但是仍然缺乏理论支持。自动化软件工程集成了系统和计算机辅助软件工程工具，使软件开发人员能够在一定程度上从一些软件开发任务中解脱出来，但是仍然存在不少关键问题没有解决。软件工程理论则是一种理想化的软件工程方法，它能够全面覆盖软件工程的所有问题，但是目前仍然处于探索阶段。

1.1.3.1　编程方法学

编程方法学是软件工程的雏形，提出了许多有用的原则，包括抽象、信息隐藏、功能分解、模块化和可重用性等。它对程序设计提出了一些要求，并且给出一定的技术支持。

从 20 世纪 50 年代到现在，已经发展出了多种软件编程方法学。

50 年代开始，软件编程中引入了功能分解；70 年代，结构化编程方法和抽象数据类型极大地促进了软件编程方法学的发展，使得软件编程方法学为广大软件工程人员所熟悉。进入 80 年代，面向对象的编程方法出现，它具备结构化编程和抽象数据类型的优点，同时还增加了其他具有良好组织的机制，包括封装、继承、可重用性、多态等，很快被广泛接受。面向对象的编程方法学最为显著的特征就是利用代码和系统层的继承支持软件重用。进入 90 年代，在面向对象的编程方法学的基础上，发展出了基于构件的编程方法学，更好地支持了软件分解、组合，以及商业软件的快速重用。

1.1.3.2 软件开发模型

软件编程方法学主要提出了程序设计的一些概念原则，侧重于软件设计和实现层的技术性要求。为了弥补软件工程在组织、管理和高层技术上的指导，研究者们提出了软件开发模型的概念。软件开发模型侧重于对软件工程的阶段、阶段之间的关系进行更为宏观的约束。

具体来讲，软件开发模型是指软件开发全部过程、活动和任务的结构框架。软件开发通常分为需求、设计、编码、测试等阶段。软件开发模型明确定义不同阶段的主要活动和任务，确定每个阶段之间的关系。典型的软件开发模型包括瀑布模型、原型化开发模型、螺旋模型、增量式开发模型等。

软件开发模型除了提供一个宏观的结构框架之外，还提供每个阶段的详细方法。例如，软件设计阶段可能选择结构化方法和面向对象方法，可以使用流程图、数据流图、实体-关系图等。

软件开发模型虽然为软件设计和实现提供了一组指南，但它主要集中在软件开发生存周期的技术层面，组织和管理的方法学和过程仍然没有涉及。

1.1.3.3 软件工程过程

软件工程过程也被称为软件过程，是指在软件生存周期内，为实现特定目标而进行的一系列相关活动。每个活动都有特定的步骤，对软件工程的组织、开发和管理提供功能上连贯、可重复、可重用的框架。软件工程过程关注软件工程的系统、组织和管理的基础设施，对软件工程的范围进行了延伸，从而满足软件产品在复杂性和规模方面的快速增长需要。

到目前为止，已经出现了多个软件工程过程模型。典型的过程模型是能力成熟度模型集成（Capability Maturity Model Integration，CMMI），它不关注软件流程细节，仅仅关注制定、管理、控制软件流程所需的管理要点，以软件开发流程作为全面质量管理的架构，提升组织管理软件开发的能力。

1.1.3.4　自动化软件工程

为了支持编程方法学和软件开发模型，提高软件开发效率和质量，需要使一些软件开发工作自动化，产生了自动化软件工程。自动化软件工程集成了系统和计算机辅助软件工程工具，使软件开发人员能够在一定程度上从一些软件开发任务中解脱出来。自动化软件工程涉及人工智能、认知信息学、知识工程等方面知识，例如统一建模语言（Unified Modeling Language，UML）和相关的工具（Rational Rose）。

在自动化软件开发中，主要的技术难点是需求获取和规格说明、系统架构的行为建模、应用领域的知识表示、实现的正确性证明等。目前，自动化软件工程相关技术已经取得了较大的进步，但是仍然存在不少关键问题没有解决。

1.1.3.5　软件工程理论

软件工程理论是软件工程学科发展过程遵循的基本原理和普遍规律。实际的软件开发项目只有在一定的软件工程理论约束下才能贯彻软件工程思想。著名软件工程专家 B. W. Boehm 于 1983 年提出了以下软件工程的基本原理：

1）将软件的生存周期划分为多个阶段，对每个阶段实行严格的管理。软件开发是一个漫长的过程，人们可以根据工作的特点和目标，把整个软件的开发周期分为多个阶段，并且为每个阶段制定分阶段的计划和验收标准，这样有利于整个软件开发过程的管理。

2）坚持阶段评审制度，确保软件产品的质量。严格贯彻与实施阶段评审制度可以帮助软件开发人员及时发现并改正错误。在软件开发的过程中，错误发现的越晚，修正错误所需要付出的代价就会越大。只有在本阶段的工作通过评审后，才能进入下一阶段的工作。

3）实施严格的产品控制，适应软件规格的变更。在软件开发的过程中，用户需求可能不断发生变化。有些时候，即使用户的需求没有改变，软件开发人员也会受经验的限制或与用户交流不充分的影响，难以做到一次获得所有正确的需求。因此，需求工作贯穿整个软件开发的生存周期，需求的变更是不可避免的，要严格实施版本控制和变更管理。

4）采用先进的程序设计技术，提高软件开发和维护效率。先进的程序设计技术，例如面向对象软件开发方法、模型驱动软件开发方法，可以使开发的软件产品更易于维护和修改，还可以提高开发效率。

5）软件产品易于审查和度量。虽然软件产品的可见性比较差，但是它的功能和质量应当能够被准确地审查和度量，从而有利于进行有效的项目管理。

6）合理安排软件开发小组的人员，进行高效的团队管理。

7）不断改进软件工程实践。随着计算机科学的发展，软件从业人员应当不断总结经验并主动学习新技术。

1.2　航天实施软件工程的必要性

随着航天型号产品和计算机技术的飞速发展，以硬件为基础、软件为核心的特征日益明显，软件的质量和可靠性成为影响航天型号产品质量和可靠性的关键因素之一。

1.2.1　软件质量问题影响型号任务成败

随着软件在型号中的应用越来越多，软件产品的问题占总质量问题的比例有上升趋势。国内外的型号产品在装配、测试和发射场，以及在轨飞行过程中，由于软件问题影响任务成功的案例并不罕见。以下是国际上发生的重大航天事故中与软件相关的案例，都是由于软件工程实施不到位造成的。

1.2.1.1　金星探测器水手 1 号

1962 年 7 月 22 日，携带着飞向金星的无人飞船水手 1 号的宇宙神火箭从美国卡纳维拉尔角空军基地发射升空。起飞后 5 min，控制飞行姿态的计算机程序发生故障，导致火箭偏离了预定轨道，发射人员在离星箭分离只有 6 s 时发出了自毁指令，在大西洋上空将整个火箭摧毁。这次事故使美国损失了 1850 万美元，使美国太空探险史上的首次太阳系飞行计划化为泡影。

事故原因定位在软件中，是由于说明书中的一个描述错误而导致的程序错误。数学中，在变量符号上面加个水平的"—"符号表示求平均，在提供给程序员的手写制导方程中，这个"—"号不小心被漏掉了。程序原本应该操作平均速度，结果程序员按照算法编写的程序使用了从雷达得到的原始速度。程序运行时觉察到了火箭速度的微小波动，在经典的负反馈循环中，试图调整火箭的速度，出现了不稳定行为。

这个有缺陷的程序曾用于以前的几次飞行任务，但出问题的语句是第一次执行。以前的几次飞行中，火箭的飞行是由地面控制的，没有触发出问题的代码执行。这次由于天线故障，火箭无法接收到无线电指令，所以使用了飞船上的控制软件，执行了这段以前没有使用过的代码。

1.2.1.2　阿里安 5 号

1996 年 6 月 4 日，欧洲太空局（European Space Agency，

ESA）耗资 67 亿美元，历时 10 多年研制的阿里安 5 号火箭带着 4 颗卫星在法属圭亚那库鲁航天中心第三发射场首次升空，这 4 颗卫星用于研究地球和太阳之间的相互影响。当地时间上午 9 时 33 分 59 秒（H_0），芯级发动机点火。$H_0 + 7.5$ s，助推器点火，起飞正常。但在 $H_0 + 37$ s 至 $H_0 + 39$ s，两个助推器喷管突然摆到极限位置，火箭很快倾斜，大幅度偏离轨道，在强烈气动力的作用下引起箭体结构的断裂，随后火箭安全系统自动将火箭和助推器炸毁。ESA 宣布飞行试验失败。

事故的调查结果显示，虽然阿里安 5 号重用了阿里安 4 号的代码，但触发了程序的一个错误。程序中没有对 64 位浮点数转换为 16 位带符号整数可能引发的异常进行特殊处理，而是采用了缺省的处理办法——停机。阿里安 5 号的惯性参考系统软件计算机程序运行中，水平偏差值（BH）超出计算机软件的限值。当对 BH 进行浮点数转换整数操作时，发现 BH 超出限值，就触发了停机处理。首先是备份计算机崩溃，0.05 s 之后，主计算机也崩溃了。这些计算机的崩溃直接导致了火箭的主要处理器失效，使火箭的引擎过载，同时导致火箭在发射 40 s 后解体破碎。

1.2.1.3 火星气候轨道器 MCO

1998 年 12 月 11 日，美国国家航空航天局（National Aeronautics and Space Administration，NASA）在卡纳维拉尔角发射了火星气候轨道器 MCO，计划使其进入火星轨道绕行并探测火星气候，为未来实施火星登陆计划选择合适的地点。MCO 经过 6.65 亿 km 的飞行，终于飞到了火星。但是它在准备进入绕火星运行的轨道时飞行高度太低（仅 57 km），大大低于技术人员提出的约 85～100km 的最小安全距离，与预定的 140～150 km 高度更相差甚远。高度太低，探测器可能在火星的大气中因气动热而被"火葬"，甚至可能坠毁在火星表面上。该项目连同运载火箭在内，共损失 1.25 亿美元。

事故发生后，主管该项目的 NASA 喷气推进实验室等部门迅速开始了调查工作。初步分析时认定，问题可能出在卫星软件上，也可能是地面系统的问题，同时，人员操作失误的可能性也不完全排除。但最后查出的结果却让人难以置信：造成 MCO 飞行高度太低的原因竟然是公制和英制的转换问题。研制 MCO 的洛克希德·马丁公司对探测器的一项关键操作提供的是英制单位的数据，而 NASA 喷气推进实验室的导航人员想当然地以为是公制，未加转换便直接将英制数据输入了采用公制数据的计算机系统内，从而造成了严重的导航错误。

1.2.1.4　火星极地着陆器

　　NASA 于 1999 年 1 月发射了由其喷气推进实验室研制的火星极地着陆器，该飞行器计划在火星南极登陆后工作 9 个月，进行火星气候等 3 项科学研究。但它在 12 月 3 日到达火星执行着陆过程后，没有按原计划向地球发回任何信息。地面工作人员尽力联系，终告失败。

　　NASA 不清楚通讯失败的原因，然而失败审查委员会认为"在火星极地着陆器着陆前，软件提前（在 40 m 的高度上）向反推火箭发动机发出了关机指令"是导致该事故发生的最有可能的原因。火星极地着陆器正常的触地速度是 2.4 m/s，但由于反推火箭发动机提前关机，可能致使着陆器以 22 m/s 的速度冲向火星地面。

　　分析表明，导致软件提前发出关机指令的原因，是因为当着陆器的腿在 1500 m 高度展开时引起触地传感器发出了虚假触地信号。这个虚假触地信号在 40 m 的高度被"使能"，导致反推火箭发动机立即关机。通过几次地面试验验证了该错误的触地信号问题确实会发生。究其原因，触地传感器（霍尔效应磁传感器）的特点是"当着陆器的 3 条腿展开时发生的震动可能导致霍尔传感器错误地发出触地信号"。为了避免这种信号的影响，在软件的系统需求中特意给出了"在 12 m 高度以上，不得使用霍尔传感器的信号"的需求。但是该软件的需求规格说明中漏掉了此项需求（见图 1-1）。调查组在对着陆器的腿展开进行测试时，确实发现了霍尔传感器发出了错误的触地信号，而软件没有将此信号的状态清除。如果在实际飞行中，当着陆器达到 40 m 高度时，此状态由于"使能"打开而发生作用，可导致反推火箭发动机提前关机。

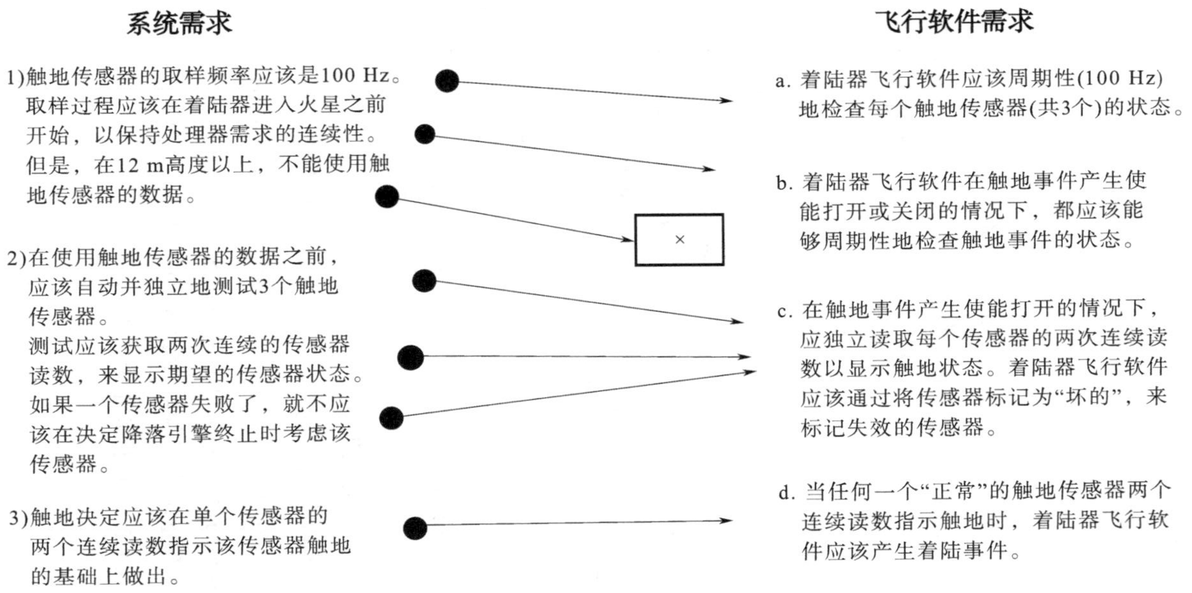

系统需求

1) 触地传感器的取样频率应该是 100 Hz。取样过程应该在着陆器进入火星之前开始，以保持处理器需求的连续性。但是，在 12 m 高度以上，不能使用触地传感器的数据。

2) 在使用触地传感器的数据之前，应该自动并独立地测试 3 个触地传感器。测试应该获取每两次连续的传感器读数，来显示期望的传感器状态。如果一个传感器失败了，就不应该在决定降落时考虑该传感器。

3) 触地决定应该在单个传感器的两个连续读数指示该传感器触地的基础上做出。

飞行软件需求

a. 着陆器飞行软件应该周期性 (100 Hz) 地检查每个触地传感器 (共 3 个) 的状态。

b. 着陆器飞行软件在触地事件产生使能打开或关闭的情况下，都应该能够周期性地检查触地事件的状态。

c. 在触地事件产生使能打开的情况下，应独立读取每个传感器的两次连续读数以显示触地状态。着陆器飞行软件应该通过将传感器标记为"坏的"，来标记失效的传感器。

d. 当任何一个"正常"的触地传感器两个连续读数指示该触地地时，着陆器飞行软件应该产生着陆事件。

图 1-1　火星极地着陆器的系统需求与飞行软件需求的映射

1.2.1.5　大力神-4B/半人马座/军事星 II

1999 年 4 月 30 日，大力神-4B 运载火箭带着军事星 II 有效载荷顺利离开卡纳维拉尔角空军基地 40 号发射台，这次发射采用的是液体的半人马座上面级。火箭发射 9 min12 s 后，遥控数据表明，大力神-4B 的固体助推器、芯级和推进系统工作正常。发射后 9 min36 s，上面级的发动机点火工作，2 min 后，进入 174 km×187 km 的轨道，倾角为 28°，此时尚无任何异常。大约发射后 30 min，控制人员发现发动机第一次点火工作不稳定，发生异常，地面发出遥控指令后，火箭仍然执行错误指令。

根据飞行程序，在发射后 1 h15 min，上面级开始进行第二次点火工作，这次点火工作主要是将卫星送入地球同步轨道高度。发射后 6 h22 min，在这个高度将进行第三次点火工作，将卫星推入同步轨道，然后卫星漂移到南美附近的西太平洋上空，之后几分钟卫星与上面级分离。而实际情况是，半人马座上面级的第二次、第三次点火均提前进行，并导致星箭过早分离，大约发射 3 h 后，火箭将卫星送入了 740 km×5000 km 的无用轨道，而不是预定的地球同步轨道。地面人员试图挽救卫星，曾成功地稳定了卫星姿态，并展开了 35.4 m 的太阳能电池翼。尽管卫星的电力供应正常，但从军用通信的观点来说，这次任务是失败的。加上火箭成本，这次发射失败共造成 12.3 亿美元的损失。

事故调查委员会的结论是，发射失败是由洛克希德·马丁公司研制和验证的软件问题引起的。洛克希德·马丁公司的软件工程师将惯性导航单元的软件文件中一个旋转速度过滤常量的值使用错了。洛克希德·马丁公司为了保持军事星的一致性，保留了军事星 I 的过滤常量值，该值在军事星 II 中被误用。

1.2.1.6　事故原因分析

在软件开发过程中，软件工程在防止软件错误的产生、及时发现并排除软件的错误方面已经形成了一系列的措施。但由于软件工程的工作没有做到位，才导致以上事故发生。

（1）软件开发方面

火星极地着陆器、阿里安 5 号、火星气候轨道器 MCO 事件都是典型的软件开发问题。火星极地着陆器的失败是因为遗失需求导致的；阿里安 5 号的失败是软件设计缺陷导致的；火星气候轨道器 MCO 的失败是模块间传递的参数使用错误导致的。在这些案例中没有很好地定义软件开发过程，参与人员在文档的编写和对开发过程的完全理解上执行得不够好。尤其对于已经执行过飞行任务的软件，由于程序成熟，开发人员没有很好地理解整个软件开发过程。

（2）软件测试、验证和确认方面

软件测试、验证和确认是保障软件质量的重要手段，但在实践中可能没有严格执行，有时也会因为经验不足，测试难以发现问题或对发现的问题不敏感。火星极地着陆器需求丢失的问题出现在软件开发过程的早期，但在后续的软件走查、系统测试等多个测试阶段都没有发现。大力神-4B 事故同样如此。虽然 NASA 开发了一个独立的验证和确认程序，但是没有验证和确认速度过滤常量。在飞行程序装入惯性导航单元之后发射之前，并没有正式地检查过滤常量的合法性或者监测火箭的姿态速度。美国第 45 航空联队的第三航天发射中队和数百名承包商人员，在发射之前的测试中发现了问题，但由于他们之间缺少直接的交流而没有对错误进行改正。

（3）质量保证方面

航天型号系统极其复杂，对质量保证提出了很高的要求。在上述事故中，虽然洛克希德·马丁公司、NASA、ESA 等单位作为承制方有丰富的研制经验，也有软件质量保证的职能，但是对整体流程和软件仍然缺乏深入理解，在质量保证方面也会有不到位之处。

1.2.2 航天型号软件研制面临挑战

航天型号研制是一项复杂的系统工程，安全可靠性要求高并且参研单位众多，如何按照进度、经费计划，完成高质量的软件研制面临一系列挑战，结合航天软件研制特点，研究并实施航天型号软件工程的理论、方法和技术，是保障航天任务的重要措施。

1.2.2.1　软件在航天型号中的数量、规模快速增长，需提高软件研制水平

软件为航天型号提供的功能比重呈明显增长趋势。1960 年到 2000 年 40 年间，美国军用飞行器中，软件提供给飞行员的功能从 8% 增长到 80%。我国航天型号也是如此，以载人航天工程为例，交会对接任务中箭载、船载、器载软件配置项比神舟七号飞行任务的软件翻了 1 倍。同时，随着空间科学试验种类不断增加，将更多地引进和使用商用应用软件、数据库与操作系统。从规模上看，传统的卫星等航天器的软件规模以中小规模为主，而空间站工程的软件规模以中大规模为主。面对软件数量和规模大大增加的趋势，软件的研发、测试、试验任务大量增多，资源矛盾更加突出，需要加强软件工程化的技术和管理措施保证软件质量。

1.2.2.2　安全关键软件的数量激增，需对安全可靠性进行有效保证

软件的安全可靠性问题是航天型号中非常关键的问题。航天型号中安全关键软件的比重较大，尤其是载人航天工程，软件配置项（含可编程逻辑类软件）中安全关键软件的比例高达 50%。在软件研制过程中，安全关键软件必须经过严格的测试验证和安全分析，确保其潜在的缺陷最小。因此，航天型号软件工程化需要对安全关键软件提出特殊的研制流程和保障措施。

1.2.2.3　软件参研单位众多，需有效控制研制进度和质量

航天型号研制从系统到分系统，到硬件配置项和软件配置项，参研单位众多。以载人航天工程为例，工程采用矩阵式的管理体系，在平时和飞行任务期间分别实行两种管理模式，由总指挥和总设计师分别负责行政、技术两条线。全国直接承担载人航天核心研制建设任务的单位达 100 多家，有 3000 多家协作配套和保障单位，各系统、分系统、子系统的协作或配套单位更多。为了保证如此庞大的

系统按照预期的进度、经费规划完成研制，需要进行严格的阶段划分和质量控制。

1.2.2.4 软件运行环境多样化，需要软件工具提升软件工程化水平

首先，软件运行环境多样化，需要开发环境类工具提升软件研制能力。航天型号采用的处理器与商用领域相比有一定特殊性，并可能广泛采用新型处理器、国产处理器。有些软件研制工具与运行环境密切相关，航天型号软件运行环境的特殊性，使编译器、测试工具、测试平台的需求发生了变化，需要投入更多的人力、物力和时间。尤其是编译器等基础软件，与生成的目标代码、系统的安全性直接相关，需要进行安全可靠性验证。

其次，需要过程管理工具和辅助工具提升管理水平。航天型号软件工程化涉及项目管理、需求管理、配置管理、质量保证等管理过程，涉及系统、分系统、软件配置项研制方的多方参与，以及分析、设计、开发、测试等多种人员角色，并且航天软件工程化过程有很多严格的要求，需要工具支持提升软件工程化的自动化水平和工作效率。

第2章 航天型号软件工程化的要素和方法

软件工程是一门工程化的学科，它研究软件的本质、大规模软件开发的途径和方法学、软件行为和软件工程实践背后的理论和规律。软件工程的主要研究方向有两个：理论软件工程和经验软件工程。前者聚焦于软件工程的根基和基本理论；后者关注软件工程的基本原则、工具/环境、最佳实践。航天型号软件工程基于软件工程理论，结合了工程实践经验，从管理和技术角度对型号软件研制进行约束。

2.1 航天型号软件的分类

航天型号中使用的软件可以从不同的维度进行分类。按照软件在工程中所运行的任务载体分类，大致可分为飞行软件和地面软件；按照硬件类型，可以分为处理器软件和可编程逻辑类软件；按照软件的类型区分，可以分为应用软件、中间件、操作系统；按照来源，可以分为自研软件、商用货架软件 (Commercial Off the Shelf, COTS)。

飞行软件是指在火箭、飞船等执行飞行任务的型号上运行的软件，可以进一步分为箭载软件、航天器载 (简称"器载") 软件，包括所有涉及空间飞行的系统、航天员以及航天员与飞行系统交互的软件。

飞行软件对于航天任务的重要性显而易见。飞行软件的复杂性、性能和安全性在不断提升。据 NASA 统计，其飞行软件的复杂度约 10 年增加 1 个数量级。我国航天型号软件在系统中的重要性也在逐步提高。例如，交会对接任务对火箭、飞船都提出了更高的控制精度和时效性要求，这些要求大部分都涉及软件，许多关键软件增加了与交会对接任务紧密相关的控制逻辑和算法。

飞行软件多为嵌入式实时软件，具有严格的时间约束、体积约束。飞行软件可以采用商用软件或者自研，无论何种方式，都需按照软件工程化的要求实施。

地面软件是指与飞行任务直接相关的测发控软件、在轨运行的地面支持软件、地面设备软件等。

NASA 在长期的航天实践中，将软件分为 8 类：

1）载人级软件系统，被应用于载人空间飞行的软件分系统，包括在轨和地面支持，支持航天员在太空活动，以及航天员与载人太空飞行系统交互；

2）非载人空间级软件，为了完成主要的任务目标的飞行和地面软件系统；

3）任务支持软件，单个科研仪器处理软件、任务数据分析和处理软件等影响到附属任务目标的软件；

4）分析和发布软件，非飞行软件，主要用于科学数据收集、存储、分发，以及执行工程和硬件数据分析；

5）开发支持软件，非飞行软件，主要用于支持工程中软件、硬件的设计、开发、分析、测试和验证；

6）跨航天中心或者项目的通用计算机软件，主要支持日常办公，提供基本的信息基础设施；

7）单个项目和中心的通用软件，航天中心或者航天项目任务内的软件，该类软件无需特殊的处理，可以从商用市场上购买；

8）通用桌面软件，包括办公软件等，主要影响工作人员个人工作效率。

除软件类别外，航天型号软件还要关注安全关键等级。按照安全关键级别，可以分为 4 个等级，即 A、B、C、D。其分级依据是软件类别、软件失效后带来的危害以及软件发生失效的概率，软件安全关键等级的具体确定方法参见第 12 章。并不是所有的飞行软件都是高安全关键等级的软件，需要依据安全关键软件定级方法，按照风险等级与失效概率进行综合评估。软件研制过程中根据其安全关键等级，实施不同程度的管理。

2.2　航天型号软件工程的核心要素

概括地讲，航天型号软件工程包括过程、方法和工具 3 个要素。其中，方法提供了构造软件的技术，是完成软件工程的技术手段；工具为软件工程提供了半自动化或自动化的支持；软件工程的过程则将方法和工具综合起来，达到合理、及时地进行计算机软件开发的目的。

航天型号软件工程规定获取、供应、开发、操作和维护软件时所需实施的过程、活动和任务，其目的是为参与人员提供一个公共框架，以便使用相同的语言进行交流，并通过严格的过程要求提升软件质量。

2.2.1　软件开发过程

航天型号软件研制是由一系列的活动组成的。根据活动的目标、产出、前后条件等，活动被组织成一些相对独立的过程。简而言之，软件过程是软件产品生产过程中的一个环节，由一组相关的活动组成。

2.2.1.1　软件开发过程的组成

软件产品的特点或者开发基础不同，选择的开发过程可能不同。但是，在所有的软件过程中，软件需求分析、软件设计和实现、软件确认、软件维护是软件工程的基础。软件需求分析是定义软件的功能和约束的过程，这些功能和约束被转化成为软件需求规格说明。软件设计给出将功能转换成为编码的方案，对软件功能进行划分，形成软件模块。软件实现则是利用恰当的编程语言，将每个具体的设计转换成为程序。软件确认的主要目的是确保软件所提供的功能是客户所需要的。软件维护则是根据用户的需求变化对软件进行局部修改。

航天型号软件研制过程，分为系统级分析与设计、软件需求分析、软件设计、软件实现、软件测试、验收交付、运行维护等阶段。其中系统级分析与设计可以进一步细分到分系统级，是软件工程与系统工程的衔接。软件设计包括软件概要设计和软件详细设计。软件测试分为单元测试、集成测试、配置项测试和系统测试，对相应的开发过程各阶段进行验证与确认。

在描述一个软件工程的过程时，除了需要定义该过程所包含的各种活动之外，还必须包含以下几个方面的内容。

（1）过程的产出

一个过程的产出是其核心，是该过程的首要外部特征，同时也是过程中所有活动产出的总和。例如，对于软件需求分析过程，其产出包括软件需求规格说明书、软件安全性需求、软件接口控制文档等。

（2）软件过程中涉及的角色

软件过程中的所有活动都必须由特定的人来承担，角色反映出所有这些人在过程中的作用。这也是软件过程的一个非常重要的外部特点，对于软件资源安排具有重要的影响。

（3）入口准则

一个过程的入口准则是一些基本条件，是过程活动的输入。仅当这些条件满足时，过程中的活动才能执行。例如，软件需求规格说明书是软件设计的基础，因此，软件需求规格说明书通过评审、建立起功能基线是软件设计的前提条件之一。

（4）出口准则

除了过程的产出之外，过程活动是否结束还存在一些约束条件，称为出口准则。约束条件通常包括对过程产出的质量要求，如软件设计的方案是否通过评审、测试是否满足覆盖率要求、测试发现的问题是否已经修改等。

软件过程是非常复杂的，并且依赖于人的决策和判断。从这个角度看，没有一个适用于所有情况的理想过程。软件过程通常具有较大的个性化特征，每个组织都会建立起适应自己的业务和组织特点的软件开发过程。另外，软件过程并不是僵化的，一成不变的，它必须随着组织内部人员能力的变化和系统特点的变化而逐渐演化。例如，对于一般的业务系统，它通常具有快速变更的需求，所选择的软件开发过程必须足够灵活，只有足够灵活的软件过程才能适应快速的需求变更；对于航天型号中涉及安全关键的系统软件，软件需求变化频率不是很高，但是软件安全性、可靠性和正确性非常重要，那么结构化的软件开发过程可能更为适合。

2.2.1.2　软件开发模型

虽然对每个组织而言，软件过程具有多样化特征。但是，对于特定的组织或者工程系统而言，软件过程的标准化可以提高软件质量，降低软件过程的多样性。这会使得软件组织成员之间形成共同的理解和沟通基础，降低培训时间，形成自动化的过程支持。为了便于软件开发组织选择恰当的软件模型，研究者们根据软件开发经验总结出了一些软件过程范式，称为软件开发模型。

航天型号软件工程中使用的软件开发模型包括瀑布模型、V 模型、增量模型、原型化开发模型、螺旋模型、基于组件的开发模型和逆向工程模型等。软件承制方应根据软件研制任务书或合同中的有关要求，选择确定一个软件开发模型，并在软件开发计划中做出明确规定。

（1）瀑布模型

瀑布模型是软件工程的经典模型，如图 2 - 1 所示。瀑布模型规定了各个软件过程自上而下、相互衔接的固定次序，如同瀑布逐级下落。该模型按照时间把软件研制分为有序的步骤，推迟了实现，而且每个阶段结束时，以阶段审查和文档作为控制手段，对开发过程进行管理。这种模型适用于系统需求能够较快明确、需求极少变更的软件的开发。

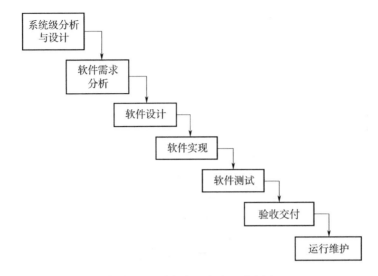

图 2-1 瀑布式开发过程示意图

瀑布模型最突出的缺点是缺乏灵活性，特别是在软件开发初期，软件需求尚不明确或不准确的情况下（大多数复杂的软件或多或少都存在此问题），不可能提出完整的和完全正确的软件需求，因此在设计中必然存在问题。在软件测试验证或者使用和维护阶段，最初软件需求中的问题才会暴露，需要大量的返工修改软件。

（2）V 模型

和瀑布模型类似，如图 2-2 所示，V 模型的生存周期也是各过程的顺序执行，但该模型更强调测试。V 模型的横轴表示时间，自左向右表示软件开发的时间进展。纵轴左边，自上而下表示软件从需求分析（系统级到软件级）开始的开发过程；纵轴右边，自下而上表示软件编码的逐级组合、集成与测试过程。V 模型左边每一个阶段性的文档都对应右边的一个已测试的软件，并要求该阶段的软件符合相应文档规定的要求。

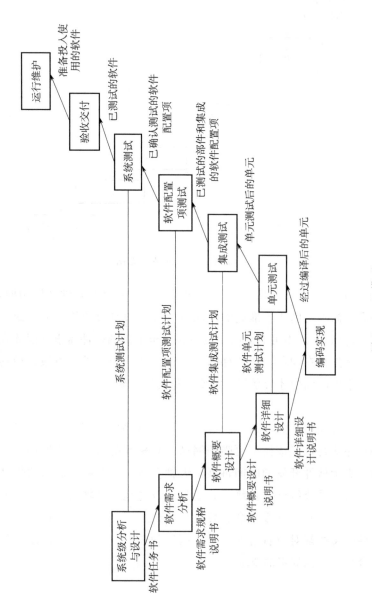

图 2-2 V 模型

　　V 模型简单易用，每个阶段有明确的交付物，由于早期制定了测试计划，比瀑布模型有更高的成功率。但其灵活性较小，范围调整很难而且代价高，对测试阶段发现的问题没有清晰的解决路径。

　　（3）增量模型

　　如图 2 - 3 所示，增量模型融合了瀑布模型的特点，同时适应软件需求变化的特征，通过不断增加功能形成最终系统。第一个增量往往是核心的部分，实现了系统的基本功能。下一个增量的开发计划包括对前一个增量的修改和完善。对于需求基本清楚但没有能力或没有必要在现阶段全面开展所有软件功能的开发工作的项目，可使用此模型。

　　采用增量模型可以很快获得可使用系统，早期增量可以作为系统原型，降低了项目风险。但是，由于功能是递增加入的，对软件体系架构有较高要求，而且增量的划分、增量大小的确定在实际情况中有时比较困难。如果应用不好，增量模型的灵活性容易退化为边做边改模型。

　　（4）原型化开发模型

　　图 2 - 4 是原型化开发模型的示意图。原型是开发人员根据用户提出的需求快速开发出的一个样本，向用户展示待开发软件的全部或部分功能和性能。通过原型系统与用户沟通，进一步修改、完善，确认软件系统的需求并达成一致理解。采用逐步求精方法使原型逐步完善，是一种在新的高层次上不断反复推进的过程，比瀑布模型更符合人的思维活动。

　　根据软件项目的特点和运行原型的目的，可以分为 3 种不同作用的原型：

　　1）探索型。针对开发目标模糊，用户和开发者对项目都缺乏经验的情况，为了弄清目标系统的要求，确定所希望的特性，并探讨多种方案的可行性。

　　2）实验型。用于大规模开发和实现之前，考核方案是否合适，规格说明是否正确。

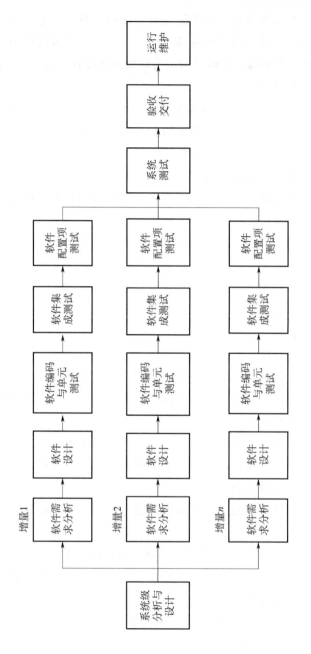

图 2-3　增量模型

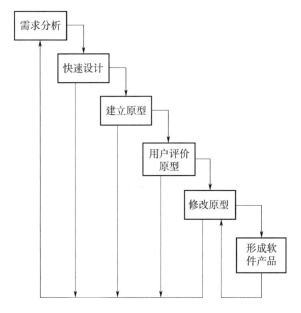

图 2-4　原型化开发过程示意图

3）进化型。目的不在于改进规格说明，而是将系统建造得易于变化，在改进原型的过程中，逐步将原型进化成最终系统。原型开发的思想扩展到了软件开发全过程，以适应需求的变动。

由于运用原型的目的和方式不同，使用原型时可以采取以下两种不同的策略：

1）抛弃式原型。原型只是用于更好地与用户沟通，实现原型时采用比较熟悉的语言，没有考虑产品运行环境要求。与用户达成一致理解后，抛弃原型系统，针对实际系统的需求进行重新开发。

2）进化式原型。原型实现中考虑产品实际需求，基于原型进行改进、完善即可适应实际系统的运行要求。

原型开发过程中，开发者可以使用自己比较熟悉的语言和开发环境尽快构建原型，便于用户感受实际系统。原型模型有助于获取准确的用户需求，或者进行某种技术和方法的可行性研究，产品开发快，侧重小型系统中系统核心部分的开发，大型系统界面沟通，但完善原型时，其他部分会因为迁就原型已有部分，造成结构不合理，影响维护。

（5）螺旋模型

图 2-5 是螺旋模型的示意图。由于它将原型化开发方法中的迭代特征与瀑布模型中的严格控制与系统化方法有机地结合起来，使得快速有序地开发软件的增量版本成为可能。事实上，在螺旋模型中，软件的开发已不再是一个一次性过程，而循环往复地表现为该软件一系列有组织的增量或渐进版本的开发与发布。螺旋模型不仅适合结构化方法而且更适合面向对象方法。

螺旋模型的每个回路表示软件过程的一个阶段，最内层是通过操作概念分析构造原型，然后是软件需求分析、软件产品设计、详细设计等。每个回路又分为 4 个象限：

1）制订计划。确定软件项目的目标、选择方案，获取系统的约束条件。

2）风险分析。对预选方案进行风险识别与分析，并采取规避风险的措施。

3）工程实施。该阶段确定软件模型，开发软件产品，进行软件产品的测试。

4）评估规划。对项目进行评审以确定是否进行下一个回路，制订执行计划。

（6）基于组件的开发模型

软件是一种可复用的资源，软件复用是指重复使用"为了复用目的而设计的软件"的过程。通过复用，可以控制软件开发的复杂度，缩短开发周期，并提高软件产品的质量。软件工程人员可以根据系统的需求情况，搜索可复用的组件，再将系统的设计建立在可复用的组件之上。从简单的功能子程序到完整的应用系统都可以定义为组件，组件发布其接口，所有的交互都是通过接口完成的。基于组件开发的基本框架结构如图 2-6 所示。

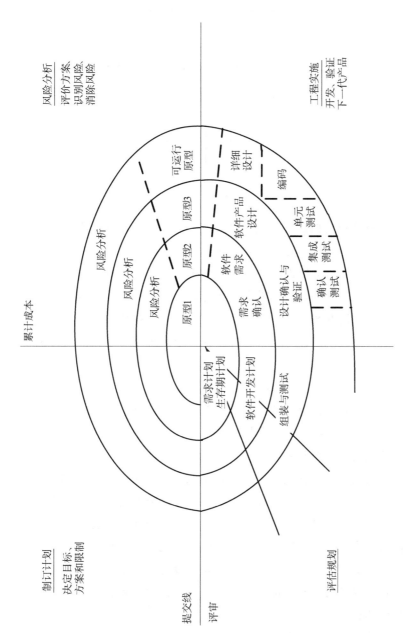

图 2 - 5　螺旋模型开发过程示意图

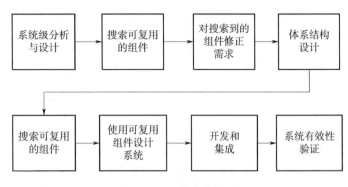

图 2-6　组件集成模型

该模型包含两次可复用组件搜索，第一次搜索往往没有合适的组件可供使用，能够得到的组件往往只提供所需要的部分功能。然后，根据得到的组件再次进行需求分析，对需求进行适当调整以使用可以得到的组件，如果需求不允许修改，则需要重新搜索组件或评估其他替代方案。体系结构设计完成后，根据体系结构设计，再次搜索可复用组件进行确认。最终的整个系统由可复用的组件和自己开发的部分组成。

基于组件的开发能够减少软件开发工作量、降低成本、实现软件的快速交付，但是组件发布之后很难得到源代码，需求变更时，不可能通过改变组件适应需求的变化。

（7）逆向工程模型

逆向工程是一种技术过程，即对目标产品进行逆向分析研究，从而得到该产品的处理流程、组织结构、功能性能等设计要素，以制定出新产品的过程。实际应用中出现了两类逆向工程。第一种是软件的源代码可用，但是更高层次的部分几乎没有描述文档、描述文档不再适用或者丢失；第二种是软件没有可用的源代码，任何能找到它的源代码的努力都称为逆向工程。逆向工程在软件开发和维护阶段都有重要作用。

软件逆向工程可视为开发周期的逆行，类似于逆行传统瀑布模型中的开发步骤，即把实现阶段的输出还原回到设计阶段所做的构思。

2.2.2 软件开发方法

软件开发方法是一种利用已经定义好的技术及符号表示和组织软件生产过程的方法，一般表述为一系列的步骤，每个步骤都与相应的技术和符号相关。常用的软件开发方法包括结构化软件开发、面向对象软件开发、形式化软件开发、模型驱动软件开发等，目前航天型号软件工程中使用较为广泛的是结构化软件开发和面向对象软件开发。随着型号软件复杂度和安全可靠性需求的增长，形式化软件开发以及模型驱动软件开发等方法也成为航天关注的热点。

2.2.2.1 结构化软件开发方法

结构化的软件开发与结构化编程方法学紧密结合，同时也是第一个软件工程方法，是在软件开发方法中最成熟、应用最广泛的方法。结构化软件开发方法的总的指导思想是自顶向下、逐步求精，基本原则是功能分解和抽象，采用系统工程的思想和工程化的方法，按照用户至上的原则，结构化、模块化、自顶向下地对信息系统进行分析和设计。

所谓结构是指系统内各组成要素之间的相互联系、相互作用的框架。结构化方法是从分析、设计到实现都使用结构化思想，由结构化分析（Structured Analysis，SA）、结构化设计（Structured Design，SD）和结构化程序设计（Structured Programming，SP）3部分组成。Yourdon 方法是 20 世纪 80 年代使用最广泛的软件开发方法。它首先用结构化分析对软件进行需求分析，然后用结构化设计方法进行总体设计，最后是结构化编程。这一方法不仅开发步骤明确，SA、SD、SP 相辅相成，一气呵成，而且给出了两类典型的软件结构（变换型和事务型），便于不同类型软件开发人员参照，使软件开发的成功率大大提高，从而深受软件开发人员的青睐。

航天型号器载软件基本都采用结构化软件开发方法。结构化方法把软件的生存周期划分为若干个阶段，每个阶段的任务相对独立且比较简单，便于软件开发人员的分工协作，降低了软件开发的难度。每个阶段都采用良好的技术和管理，并且每个阶段都能从技术和管理两个方面审核，合格后才进入下一个阶段，使软件开发有条不紊的进行，保证了软件的质量和可维护性，大大提高了软件开发的效率。

2.2.2.2　面向对象软件开发方法

面向对象技术是软件技术的一次革命，在软件开发史上具有里程碑的意义。面向对象软件开发方法（Objected-Oriented Software Development，OOSD）按照人们认识世界的方法和思维方式分析和解决问题，以对象为主线，把数据和操作融为一体。OOSD 由面向对象的分析（Object Oriented Analysis，OOA），面向对象的设计（Object Oriented Design，OOD）以及面向对象的程序设计（Object Oriented Programming，OOP）3 部分组成。面向对象的软件开发方法是一种自底向上和自顶向下相结合的方法，而且它以对象建模为基础，不仅考虑了输入、输出数据结构，也包含了所有对象的数据结构。不仅如此，面向对象技术在需求分析、可维护性和可靠性这 3 个软件开发的关键环节和质量指标上有了实质性的突破，彻底地解决了这些方面存在的严重问题，从而宣告了软件危机末日的来临。很多航天非飞行类软件研制采用面向对象开发方法。

对象是人们要进行研究的任何事物，从最简单的整数到复杂的航天器等均可看作对象，它不仅能表示具体的事物，还能表示抽象的规则、计划或事件。对象具有状态，一个对象用数据值来描述它的状态。对象还有操作，用于改变对象的状态。对象实现了数据和操作的结合，使数据和操作封装于对象的统一体中。Coad 和 Yourdon 给出了一个面向对象的定义：面向对象＝对象＋类＋继承＋消息。如果一个软件系统是按照这样的概念设计和实现的，则可以认为其是面向对象的。

面向对象的分析强调对一个系统中的对象特征和行为的定义，

要解决的是"做什么"的问题。面向对象的分析的基本任务就是建立 3 种模型：

1）对象模型（信息模型），定义构成系统的类和对象及其属性与操作；

2）状态模型（动态模型），描述任何时刻对象之间的联系及其联系的改变（即时序），以及常用的状态图、事件追踪图等；

3）处理模型（函数模型），描述系统内部数据的传送处理。

面向对象的设计是一种提供符号设计系统的面向对象的实现过程，它用非常接近实际领域术语的方法把系统构造成"现实世界"的对象，解决"如何做"的问题。

面向对象的程序设计可以看作是一种在程序中包含各种独立而又互相调用的对象的思想，这与传统的思想刚好相反：传统的程序设计主张将程序看作一系列函数的集合，或者直接就是一系列对电脑下达的指令。面向对象的程序设计中的每一个对象都应该能够接收数据、处理数据并将数据传达给其他对象，因此都可以将它们看作是一个小型的"机器"。

2.2.2.3　形式化软件开发方法

形式化方法是一种基于形式化数学变换的软件开发方法，它可将系统的规格说明转换为可执行的程序。形式化方法将软件的研制建立在数学逻辑之上，可以对软件的需求、设计等进行归纳和演绎，从而能够分析出软件研制过程中存在于需求、设计乃至实现中的不一致、不完备的场景。

形式化软件开发方法贯穿于软件需求、设计、验证过程，利用严格数学语义的手段对需求和设计进行描述，并且通过验证需求、设计的逻辑属性，从而确定它们的正确性。从形式化的软件活动角度看，形式化软件开发主要包括软件建模、形式化规约建立、形式化验证等活动。

目前我国航天软件工程化中，形式化方法使用并不是很广泛。因为形式化开发方法对开发人员的专业有较高的要求，成本较高。

但是在高安全关键领域，形式化方法是提高软件质量的根本途径，形式化方法是航天软件工程化值得探索的方法之一。欧美航天领域已经在软件的规约、验证等阶段不同程度地开始使用形式化方法。

2.2.2.4　其他软件开发方法

除了前面介绍的方法外，软件工程发展中还有其他一些比较成熟的软件开发方法或者新提出的软件开发方法，能够从不同的角度简化软件开发流程，提高软件开发效率和软件质量，可以在航天软件工程中使用。比较典型的是近年来提出的模型驱动软件开发方法。

基于模型的软件开发是继面向对象技术后，又一次软件设计理念和方法的跨越。基于模型的软件开发思想是：将"模型"作为软件设计和开发的核心要素，通过模型清晰地刻画软件系统的功能、性能和安全性等关键特征，准确描述系统的解决方案；通过形式化方法对系统模型加以验证，以确保软件设计的正确性；通过模型驱动方法生成代码，以保证软件设计与实现的一致性。模型驱动软件开发以模型为中心，由模型转换驱动包括分析、设计和实现在内的整个软件开发过程，并由此提出模型驱动工程（Model Driven Engineering，MDE）。模型驱动工程强调针对特定领域建立元模型库，作为领域专用建模语言（Domain - Specific Modeling Language，DSML），定义领域抽象概念及其关系、语义和约束，采用领域专用模型进行应用系统设计。在航天型号软件研制过程中引入模型驱动的软件开发方法，能够弥补传统软件开发方法在前期设计分析阶段的不足，避免系统实现后才进行验证带来的风险和修改代价，并且可以通过模型的自动转换和自动代码生成保持全过程的一致性，复用高水平代码开发的经验，提升软件质量。

2.2.3　软件工程工具

软件工程工具主要是支持软件人员开发和维护软件活动而使用的软件，用于辅助软件开发过程。软件开发工具使得一些重复的、明确定义的动作可以自动化，提高软件生产率，从而减轻软件工程师的认知负担。软件工程师可以将主要的注意力集中到软件开发过程的创造性方面。

软件工程工具通常会支持特定的软件开发方法，从而可以减少手工应用某种方法所需的管理负担。根据所选的工具及其支持的方法，许多工具可以使得软件开发更为系统化。工具既可以支持单个任务，也可以包括一个完整的软件生存周期。

从软件生存周期看，绝大部分阶段都对软件工具有急迫需要，甚至对有些工作而言，如果没有工具支持是难以完成的。因此，软件工程工具可以根据其所支持的软件生存周期阶段来分类和描述，主要包括软件需求工具、软件设计工具、软件构建工具、软件测试工具、软件维护工具；另一些工具处于软件综合过程，跨越多个阶段，包括软件工程过程工具、软件质量保证工具、软件配置管理工具、软件项目管理工具；此外，基础设施支持工具也是一类重要的软件工具。

2.2.3.1 软件需求工具

软件需求是软件开发活动的开始，软件需求的正确性、完备性、一致性是确保最终软件产品符合用户需求的关键。当前，软件需求的正确性、完备性、一致性一直成为软件研发面临的重要挑战。航天型号软件研发实践表明，需求问题引起的软件缺陷比例居高不下。此外，确保软件质量的一个环节是软件需求在每一个阶段被正确的设计、实现到软件系统中。因此，软件需求工具可分为需求建模工具和需求跟踪工具两大类。需求建模工具主要用于提取、记录、分析和确认软件需求；需求跟踪工具主要用于在需求、设计、实现和测试活动之间建立起双向追踪，同时也建立起需求变更追踪。

2.2.3.2 软件设计工具

软件设计工具是指创建软件设计或者检查软件设计正确性的工具。每个工具都是基于一定的软件设计方法学的，提供一套设计表示符号和设计方法，例如支持面向对象开发的 Rational Rose。

2.2.3.3　软件构建工具

软件构建工具是软件实现阶段必不可少的工具，它辅助软件工程师将软件设计转化为软件实现、将高级语言表示的软件转换成为机器上可执行的目标代码等。典型的软件构建工具包括程序编辑器、编译器和代码生成器、解释器和调试器。在许多情况下，这些软件构建工具被整合成一个有机的系统，即集成开发环境（Integrated Development Environment，IDE），便于软件工程师使用。

程序编辑器是软件工程师开发软件的必备工具，良好的程序编辑器能够提高程序编写效率、减少低级错误；它可以是通用的文本编辑器、也可以是特定语言的编辑器。编译器和代码生成器的主要作用是将程序的源代码转换成为目标代码，因此与编程语言和目标平台密切相关。解释器是一种特殊的工具，提供程序的交互执行，从而使得程序能够在可控、可观察的环境中执行。调试器是软件工程师对程序进行测试和分析的工具。

2.2.3.4　软件测试工具

软件测试是软件工程中质量控制的关键活动，但是如何保证测试的充分性成为重要的挑战。测试工具的支持是提高测试效率和质量有效途径。一般而言，测试类工具可以分为测试用例生成器、测试执行框架、测试评估工具、测试管理工具、性能分析工具等。

2.2.3.5　软件维护工具

软件维护是软件生存周期的额外迭代，可以使用其他阶段的工具。但是，对于已有系统的维护，可能需要额外的工具，例如软件理解工具和软件再工程工具。

软件理解工具的主要作用是辅助软件架构师、工程师理解程序，典型的工具包括可视化的工具和程序切片工具。软件再工程工具将已有的软件转换成为新的软件产品。

2.2.3.6　软件工程过程工具

软件工程过程工具主要包括对软件工程过程进行建模、过程管理、围绕过程的软件工程环境 3 个方面。过程建模工具辅助软件开发团队定制自己的过程流程、明确软件开发的关键活动。而过程管理工具则对每个已经定义好的过程活动提供管理支持，使得一些日常的周期性的管理工作自动化。围绕过程的软件工程环境则整合以软件过程为基础的各种活动，包括过程建模、过程管理等。

2.2.3.7　软件质量保证工具

软件质量保证工具围绕软件质量控制，主要针对软件质量保证活动，如评审、检查、软件符合性分析等。因此，软件质量保证工具主要包括检查工具和静态分析工具。检查工具主要支持评审和检查，提供自动化、统一的评审清单、评审信息收集、评审记录维护等能力。静态分析工具主要是对程序代码进行语法、语义、数据流、控制流和依赖分析。

2.2.3.8　软件配置管理工具

配置管理是软件工程的关键活动，根据配置管理的要求，配置管理工具应当提高配置管理效率，支持大规模软件研发团队的协同工作。根据软件研发实践，配置管理需要几类典型的工具：版本管理工具、发布和构建工具、缺陷发布和跟踪工具。

2.2.3.9　软件项目管理工具

软件工程项目管理是一个非常重要的，同时又是非常繁琐的工作。软件工具能够有效地提高管理效率。从项目管理角度看，软件工程的项目管理需要涵盖项目计划和跟踪、风险管理、项目度量 3个方面。这些功能可以由一个集成的环境提供，也可以由独立的工具提供。如果分别由独立的工具完成，那么需要项目计划和跟踪工具、风险管理工具、度量工具。

2.2.3.10　基础设施支持工具

基础设施支持工具虽然不是软件工程某一阶段活动所专用。但是，软件工程活动是一个团队活动。团队成员之间的沟通、信息共享等需要合适的工具。这类工具包括电子邮件、数据库、Web 浏览器、文件备份工具等。

2.3　航天型号软件工程的管理内容

2.3.1　策划管理

软件研制过程要制订科学周密、切实可行的计划，并在研制过程中严格按计划进行管理，这是项目成功的先决条件。软件计划提供实施和控制项目活动的基础，航天型号软件计划包括软件开发计划、软件配置管理计划、软件质量保证计划、软件安全计划、软件测试计划等。

2.3.2　需求管理

需求管理的目的是识别软件需求，并在整个研制过程对需求进行追踪，识别不一致性。航天型号软件工程的各过程都对需求管理做出了要求，并要求记录需求更改及其理由，维护源需求在所有过程产品中的双向可追溯性。

2.3.3　过程追踪与监控

软件开发计划是过程追踪、监控和采取措施的基础，主要通过在进度表和工作分解结构内设置的里程碑处，将实际工作产品和任务属性、工作量、成本及进度进行比较，确定项目的进展情况。

2.3.4　配置管理

软件配置管理可以理解为软件的技术状态管理。软件研制各阶段产生的文档、报告、程序清单和数据等，构成软件配置，全部软件配置构成一个完成的软件产品。配置管理就是利用配置项表示、配置控制、配置状态记录、配置审核建立和维护工作产品的完整性，是对不断演化的软件产品的管理。

2.3.5　过程与产品质量保证

过程与产品质量保证的目的是使开发人员和管理者对过程和相

关的工作产品能有客观深入的了解，包括要客观地评价实施过程、产品和服务对标准、规程的遵循性；标识并文档化软件开发过程的不符合项；向项目开发人员和管理人员反馈质量保证活动的结果；确保标识出来的不符合项得到解决。

2.3.6　外协管理

外协管理的目的是管理承制方的选择，并对承制方的研制过程进行有效管理。外协管理包括确定待获取产品的获取方式、选择承制方（或采购提供方）、建立并维护与供方的协议、执行协议并监督供方的过程、评价供方的产品、接收供方产品。

2.3.7　评审管理

评审作为验证和确认的重要手段，是一种有效排除软件缺陷的机制。软件研制过程各个阶段都要有评审计划并组织评审，可以及时发现和排除本阶段过程和产品存在的缺陷或错误，防止在下一个阶段蔓延和扩大。

2.3.8　文档管理

为确保软件项目成功并得到有效的运行和维护，必须对软件研制过程进行严格管理。文档是软件不可缺少的组成部分。由于软件研制是脑力劳动，具有不可见性，所以每个阶段都要按照规定的格式编写出完整准确的文档。

2.3.9　开发工具的使用管理

在软件研制、管理等过程，为了发挥各种理论和方法的作用，出现了许多软件工具。工具的作用是提高软件开发效率、维护效率和软件质量，必须对工具的使用进行管理，尤其是与软件安全可靠性相关的软件，如编译器、COTS 等，还需要进行安全验证。

第3章 国外航天型号软件工程化情况

软件工程的基本原理并不是很成熟，软件工程的理论和方法在实现过程中受到了诸多条件限制。国外对软件工程化影响较大的是ISO 9000、CMM 和 CMMI 等软件过程改进标准和方法，为行业软件的发展提供了一个良好的框架。欧美航天机构 NASA、ESA 在对承制单位的软件能力评价时，也常使用上述标准，在软件过程方面，均制定了航天软件工程化标准体系，提出航天软件研制要求和方法。

3.1 软件过程改进标准和方法

ISO 9000 质量标准，以及 CMM 和 CMMI 软件能力成熟度模型已经在工业界得到广泛应用，航天软件研制单位也通过这些标准来提升其软件研制能力。实践表明，这些标准可使软件产品质量和组织级收益等方面有很大改进。

3.1.1 ISO 9000

ISO 9000 是由全球第一个质量管理体系标准 BS5750 转换而来的。它不是指一个单一的标准，而是由一系列质量系统标准组成的。其中，与过程改进相关的有 ISO 9001 和 ISO 9000 - 3。ISO 9001 是针对设计产品的通用标准，包括对过程的持续改进和预防不合格，使客户满意；ISO 9000 - 3 解释了 ISO 9001 中的软件部分。

3.1.2 CMM 和 CMMI

1984 年，美国国防部希望将其软件外包给其他软件公司开发，但没有办法客观地评价软件公司的开发能力，因此委托卡内基-梅隆大学（CMU）软件工程学院（SEI）进行研究，希望建立一套工程制度，用来评估和改善软件公司的开发过程和能力，并协助软件开发人员持续改进流程的成熟度和软件质量，从而提升软件开发项目和公司的管理能力，达到软件开发功能正确、缩短开发周期、降低开发成本、确保软件质量的目标。

1987 年 SEI 提出 CMM 的基本框架，1990 年形成软件能力成熟度模型（SW - CMM）的 1.0 版本，1993 年形成 SW - CMM 的 1.1 版本。美国国防部试行 SW - CMM 的 1.0 版本等级评估后，在招投标程序中规定"投标方要接受基于 CMM 的评估"，对软件过程改进起到了明显的促进作用。

CMM 是一种用于评价软件承包能力并帮助其改善软件质量的方法，侧重于软件开发过程的管理及工程能力的提高与评估。SW - CMM 的 1.1 版本定义了不同过程域（如项目管理、质量管理等）、不同生存周期阶段要满足的标准。CMM 定义了 5 个成熟度级别：1 级为初始级、2 级为可重复级、3 级为已定义级、4 级为定量管理级、5 级为优化级。CMM 采用阶段结构，因此，如果组织的成熟度从 n 级到 $n+1$ 级，则所有 n 和 $n+1$ 级的过程域都要考核。

（1）初始级

组织级进行软件开发的过程仍然是无序的，甚至是混乱的，还没有认识到定义和明确软件开发过程的重要性，基本上没有经过妥善定义的过程。软件项目的成功依赖于个人或项目组的努力，组织的过程能力是不可预测的。

（2）可重复级

组织级认识到需要对软件开发过程建立必要的项目管理，建立基本的项目管理过程来策划和跟踪项目的成本、进度和功能，并建立和实施了必要的过程纪律，能够让类似的项目重复以前的成功。

（3）已定义级

项目管理工程活动的过程均编写成文档，并开始标准化。组织级开始关注和建立统一的、标准的软件过程。组织级能够让所有项目组均采用统一的标准软件过程，根据具体情况，裁剪出一个适合于项目需要的软件过程版本，并经过批准后，对项目进行相应的过程管理、开发和维护活动。

（4）定量管理级

各项目组已经采集有关软件过程和产品质量的详细测量数据，并能够利用组织级建立的过程数据库，对软件过程和产品质量进行定量的管理和控制。组织级的软件过程能力表现为可预测的。

（5）优化级

组织级能够主动地、很好地吸收新思想、新技术，并在进行先导性试验的基础上，推广到该组织的其他部门。此外，组织级还能够定量的度量过程的优缺点，对缺陷进行系统性地预防。组织级的过程能力表现为不断改进的。

以上标准和模型的主要特点是：使用表格、检查表和模板等评估组织级一组过程的竞争力。毫无疑问，过程评估非常困难。通常一组可信的评估师通过数天的访问、开发过程证据搜集才最终给出级别评定。

SW - CMM 的 1.0 版本推出后，很多组织和机构先后在不同的应用领域发展了细化的 CMM 系列，其中包括系统工程能力成熟度模型（SE - CMM）、集成的软件开发产品开发能力成熟度模型（IPD - CMM）、人力资源管理能力成熟度模型（P - CMM）。这些不同的模型由于架构和内容的限制，不可通用。于是 SEI 于 2000 年 12 月公布了能力成熟度模型集成，即 CMMI，主要整合了 SW - CMM 的 2.0 版本、SE - CMM、IPD - CMM。在随后的发展过程中，CMMI 团队不断进行改进，逐渐发展到目前的 1.3 版本。版本的每一次更改，都会对某些方面进行增强。"以软件工程学科的能力提升为主，结合系统工程"是 CMMI 的主题。CMMI 的发展历程如图 3 - 1 所示。SECAM 是国际系统工程学会（INCOSE）开发的系统工程能力评估模型，是一个基于检查单的模型，后期与 SE - CMM 合并到 EIA 731。CMMI 分为开发模型（CMMI - DEV）、采购模型（CM-

MI - ACQ）、服务模型（CMMI - SVC）3 个独立的模型。

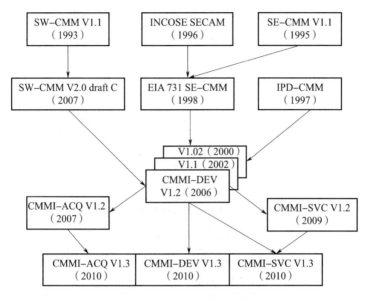

图 3 - 1　CMMI 的发展历程

CMMI 沿用分级的模型，分为第 0 级到第 5 级 6 个等级，分别定义为：不完全（Incomplete）、执行级（Performed）、已管理级（Managed）、已定义级（Defined）、定量管理级（Quantitatively Managed）以及优化级（Optimizing）。

每个等级有若干个过程域，每个等级的关注点不同。模型的组成如图 3 - 2 所示，每个过程域分解为特定目标和通用目标，特定目标由特定实践的描述组成，通用目标分解为执行承诺、执行能力、方向性实践及验证实现，最终都归结为通用实践。

CMMI 的 1.3 版本包含 22 个过程域，按成熟度分组及与 SW - CMM 的对应关系如表 3 - 1 所示。CMMI 的许多过程与 SW - CMM 的关键过程是一样的。

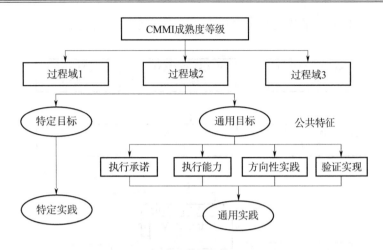

图 3 - 2　CMMI 过程域分解

表 3 - 1　CMMI 过程域以及与 SW - CMM 的对应

等级	关注点	CMMI 过程域	SW - CMM 过程域
2 已管理	基本项目管理	需求管理（REQM） 项目计划（PP） 项目监督与控制（PMC） 供方协议管理（SAM） 度量分析（MA） 过程与产品质量保证（PPQA） 配置管理（CM）	需求管理（RM） 软件项目策划（SPP） 软件项目追踪和监督（SPTO） 软件子合同管理（SSM） 软件质量保证（SQA） 软件配置管理（SCM）
3 已定义	过程标准化	需求开发（RD） 技术解决方案（TS） 产品集成（PI） 验证（VER） 确认（VAL） 机构过程焦点（OPF） 机构过程定义（OPM） 机构培训（OT） 集成化项目管理（IPM） 风险管理（RSKM） 决策分析和决议（DAR）	 机构过程焦点（OPF） 机构过程定义（OPD） 培训大纲（TP） 集成软件管理（ISM） 组织协调（IC） 软件产品工程（SPE） 同行评审（PR）

续表

等级	关注点	CMMI 过程域	SW - CMM 过程域
4 定量管理	定量管理	机构过程性能（OPP） 项目定量管理（QPM）	定量过程管理（QPM） 软件质量管理（SQM）
5 优化	连续过程改进	机构性能管理（OPM） 因果分析与解决方案（CAR）	技术更改管理（TCM） 过程更改管理（PCM） 缺陷预防（DP）

3.2　NASA 软件工程化实践

NASA 的软件工程化经历了漫长的过程。其软件开发工作可以追溯到 1962 年发射的双子星座号（Gemini），当时软件开发工作主要针对特定任务，由于不同飞行器的计算平台各异，且具有不同的编程方式，所以软件的重用非常少。20 世纪 60 年代，软件事故频发（如 1969 年软件缺陷导致阿波罗 11 号登月时计算机重启），并且软件成本不断攀升，迫使 NASA 开始考虑软件开发方法的革新。1976 年，NASA 第一个软件工作组成立。20 世纪 80 年代，NASA 启动了软件管理和保证计划，开始从工程化角度规范软件研制过程。

2004 年，NASA 启动了工程卓越计划，软件保证研究委员会（Software Assurance Research Program，SARP）鼓励 NASA 型号研制中应用最新的软件工程研究成果，各中心在一系列任务中不断提升软件工程化水平。同样在 2004 年，NASA 首席工程师办公室（Office of Chief Engineer，OCE）发布了 NPR 7150.2（软件工程要求）初始版；安全和任务保证办公室（Office of Safety and Mission Assurance，OSMA）完成了 NASA - STD - 8719.13（软件安全标准）和 NASA - STD - 8739.8（软件保证标准）的更新，NASA 正式确立了软件工程化完整的标准体系和流程。

3.2.1　NASA软件研制的管理体系

NASA设有4个任务董事会以及10个研究中心，分别管理主要的业务领域。NASA软件工程化工作的开展主要是由OCE领导，各个研究中心积极配合完成：

1) OCE负责领导、维护和支持软件工程化工作，推动软件工程化实践的不断发展。OCE应维护一份列表，标明所有工程和项目中使用的软件的详细信息，并周期性地对各个研究中心的软件工程化能力进行评估，检查其计划的执行进度。CMMI是软件工程化能力评估常用的一个方法。

2) 各个研究中心负责维护和支撑内部软件工程能力的持续进步，监控NASA供应商的软件工程化能力，并提出软件工程的改进计划。各中心应建立完善的软件过程发布、存档、执行和维护机制。

3.2.2　NASA标准、规范与流程

NASA为了提高各型号、项目的任务成功率，保证各项活动安全、顺利地进行，建立了一套标准体系，使产品的质量、可靠性、可维护性水平得到稳步提高。

3.2.2.1　NASA标准体系

NASA标准体系文件包括政策指令和程序要求，主要用于技术、项目、行政等方面的规范化管理，主要关注如何开展各项业务工作。

(1) NASA政策指令（NASA Policy Directive，NPD）

NPD是政策性说明，描述实现NASA愿景、任务和外部知识的管理要求，以及谁负责实施这些要求。

(2) NASA程序要求（NASA Procedural Requirements，NPR）

NPR提供NASA机构强制性的指示和要求，以贯彻执行在相关NPD中描述的政策。

(3) 中心政策指令（Center Policy Directive，CPD）

CPD定义了中心规定的政策要求和责任，必须遵照相关的NPD

和 NPR 中描述的要求，只适用于本中心以及在中心内由 NASA 人员实施的工作。

（4）中心程序要求（Center Procedural Requirements，CPR）

CPR 建立了中心规定的程序要求和责任，以贯彻执行在相关 NPD、NPR 和 CPD 中定义的政策和程序要求，CPR 也仅适用于本中心和在中心内由 NASA 人员实施的工作。

（5）任务委员会要求

任务委员会要求包含任务委员会文件中的计划性（大纲性）要求，适用于 NASA 中心的总项目和项目办人员。

NASA 管理文件层次如图 3-3 所示，分为 3 个层次。

第一层是顶层文件，包括 NPD 和 NPR，涵盖了工程要求、总项目/项目管理要求、安全和任务保证要求、健康与医疗要求以及任务保障办公室的职能要求。

第二层为 NASA 下属各中心发布的任务委员会计划性（大纲性）系列要求和 NASA 各中心工程与管理政策和实践。

第三层为某型号项目办针对某一型号提出的总项目计划/项目计划，如国际空间站项目，项目计划由文件树构成。

3.2.2.2　软件研制相关标准、规范

软件标准、规范也以 NPD 1000.0、NPD 1000.3、NPD 1000.5 为高层要求。NPD 1000.0 设立了 NASA 管理代理机构的战略思想，描述实现方式并识别推动战略计划过程的要求，形成战略计划以及年度任务和责任报告；NPD 1000.3 定义了基本的角色和职责；NPD 1000.5 提供 NASA 综合战略的获取策略。NASA 软件研制涉及的标准、规范包括以下几类。

（1）NASA 级软件策略与要求

NASA 级软件策略与要求的层次关系如图 3-4 所示。NPD 7120.4 作为整体架构文档，建立了软件创建和获取的顶层策略。NPR 7150.2 支持 NPD 7120.4，作为软件研制总要求，建立了软件分类定义，提供软件获取、研制、维护、退役、操作和管理的最小要求。

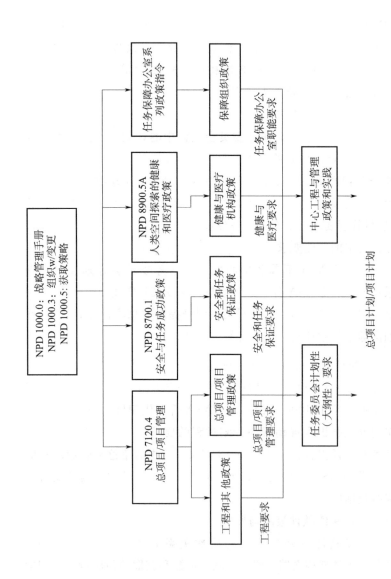

图 3 - 3　NASA 管理文件层次结构

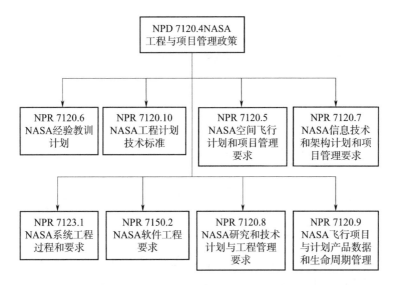

图 3-4　NASA 软件策略与要求

　　项目管理相关要求（NPR 7120.5、NPR 7120.6、NPR 7120.7、NPR 7120.8、NPR 7120.7）、系统工程过程和要求（NPR 7123.1）都影响软件研制活动。NPR7150.2 的过程与 NPR 7123.1 一致。

　　（2）NASA 多中心和产品线专用要求

　　这些 NPD 和 NPR 应用于多中心项目、特定产品线研制，强调额外的需求。例如 NPR 8705.2（空间系统载人要求）、NPR 8715.3（通用安全项目要求）、NPR 8735.2（合同的质量保证功能管理）。

　　与软件相关的专用要求参见图 3-5。软件研制中，质量保障、风险管理、信息安全等通过专用要求进行规范。NPD 2810.1（信息安全策略）和 NPR 2810.1（信息安全技术）在安全关键软件中需要考虑。NPR 8715.3 规定了里程碑和安全评审。项目应该根据 NPR 8000.4（风险管理过程要求）识别、分析、计划、跟踪、控制、沟通并记录软件风险。NPR 8705.5（针对 NASA 项目与工程安全性及任务成功的概率风险评估过程）提供了识别和评估技术风险的方法。

NPR 8705.4 为载荷风险分类。质量记录按照 NPR 1411.1 维护。

（3）NASA 及工业软件标准和指南

该类标准、规范是指 NASA 选用的工业软件标准和指南、NASA 软件相关标准和指南。NASA 软件研制涉及的主要标准和指南如图 3－5 所示。

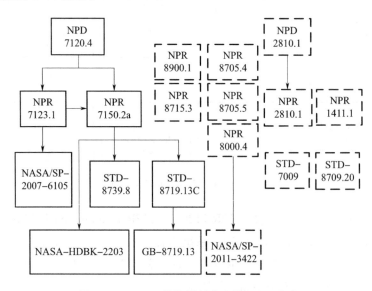

图 3－5　NASA 软件研制涉及的标准和指南

软件研制过程遵循 NPD 7120.4、NPR7123.1，以 NPR 7150.2 为总要求，其中安全关键软件按照 STD－8719.13C（软件安全标准）研制。

STD－8739.8（软件保证标准）描述了软件保证计划的制订，软件的安全关键性需要使用 STD－8739.8 来初步确定。如果软件被确定为安全关键软件，则要保证实现软件安全标准 STD－8719.13 的安全要求。

组织间就软件安全关键性评估有任何异议，按照 STD－8709.20（安全性与任务保证管理技术要求）技术授权命令链处理，如果一个或多个要求不能满足，应根据 STD－8709.20 建立背离、放弃包。

验证和确认的技术、模型和仿真软件的分析等相关内容在 STD-7009 中。

相应地，NASA-HDBK-2203 为软件工程手册，GB-8719.13 为软件安全性指南，NASA/SP-2007-6105 为系统工程手册。NASA/SP-2011-3422 是风险管理指南。

（4）中心级指南

由 NASA 下属中心制定的本地软件策略、要求和过程，在中心任务中使用。当其与 NPD 或者 NPR 冲突时，NPD 或者 NPR 优先。

（5）政府内部策略和标准

政府内部软件研制策略和标准用于提供高质量的软件产品、满足工程要求。

（6）承包商与子承包商策略和标准

承包商和子承包商制定的内部策略和标准用于提供高质量软件产品，满足客户合同要求。

3.2.2.3　软件管理要求

软件管理要求包括以下方面。

（1）法律、策略与要求的遵从性

软件研制应保证遵循 NPR 2190.1（出口控制程序）、NPR 2210.1（软件外部发布要求）、NPD 2810.1（信息安全要求）。

（2）软件生存周期计划

软件计划包括：

1）软件开发和管理计划、软件配置管理计划、软件测试计划、软件维护计划、软件保证计划；

2）对于安全关键软件，要制订符合 STD-8719.13 要求的软件安全计划；

3）如果需要进行独立验证与确认，应制订独立验证与确认计划；

4）实现、维护和执行软件计划；

5）建立、记录和维护至少一个软件成本评估以及相应成本参数；

　　6）记录并维护软件进度；

　　7）计划、跟踪、保证特定的软件培训；

　　8）选择并记录生存周期和模型、转阶段的标准。

　　软件承制方应对软件进行类别评估，决定安全关键等级。软件保证组织按照 STD - 8739.8 实现软件保证，进行独立评估。如果软件是安全关键的，执行 STD - 8719.13，保证软件活动的实际结果和性能与项目计划进行跟踪比较，保证对承诺项（如软件计划）的更改得到相关组织和个人的同意。

　　（3）商业、政府、沿用和修改的货架软件

　　软件研制中采用商业、政府、沿用或者修改的货架软件时，要将这些软件包含在工程软件中进行管理，并遵循 NPR 7150.2 的软件工程过程要求。如果在 NASA 系统或分系统中使用商业货架软件，需要进行评估和分类，满足以下要求：

　　1）识别了软件组件要满足的需求；

　　2）软件组件包含满足预期目标的文档；

　　3）声明了知识产权、所有权、授权、转移权；

　　4）计划了软件产品的未来支持；

　　5）对软件组件进行了验证和确认，达到和开发软件相同的可信级别。

　　对于货架软件要考虑以下问题：

　　1）具有传递或者存留源代码的协议或者第三方维护协议；

　　2）风险转移计划覆盖产品供应商或者第三方支持缺失、产品或某版本的维护缺失、产品缺失等内容；

　　3）具有提供适当支持的计划，包括维护计划和维护费用；

　　4）使用商业货架软件作为重用或者沿用软件影响到的软件管理、开发、操作或维护计划的修改；

　　5）开源软件的版权审查。

（4）软件验证和确认

软件验证和确认贯穿整个生存周期，要保证软件产品满足其需求和预期的用途，并且产品实现正确，可以采用正式或非正式评审、软件同行评审、测试、演示以及分析等多种方法。每个工程能够自由选择验证确认方法和活动。因为软件同行评审是被实践验证最有价值的验证和确认工具，因此一般被明确要求执行。工程应计划软件验证和确认活动、方法、环境和评价标准，记录并跟踪软件验证和确认活动的结果，直到所有问题关闭。

（5）实施要求

对软件要进行评估和分类，应该保证软件的获取、开发、维护是由有 CMMI - DEV 资质的组织进行的。A 类软件要求软件 CMMI - DEV 成熟度达到 3 级以上，或 CMMI - DEV 成熟度为 2 级且 3 个软件过程域的 CMMI - DEV 能力达到 3 级以上。B 类软件要求 CMMI - DEV 成熟度达到 2 级以上，或者以下过程域的 CMMI - DEV 能力达到 2 级以上：需求管理、配置管理、过程与产品质量保证、度量分析、项目计划、项目监督与控制、供方协议管理。C 类软件的 CMMI -DEV 成熟度要求应在中心或工程的需求中进行定义。

应对软件采购和自研的方式进行评估，包括购置满足需求的货架软件、内部研发软件或者获取软件服务、外包研制软件产品或服务、改进已有软件产品或服务，记录软件获取计划决策，建立软件供应商选择流程，定义外包软件研制的评审里程碑和外购活动的审计。

（6）合同要求

软件供应商承研软件时，研制过程应满足以下要求：

1）提供软件开发和测试活动的细节，至少包括监测集成、评审验证、评审研究数据和结果、审计软件开发过程、参与软件评审和软件技术交流会；

2）记录供应商的软件过程、活动和任务，提供软件产品和过程的跟踪信息，包括软件开发和管理矩阵；

3）通知客户是否在代码研制中使用了开源代码；

4）提供对源代码的电子访问；

5）跟踪所有软件更改和非一致性，提供数据供软件采购方评审；

6）按照软件矩阵报告定义的内容提交数据，应提供电子的软件跟踪数据用于审查，软件采购方应该参与软件开发过程和软件配置管理过程的联合审计；

7）提供软件计划以便评审，并按要求进行更新。

3.2.2.4　软件生存周期过程要求

NASA 不推荐特定的软件生存周期模型，每个生存周期模型有其优点和缺点，没有一个模型适合所有情况。无论使用瀑布模型、螺旋模型、增量模型或者其他软件生存周期模型，都包括需求、设计、实现、测试、发布、维护、退役几个过程。

需求阶段包括需求开发、需求管理。软件设计是定义软件体系结构、组件、模块、接口和数据以满足需求的过程。结构设计需要抓住的核心是：将系统分解为设计实体——计算机软件配置项，定义内部和外部接口，实体间和系统资源的依赖关系，以及有限状态机。详细设计是修正结构设计，以便进行编码实现。

软件实现包括用代码、数据和文档实现软件需求和设计。软件实现还包括遵循编码方法和标准。单元测试也是软件实现的一部分（单元测试也可以在测试阶段进行），要求保证使用静态分析工具的分析结果进行软件代码验证和确认。

测试的目的是验证软件功能，消除缺陷，验证代码符合需求和设计，保证实现了需求。测试还需要发现问题和缺陷，修正、跟踪并关闭，验证软件在预期环境中操作正常。飞行设备、软件模型、模拟器和分析工具也要求验证和确认，保证软件系统在目标平台或高精度的仿真平台进行验证。

软件通过测试验证后按照规程发布，进入运行维护阶段。由于系统更新或任务结束等其他原因，软件也会按照计划退役。

3.2.2.5　软件生存周期支持过程

支持过程是贯穿整个软件生存周期的软件管理和工程化过程，包括软件配置管理、风险管理、软件同行评审和审查、软件度量、最佳实践和培训。

软件配置管理是在软件生存周期中应用配置管理过程，保证软件配置项的正确性和完整性。软件配置管理实现技术性的导向和监督：识别并记录软件配置项的功能和物理特征，控制这些特征的更改，记录并汇报更改过程和实现状态，验证与要求的一致性。

风险管理能够发现和修正影响软件项目实现目标的因素。软件研发应该根据 NPR 8000.4（风险管理过程要求）识别、分析、计划、跟踪、控制、沟通并记录软件风险。

软件同行评审和审查是由同行进行工作产品的技术检查，以便在生存周期的早期发现并消除缺陷。进行同行评审的内容包括软件开发和管理计划、软件配置管理计划、软件维护计划、软件保证计划、软件安全计划，以及软件需求、软件测试计划、开发计划识别的需要进行评审的设计项、软件代码。

软件研发各层次应建立软件度量程序以满足度量目标。

最佳实践是软件组织搜集用来改进软件产品的，可以为问题提供潜在的解决方案。从 NASA 标准和规范体系架构以及各个规范、指南的内容可以看出，最佳实践、经验教训是其系统工程和软件工程持续改进的主要支撑。

培训良好、经验丰富的技术人员对于改进软件工程能力很重要，应计划、跟踪、保证特定的软件培训。

3.2.2.6　软件文档要求

软件文档要求涉及软件计划、软件需求和产品数据、软件报告。

软件计划包括软件开发和管理计划、软件配置管理计划、软件测试计划、软件维护计划、软件保证计划、独立验证与确认计划、软件安全计划、软件培训计划、软件工程改进计划。

软件需求和产品数据包括软件需求规格说明、软件数据字典、软件设计描述、接口设计描述、软件更改请求和问题报告、软件测试过程、软件用户手册、软件版本描述。

软件报告包括软件符合性矩阵报告、软件测试报告、软件同行评审或检查报告。

3.3　ESA 软件工程化实践

ESA 是组织和协调欧洲国家空间科学技术活动的机构，1975 年 5 月 30 日由原欧洲空间研究组织（ESRO）和欧洲运载火箭研制组织（ELDO）合并而成。ESA 的正式成员国有比利时、丹麦、法国、德国、英国、意大利、荷兰、西班牙、瑞典、瑞士和爱尔兰，非正式成员国有奥地利和挪威，加拿大为观察员。ESA 的任务是制定空间政策和计划，协调成员国的空间政策和活动，促进成员国空间科学技术活动的合作和一体化。

ESA 的领导机构是理事会，由各成员国代表组成。其日常工作由管理局负责，理事长是管理局的常务主任和法律代表。ESA 的总部设在巴黎，下属机构主要包括荷兰的欧洲空间技术研究中心（ES-TEC）、德国的欧洲空间运行操作中心（ESOC）和欧洲航天员中心（EAC）、意大利的地球观测中心（ESRIN）、西班牙的空间天文学中心（ESAC）等。ESA 有设在南美洲赤道附近的库鲁发射场和相应的地面测控网。

3.3.1　ESA 软件研制的管理体系

ESA 作为一个国际组织，本身的规模非常小，例如 2011 年预算是 40 亿欧元，员工仅 2200 人。ESA 空间任务的研发工作是与欧洲航天工业界共同完成的，建立了客户－供应商关系链（见图 3－6）。ESA 将任务分解分包给多个供应商，每个供应商继续分解任务，除了开展部分自研工作外，将作为下一级供应商的客户。这个模型可以进行递归应用，ESA 位于客户的最顶层，然后是根据合同关系形成的客户—供应商的链条。

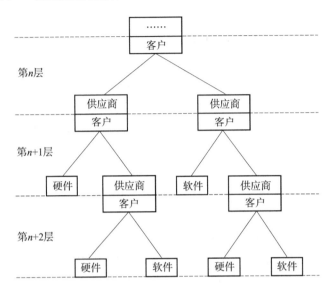

图 3-6　ESA 的客户—供应商关系链

　　ESA 的软件工程也根据这种分包层次的客户—供应商链开展，上一级客户负责对下一级供应商进行质量监督和阶段评审，通过最终验收后向上一级客户提供产品。

　　鉴于这种与工业界紧密合作的工作方式，ESA 及其成员机构、欧洲工业界与协会联合组成了欧洲空间标准化合作组织（ECSS）。

　　ECSS 规定参与欧洲空间飞行任务的所有要素的装置、设备、分系统、系统和服务的定义，同时规定研发、制造、验收、使用、运行各方都应共同遵循和采用 ECSS 标准。ECSS 的组织结构如图 3-7 所示。其中，最高层为指导委员会，是成员国组织的代表，负责制定政策和策略以及全过程监督，不对单独标准进行审批。技术权威也是成员国组织的代表，建立并实施工作计划，负责公共评审和文档的审批，实施指导委员会的政策。执行秘书处是由 ESA 技术和质量管理机构质量代表组成的，落实和监督工作计划，支持指导委员会和技术权威，支持工作组起草标准，管理 ECSS 文档，收集和分析变化要求，负责新工作项目提议、反馈，全面监督 ESA 进度和预算。专家网络是指特定委员会的专家（个人或特定问题解决小组），支持技术权威，解决具体问题。

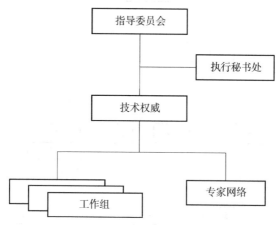

图 3 - 7　ECSS 组织结构

3.3.2　ESA 标准、规范与流程

早在 1977 年业界刚刚认识到软件标准对于复杂关键系统重要性的时候，ESA 便成立了软件标准化与控制委员会（BSSC），并于 1984 年推出了 PSS - 05 软件工程化标准体系。

PSS - 05 软件工程化标准文档体系如图 3 - 8 所示。无论采用何种开发模型（瀑布模型、增量模型等），软件生存周期由以下阶段组成：用户需求定义阶段、软件需求定义阶段、结构设计阶段、详细设计阶段、测试阶段、运行维护阶段。

1993 年在 ESA 的指导下，ECSS 成立。1995 年，ESA PSS 标准体系转换为 ECSS 标准体系。2008 年 7 月，ECSS 标准体系结构和编号发生了变化。ECSS 标准化活动涉及项目管理、产品保证和工程 3 个领域，以及研制、生产和使用全过程。

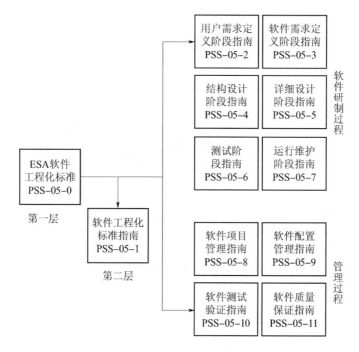

图 3 - 8 PSS 标准文档体系

3.3.2.1 ECSS 标准体系

ECSS 标准体系是在 ESA PSS 标准体系的基础上，调研国际标准化组织（ISO）、NASA 以及航天公司标准确定的，具有一定的先进性和实用性。目前，ECSS 标准内容已涉及运载火箭、航天器、发射场和地面站等，从零部件、元器件到整个航天系统。

ECSS 发布的文件包括标准、手册和技术备忘录 3 种类型。其中标准是直接指导实施空间相关活动的标准文档；手册是提供背景信息的非标准文档，如指南、技术数据、建议；技术备忘录是指提供特定主题的空间活动有用信息的非标准文档，用来记录与标准、手册不相关的非标准数据，或出版还不成熟或不能作为标准或手册出版的文档。ECSS 标准包括：

1）工程管理要求；

2）设计、研制、验证和空间运行系统及其组成部分的要求；

3）空间飞行用零部件、装备、分系统和系统的技术要求；

4）空间信息传输的接口要求。

ECSS 的标准体系如图 3-9 所示。

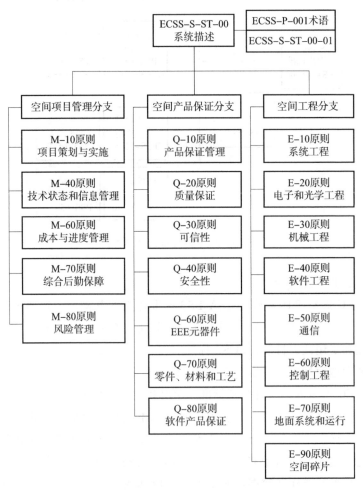

图 3-9　ECSS 标准体系

ECSS 的标准分为 4 级，3 大类：

1）0 级，为 ECSS 标准体系的顶层文件，描述 ECSS 体系的方针和目标以及创建、确认和保持的原则；

2）1 级，为 ECSS-M 项目管理、ECSS-Q 产品保证、ECSS-E 工程 3 大类的顶层文件；

3）2 级，描述项目管理、产品保证、工程中各活动的要求和作用；

4）3 级，为完成 2 级文件要求的方法、程序和工具。

在 ECSS 标准体系中，除了在项目管理系列标准相关的管理过程（如文件管理）提及对软件的管理之外，产品保证和工程两个系列标准都包含软件标准。ECSS 软件标准体系主要抓软件工程和软件产品保证两个方面，制定了大量的指南性标准，比 NASA 更加重视软件研制过程中的质量控制，包括阶段测试和安全评估。ECSS-E-40 和 ECSS-Q-80 中给出了宇航项目实施软件工程和软件产品保证的原则和具体要求。

其中，软件工程标准 ECSS-E-40 主要是基于 ISO/IEC 12207 制定的，两者都基于过程集的思想，定义了：

1）过程进一步划分为更小单元活动的需求；

2）单元活动的输入和输出。

从某种意义上，ECSS-E-40 更像是"如何制定标准的标准"，只要兼容 ECSS-E-40，所有供应商都可以使用其自有标准。

3.3.2.2　软件生存周期要求

ECSS-E-40 标准未定义明确的软件生存周期模型，但是采用任何模型都需要在软件开发计划中明确说明。

ESA 典型的软件工程过程与 NASA 的基本一致，一个重要区别是明确了独立的系统需求过程阶段，即软件工程的第一个阶段是软件相关的系统需求过程，强调软件需求的来源与系统工程紧密相连。如图 3-10 所示，ESA 软件工程过程具体描述如下。

（1）软件相关的系统需求过程

该过程由客户负责实施，主要包括系统需求工程、系统集成和系统确认。

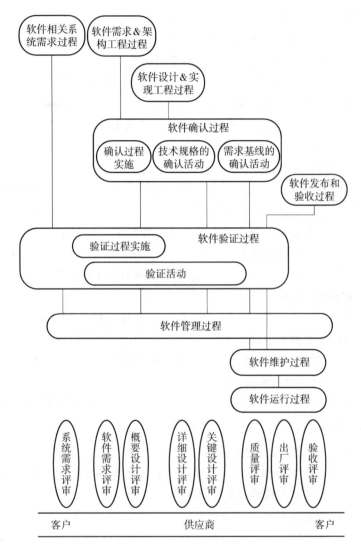

图 3 - 10　软件工程过程

　　该过程与 PSS - 05 中的用户需求阶段类似，但是更加通用化，将软件作为系统的一部分来分析需求。软件周边的系统包括硬件和其他软件系统。

（2）软件需求与架构工程过程

该过程由供应商负责，主要活动包括软件需求分析和软件顶层架构设计。

（3）软件设计与实现工程过程

该过程由供应商负责，主要包括软件详细设计、编码和单元测试、软件集成和根据技术规格说明进行软件确认。

（4）软件确认与验收过程

该过程的活动包括：

1）需求基线的确认，指供应商的出厂验收测试；

2）软件发布与实施；

3）软件验收，对应里程碑是验收评审，通过在实际运行环境中验证，主要指客户的验收测试。

（5）软件验证过程

该过程的活动包括软件测试，验证需求、设计、实现的正确性。

（6）软件运行过程

该过程的活动包括软件操作流程准备、软件操作计划准备、软件正常运行和用户支持。

（7）软件维护过程

该过程的活动包括软件问题分析、软件问题改正、修改确认与重新验收、软件适配和软件退役。

（8）软件管理过程

该过程的活动包括软件配置管理、质量保证等。

3.3.2.3　软件生存周期里程碑评审

软件工程的里程碑评审是保证客户对供应商进行质量监督和过程控制的主要方式，ECSS - E - 40 定义的软件工程评审见表3 - 2。

表 3-2　软件工程评审过程

名称	简写	对应过程
系统需求评审	SRR	软件相关系统需求过程
软件需求评审（可选）	SWRR	软件需求与架构工程过程
概要设计评审	PDR	软件需求与架构工程过程
详细设计评审（可选）	DDR	软件设计与实现工程过程
关键设计评审	CDR	软件设计与实现工程过程
质量评审	QR	软件确认与验收过程
验收评审	AR	软件确认与验收过程
出厂评审	ORR	软件运行过程

3.3.2.4　软件文档要求

ECSS-E-40 规定软件工程的文档按照文件夹的方式组织，宏观上划分为 4 个方面，如图 3-11 所示。

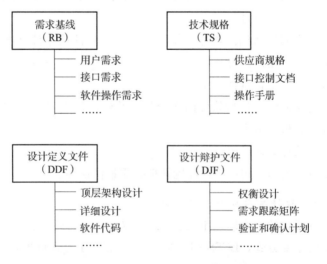

图 3-11　ECSS-E-40 文档组织

第4章 国内航天型号软件工程化情况

近年来，我国航天事业取得了举世瞩目的成就。软件工程化作为一项重要的工程技术基础性工作，发挥了重要的作用，不仅确保了软件研制质量，而且在航天软件工程标准体系建设、技术和方法研究、软件研制和管理队伍培养等方面取得了显著成果。

4.1 航天型号软件工程化概述

航天型号软件工程化工作起步较早，为国内其他行业软件工程化的发展起到了重要的引领作用。管理和技术标准按照级别可以分为国际标准、国家标准、军用标准、行业标准、企业标准（院标、所标）。参照国际标准、国家标准、军用标准，航天领域逐步结合航天型号软件研制特点形成了行业软件标准。各院所在此标准体系下结合各自的业务活动建立了院标、所标。

航天型号软件研制相关的军用软件研制标准很多，例如：

1）GJB 5000《军用软件能力成熟度模型》；

2）GJB 900《系统安全性通用大纲》；

3）GJB 2786A《军用软件开发通用要求》；

4）GJB 438B《军用软件开发文档通用要求》；

5）GJB 5369《航天型号软件 C 语言安全子集》；

6）GJB/Z 141《军用软件测试指南》；

7）GJB/Z 102《软件可靠性与安全性设计准则》；

8）GJB/Z 102A《军用软件安全性设计指南》；

9）GJB/Z 142《军用软件安全性分析指南》；

10）GJB/Z 1391《故障模式、影响及危害性分析指南》。

航天软件工程化过程中，各单位积极探讨，形成了系列行业标准，例如：

1）Q/QJA 30A《航天型号软件工程化要求》；

2）Q/QJ 3139《危险分析方法和程序》；

3）QJ 3262《高可靠实时嵌入式软件设计指南》；

4）QJ 3027《航天型号软件测试规范》；

5）载人航天工程软件工程化标准体系；

6）探月工程软件工程化要求等。

其中值得一提的是 GJB 5000《军用软件能力成熟度模型》。该标准于 2003 年发布，基本上沿用了 CMM 1.1 版，国内军用软件研制，包括航天型号软件研制，通常使用 GJB 5000 评价承制单位的软件研制水平。

在航天软件工程发展中，载人航天工程作为我国航天发展史上规模最大、系统组成最复杂、技术难度最大、安全可靠性最高的一项大型系统工程，对软件工程的探索起步最早，在 20 世纪 90 年代就开始了，对航天软件工程的发展起到了促进作用。

4.2　载人航天工程软件工程化发展历程

载人航天工程实施 20 余年来，软件工作不断地探索创新，走出了一条既符合中国国情，又充分体现复杂系统工程特点的软件工程化道路，使软件产品质量得到了切实保障。载人航天工程软件工程化实践，可以划分为 3 个时期。

4.2.1　启动探索期

20 世纪 90 年代初期，主要有两个软件工程技术小组进行航天软件工程的探索：一个是以航天工业部门为主体，由运载火箭、飞船飞行和返回系统等参研单位组成的软件工程技术小组；一个是以测量通信、发射与回收等参研单位为主体，由测控系统、发射系统、着陆系统等单位组成的软件工程技术小组。他们都制定了相应的软件技术规范和标准。

随着工程的发展以及工程软件研制工作管理要求的提出，建立完整、统一的软件工程技术规范的工作逐渐提上了日程。在上述工作的基础上，工程总体针对整个工程的可靠性、安全性问题，正式提出软件研制实施工程化管理的基本思想，并下发了质量基础控制文件。

尽管如此，当时"重硬轻软"的传统观念仍然根深蒂固，软件研制处于"小作坊式"的工作模式，"自编、自导、自演"现象严重，研制过程不透明，质量不可控，软件工程化水平不平衡，给工程带来巨大的质量隐患。

4.2.2　全面实施期

20 世纪 90 年代中期，工程总体组织专家对各系统主要软件研制单位和研制项目进行了广泛的调查研究，深入分析了软件研制和管理现状以及国外航天软件开发情况，得出了"实施软件工程化是保障载人航天软件质量的必由之路"的结论。

由此，工程上下达成了共识：抓载人航天工程不抓质量不行，抓质量不抓软件不行，抓软件不抓工程化不行，抓工程化不抓管理不行。工程决定必须横下一条心，设计出一条符合中国国情、符合工程实际的软件工程化的路子，采取各种有效措施全面贯彻实施软件工程化，确保工程软件的高可靠性和高安全性。

在此阶段，工程正式下发了软件研制工作管理要求和软件工程化技术文件，将软件同硬件一样作为产品，纳入计划、技术和质量管理渠道，软件按重要程度分级分类管理，按工程化方法分阶段开展研制。软件工程化工作紧紧围绕保证软件质量，确保可靠性、安全性，对软件开发、使用的各个环节提出了明确的规范要求。

另外，工程各级按照软件工程化的要求，逐步建立了软件研制管理体系，细化了软件技术标准和规范，强化了软件配置管理，建立了一系列软件测评机构和测试、仿真试验环境。

4.2.3　巩固发展期

21 世纪初期，根据工程任务需求和软件研制工作新特点，工程组织了对软件研制管理要求和软件工程化技术文件的修订，正式发布了软件研制管理规定和技术标准。软件研制管理规定作为顶层文件，定义了软件研制相关方及其职责、软件研制过程和要求；软件技术标准作为管理规定的支撑文件，详细描述了软件研制技术流程、各阶段的工作活动和技术要求，以及测试、评审等工作细则。工程定期对软件研制管理规定和技术标准进行更新，使其更加适应工程研制建设发展的需要。

4.2.4　软件工程化成绩

载人航天工程软件工程化实施 20 多年来，取得了令人瞩目的成就。软件工程化作为一项重要的工程技术基础性工作，发挥了重要作用、产生了广泛影响，确保了软件研制质量。

4.2.4.1　建立了三位一体的研制管理体系

在软件工程的实施中，人是首要因素，责任制是关键。因此，工程建立和健全了软件研制和管理体系，各级明确了计划、技术和质量三条管理渠道的负责人及其职责。

4.2.4.2　建立了统一的研制过程

工程确立了统一的软件研制流程，明确了每个阶段的输入和输出、任务、关键的技术要点等，确保了软件研制活动、软件研制产出的质量控制。

4.2.4.3　制定下发了软件管理规定和技术标准

工程在吸取国外先进经验的基础上，结合实际编制了软件研制工作管理要求和软件工程化技术文件，并根据任务特点进行了多次更新。

工程各系统、各部门和各单位严格落实软件工程化标准、规范，从基础性文件（如软件产品代号编制规定、软件归档办法、软件交接规定等）到系统顶层文件（如软件工程化实施大纲、软件质量管理办法、软件质量目标及质量工作措施、软件技术状态控制要求）都进行了细化，并针对安全关键软件制订了专题工作计划，保质保量地按时完成了各项软件研制任务。

4.2.4.4　建立了软件工程化专题突破机制

为了切实推进载人航天工程软件工程化，针对软件研制过程中面临的典型的、具有较大困难的问题，工程组织有关系统及单位开展了多项软件专项课题研究工作，涉及编译器安全验证、仿真验证平台、工程化辅助支撑平台等，所有课题成果均在工程中取得了很好的实践效果。

4.2.4.5　建立了各级专家咨询组织

工程成立了软件专家组，作为软件工程化工作的参谋、咨询和技术支撑机构，在拟制软件工程化顶层规范文件和要求、拟制软件研制管理规定、跟踪了解软件项目研制情况、控制软件质量等方面发挥了重要作用。软件专家组在飞行任务实施前，对安全关键软件、技术状态变化较大或曾经发生质量问题的软件进行重点复核复查，严格把关，确保了最终交付软件的质量。工程各系统、各部门和各单位也建立了各级软件专家咨询组织，发挥了重要的审查把关和决策咨询作用。

4.2.4.6　建立并细化了软件测试、测评体系

工程从实际需要出发，系统地策划并提出了以软件质量为中心的一系列测试工作管理要求，并采取切实措施、以点带面推动测试工作的全面开展。工程形成了较为完善的软件研制单位内部测试与第三方评测单位独立评测相结合的测试体系。通过第三方评测单位的资质认证和再确认，为工程质量保证提供了有力措施。

4.3　载人航天工程软件工程化标准体系

经过不断实践和完善，目前载人航天工程软件工程化规范主要包括软件研制工作管理规定和软件工程化技术标准，以及各系统、各单位结合自身软件特点制定的实施细则及相关规定。

4.3.1　管理规定

软件研制工作管理规定为各系统软件的研制和管理工作提供了技术指导和政策保障。它是顶层指令文件，提出了工程软件活动必须执行的要求。

目前，工程管理规定已进行了两次修订工作，每次修订均根据工程软件研制特点和需求不断完善相关内容，以促进我国载人航天工程软件工程化技术和水平不断发展。

4.3.1.1　第一次修订

2007 年，管理规定进行了第一次修订。此次修订主要加强了以下两个方面要求。

（1）顶层设计要求

软件工程化实施初期，大家对软件顶层设计认识不足，工程中发生的一些软件问题，不少是由于系统设计考虑不周引起的。对软、硬件联合的系统设计描述在设备一级，层次不够高，各单位均认识到需强化系统级顶层设计，很多单位对如何在方案阶段将软件过程更好地融入整个系统设计，以及嵌入式系统如何在初样和正样阶段进行软硬件协同设计感到困惑。后续工程实践中证明，加强系统分析与设计有关要求起到了非常有效的作用，使工程中由于需求变化引起的软件问题大幅减少。

（2）安全性要求

起初，工程要求中提出了安全性的基本要求，但不深入，事实上也没有落实。此次修订改变了工程对软件安全性的理念，认为危险一直是存在的，关键要知道它何时发生、发生后如何控制、转移或减轻，并参考 NASA 在航天飞机、国际空间站所做的安全性工作，结合我国载人航天工程实际情况，将软件安全性工作贯穿在整个软件生存周期中，对软件研制的各个阶段都规定了安全工作要求。

4.3.1.2　第二次修订

随着工程任务的发展，软件研制出现了一些新的情况，如软件编程语言发生变化、信息协同关系更加复杂、出现了软件在轨维护更新的新需求、外购软件产品比重不断加大、可编程器件使用增多等。根据这些新特点和新要求，2014 年工程再次对软件研制工作管理规定进行了修订。

主要修订内容包括：

1）新增 FPGA 软件研制过程和管理要求，提出了 FPGA 研制过程及工作内容、安全可靠性要求和验证与确认要求，用于规范和管理 FPGA 等可编程逻辑器件类软件研制工作；

2）新增软件安全保密性要求和软件研制各阶段安全保密性工作内容，指导软件安全保密性建设；

3）新增可在轨维护软件研制过程和管理要求，规范可在轨维护软件的研制过程和更新过程；

4）根据软件安全关键级别和工程软件研制实际情况补充完善了软件研制和测试要求，明确了第三方评测管理办法，更加符合工程软件研制特点；

5）明确了系统转阶段对软件的研制要求，更加规范软件研制过程，控制软件研制进度，逐步改变工程软件研制滞后于硬件的状况；

6）明确了飞行产品配套软件和地面支持系统配套软件选型、使用和维护要求，对外购工具软件提出了按其重要性和影响范围分类的方法和分级管理要求。

4.3.2　技术标准

技术标准是对管理规定的细化和支撑，随着管理规定的更新也在不断地完善和补充。

4.3.2.1　第一次完善补充

工程软件工程化技术文件发布后，为工程各系统软件的研制工作提供了技术指导，但是在其应用和执行过程中仍有以下问题：

1）首次统一提出了软件研制技术指导，但内容不够具体。因此，各系统均制定了适用于本系统的要求和规范。由于各系统工程规范不统一，给各方面人员的工作造成了一定的困难，需将各系统、各型号的软件工程化尽量统一在一个工程标准框架下。

2）对软、硬件联合的系统设计描述在设备一级，层次不够高，缺少系统级设计以及系统软件配置项和硬件配置项划分的指导，对初样和正样阶段的工作要求不明确，需要明确软件与硬件共同完成系统设计的原则、方法与流程。

3）虽提出了软件可靠性、安全性工作的要求，但在实施过程中缺乏相关的控制指标和控制措施，因而难以用量化的指标进行评价，实际工程中无法指导软件人员进行安全、可靠性设计、测试。

针对以上不足，工程总体对软件工程化技术文件进行了第一次修订补充完善工作，形成了软件工程化技术标准。

4.3.2.2　第二次完善补充

为了应对工程软件研制特点的变化和管理规定的修订，工程对软件工程化技术标准进行了第二次完善补充工作。相关修订内容主要包括以下方面：

1）为了更加有效地支撑软件安全工作，制定了详细的软件安全性规范，规定了软件安全性来源、安全性过程和安全性范围等工作的要求，详细说明了软件安全性的组织、人员和需求等管理要求，并按照软件研制过程明确了每个阶段针对软件安全性需要完成的工作内容和阶段成果。

2）针对工程中网络、操作系统等对软件安全保密性的需求，制定了安全保密性要求，依照软件研制过程提出了软件脆弱性分析、软件安全保密性设计、攻击测试等技术要求，明确了工程软件需求分析阶段、软件设计阶段、软件实现阶段和软件测试阶段的工作内容及阶段成果。

3) 为了规范工程软件研制过程中采用的外购软件，保证工程软件的安全性和可靠性，规范了外购软件的选用。针对不同类型的外购软件规定了软件选型过程，包括需求确定、制定选型准则、使用计划、任务配套软件验证审查、任务配套软件交付使用和运行维护等要求。

4) 针对 FPGA 软件制定了专用的研制技术要求，给出了 FPGA 软件安全关键等级划分办法以及研制技术流程，详细说明了每个阶段的任务、技术要求、阶段产品和配置管理要求。

5) 按照软件重用程度区分软件研制流程，给出了每类软件研制流程的实施要点、管理和支撑内容，包括不同技术流程的选用条件、项目策划、监督、控制、配置管理和质量保证等要求。

6) 补充完善了可在轨维护软件研制技术要求，明确了可在轨维护软件从系统分析与设计阶段开始至运行维护阶段的技术要求，并详细规定了软件在轨维护的实施步骤、阶段产品和注意事项。

7) 为了规范工程中面向对象软件研制技术的应用，在各软件研制过程中有针对性的增加了面向对象软件研制技术要求。

8) 为了提高与国标、军标的一致性，对软件测试和评审过程进行了适应性修订。

第5章 航天型号软件研制过程

将软件工程理论和软件研制特点相结合，可以将航天型号软件研制过程划分为不同阶段，包括系统级分析与设计、软件需求分析、软件设计、软件实现与单元测试、集成测试、配置项测试、系统测试、验收交付、运行维护等。其中系统级分析与设计可以进一步细分到分系统级，是软件工程与系统工程的衔接。

5.1 技术流程分类

航天型号软件研制技术流程由主线、辅线的工作项目和关键质量控制点组成，在流程中分别以 M、A 和 Q 加序号进行标识。每个工作项目通过参与的角色、输入和输出、工作内容、出口准则来定义。关键质量控制点通常作为一次正式评审，流程中明确评审的内容、被评审的文件以及评审的要求。

航天型号软件通常由新研软件和重用软件两部分组成。两者由于其成熟度不同、研制的内容不同等特点，研制技术标准也应有所区别。随着我国航天型号多年研制经验的积累，重用已有的软件成为提高工程软件研制的效率和质量的必由之路。但是，分析不全面的软件重用也可能给工程带来特殊的安全风险，法国的阿里安5号运载火箭重用先前的软件导致发射失败就是一个典型的例子。

因此，一方面为了保证新研软件的质量，要制定研制全过程的技术流程；另一方面为了充分发挥软件重用带来的效率，同时降低软件重用的风险，必须对重用软件的技术状态进行控制和把关，并且根据技术状态制定软件重用的流程。根据航天型号软件研制的特点，以及软件配置项相对于基线配置项的技术状态，通常分为以下4类：

1）沿用软件，已成功完成飞行试验任务，不加修改即可再次使用的软件配置项。

2) 参数修改软件，不更改软件可执行代码的内容，仅修改软件配置参数即可满足任务要求的软件配置项。配置参数通常包括编译时绑定的宏和常量定义，以及固化时写入的配置文件。

3) 适应性修改软件，根据任务要求，进行适应性修改、完善设计以及提升关键等级的软件配置项。

4) 新研软件，不属于上述 3 类状态的新研制软件配置项。

新研软件的技术流程是一个完整的航天型号软件研制技术流程，其他 3 类流程均是在此基础上裁减或补充相应的项目而成，接下来先介绍新研软件的技术流程。

5.1.1　新研软件技术流程

新研软件研制的技术流程（见图 5-1）包括 10 个以 M 开头标识的主线工作项目、6 个以 Q 开头标识的关键质量控制点以及 1 个以 A 开头标识的辅线工作项目。

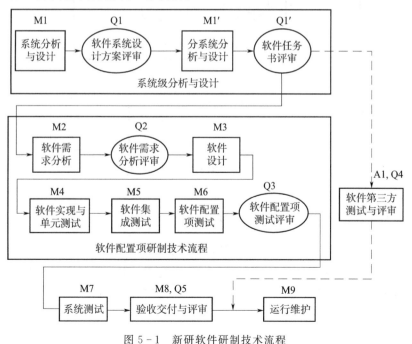

图 5-1　新研软件研制技术流程

5.1.2　沿用软件技术流程

对于沿用软件，其简化的研制流程如图 5 - 2 所示。相比完整的新研软件研制流程，沿用软件技术流程将软件的研制简化为沿用可行性分析及技术状态复核两个工作项目。

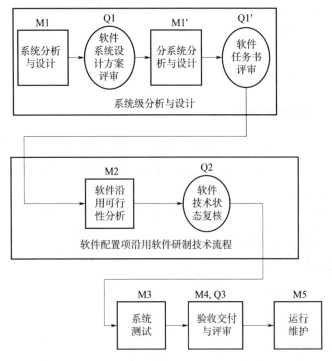

图 5 - 2　沿用软件研制技术流程

5.1.3　参数修改软件技术流程

对于参数修改软件，其研制技术流程如图 5 - 3 所示。参数修改软件在流程中原则上不需重新进行软件设计，但是需针对有代码更动的部分及受影响的部分重新进行影响分析和回归测试。

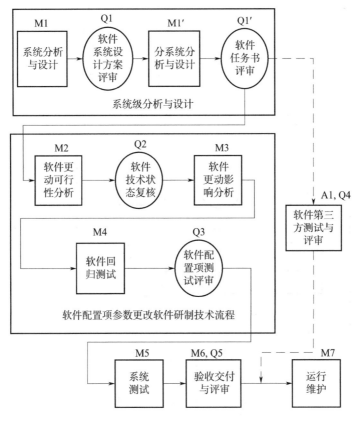

图 5-3　参数修改软件研制技术流程

5.1.4　适应性修改软件技术流程

对于已有较为成熟的基线产品，仅针对局部的部分模块和少量功能进行适应性修改的软件配置项，可采用如图 5-4 所示的变更技术流程。适应性修改软件研制近似于某一软件配置项在研制过程中因需求变更而产生的一次或多次的版本升级过程。其流程包括软件需求更动分析、软件更动设计、软件更动实现、软件回归测试等工作项目。

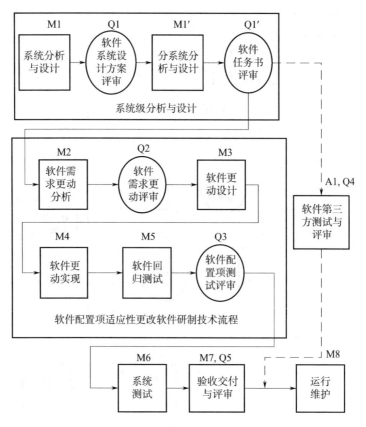

图 5 - 4　适应性修改软件研制技术流程

5.2　系统级分析与设计

在通用应用软件研制过程中，通常不考虑系统层面的问题。主要原因是采用标准化的硬件平台，硬件平台对于系统的影响较小。很多情况下，硬件环境的采购非常容易，甚至已经存在。因此，软件开发需求主要关注用户需求，基于用户需求开展设计、实现和测试等。

航天型号系统多采用嵌入式系统，硬件平台通常都具备特殊性。

因此，硬件研制与软件研制协同进行。一种方案是硬件平台研制完成后再开始软件的研制工作，其缺点是不言而喻的。首先，系统研制周期将延长，无法满足系统快速成型的需求；其次，许多硬件环境必须利用软件加以验证。因此，航天型号软件研制往往将系统分析和设计纳入到软件研制流程中，结合嵌入式应用特点和任务要求，进行软硬件系统设计。NASA 将软件需求分析之前的所有工作视为系统概念阶段，ESA 引入了与软件有关的系统工程过程，其主要的作用都是为软件需求分析提供素材。我国航天型号软件研制也将系统级分析与设计作为软件研制过程的第一个阶段。

系统级分析与设计阶段是从工程整体运行环境进行分析，进行系统需求分析、设计，并将系统需求映射到软件需求，明确软件研制任务要求，制定软件研制任务书，作为软件开发和验收的依据。在复杂系统中，系统级分析与设计也是逐层分解和细化的过程，可以进一步细分为系统分析与设计、分系统分析与设计。

系统级分析与设计的工作主要由软件系统的总体单位完成，管理工作主要由系统总体单位承担。在系统总体组织进行系统需求分析时，应该有软件承制方的人员参与，一方面了解软件运行的上下文环境，另一方面对系统设计中的软硬件设计进行划分。

5.2.1　系统分析与设计

系统分析与设计阶段的主要目的是根据任务需求进行系统设计，规划软件和硬件设计方案，并将系统的任务和功能分解到各个分系统，便于整个任务软件系统研制工作的开展。

5.2.1.1　输入与输出

航天型号任务通常由多个系统协同完成。例如，载人航天工程任务通常包括几个典型的系统，即航天员系统、载人飞船系统、运载火箭系统、发射场系统、测控通信系统等。各系统必须协调配合，系统间需要相互通信和交互。这些交互需要从任务层面进行规定，对系统的设计具有较大的影响。

　　系统分析和设计的主要依据有 3 个方面，即已有可利用的标准、系统任务要求、系统间接口控制文件，如图 5-5 所示。

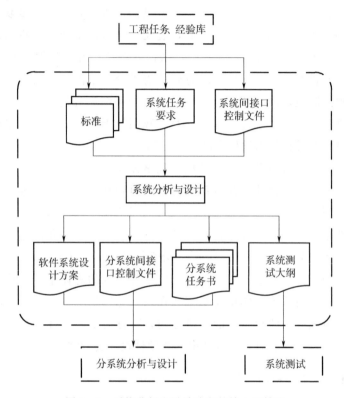

图 5-5　系统分析和设计阶段的输入和输出

　　系统分析与设计活动的主要产出包括系统设计方案（包括软件系统设计方案）、分系统间接口控制文件、分系统任务书、系统测试大纲（包括对软件系统测试验证的内容）。

　　（1）软件系统设计方案

　　软件系统设计方案给出了整个系统设计的概览，包括多系统任务的分析、系统功能描述、系统组成、分系统接口关系等方面。

　　（2）分系统间接口控制文件

　　分系统间接口控制文件对软件系统设计方案中分系统之间的关

系进行更进一步的细化，对接口数据类型、使用约束等进行详细描述。

（3）分系统任务书

分系统任务书描述分系统的功能需求和技术指标。

（4）系统测试大纲

系统测试大纲主要用于指导系统测试验证工作，给出在系统测试阶段如何验证系统的需求。对于系统中的软件功能，系统测试大纲也应当明确测试验证的手段和通过条件。

5.2.1.2　工作内容

系统分析和设计阶段的主要活动描述如下。

（1）分系统划分

分系统划分是系统设计阶段的主要活动。主要从概念层面对系统的运行过程进行分析整理，建立起系统的高层体系结构，将系统的功能和非功能需求分配到各分系统。各分系统相对独立，分系统之间接口清晰、耦合度低。

（2）分系统接口控制文件定义

一个系统的各分系统之间通过数据或者控制依赖关系联系在一起，形成一个有机整体。但是对于每个分系统而言，这些交互是分系统的外部接口。接口控制文件给出分系统之间交互的数据描述，包括数据类型、数据编码格式、数据长度。

另外，还须明确分系统输出数据的吞吐量、频率等事件特性，以及数据处理的要求或者交付要求，还要明确分系统之间的非业务数据的约定，包括错误编码、校验码方法等。

（3）软硬件划分

系统设计阶段的另一项活动是确定哪些需求由硬件实现，哪些需求由软件实现。每个分系统将完成一组明确的功能，应根据功能需求的复杂性、灵活性、实现成本等多方面因素，通过软硬件协同设计方法进行软硬件划分。每个分系统的软件实现部分以及它们之间的通信构成系统的软件架构。

（4）系统安全性分析

在此阶段应进行系统初步危险分析，确定系统的危险源，制定危险控制策略，提出各分系统安全性要求。

（5）系统仿真

系统仿真属于系统设计的验证工作，主要是对分系统划分结果进行确认，避免设计出现较大误差。系统设计对后期各阶段的影响非常大。如果系统设计出现变更将使得分系统设计、软件需求分析、软件设计等后续阶段的工作从头再来。

系统仿真主要涉及两方面的任务：

1）对系统进行建模；

2）开发仿真环境，从而对系统模型进行仿真分析。

系统建模需要利用数学或者其他方法对系统的物理结构、行为进行正式地描述，力图准确、一致。仿真环境是工程软件研制的一个挑战，航天型号系统具有特殊的结构和行为特性，需要开发新的系统模型和仿真环境来支持系统仿真。通过系统仿真还可以对系统设计方案进行优化。

5.2.1.3　出口准则

系统分析与设计阶段通过的主要准则是软件系统设计方案、分系统间接口控制文件和各分系统的任务书通过评审。为了保证软件研制过程可控，上述 3 类文档应纳入配置管理，并且基线化。

5.1.2　分系统分析与设计

分系统是复杂系统研制过程中的一个中间阶段，便于任务分配和工程化管理。分系统分析与设计与系统分析与设计思路相同。其主要目的是根据系统下达的分系统任务书和分系统接口控制文件，将分系统进一步分解为可以独立研制的软件或者硬件配置项，明确各个配置项的任务要求，确定各配置项之间的交互。

5.2.2.1　输入与输出

分系统分析与设计阶段的输入与输出如图 5 - 6 所示。其主要依据是系统分析与设计阶段对分系统的要求，即分系统任务书、分系统间的接口控制文件和要求遵循的设计规范。分系统任务书给出了分系统的内部功能和性能要求，分系统间的接口控制文件给出了分系统的外部交互约束条件。

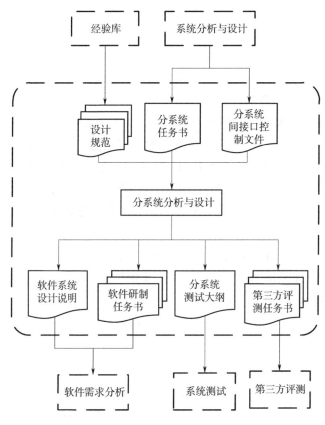

图 5-6　分系统分析与设计的输入和输出

　　该阶段的输出包括软件系统设计说明、软件研制任务书、分系统测试大纲和第三方评测任务书。

5.2.2.2　工作内容

　　分系统分析与设计的主要活动描述如下。

（1）复核分系统任务书和接口控制文件

复核分系统任务书和分系统接口控制文件是该阶段的首要工作。这两个文件是分系统设计的主要输入，它们由系统分析与设计阶段产生，并且通过评审，纳入配置管理基线。复核是一个质量保障过程，通过复核也进一步保证分系统分析与设计人员对于任务书和分系统与其他系统交互能够准确把握，这是分系统设计的前提条件。

（2）软件配置项划分

软件配置项划分是分系统设计的主要工作，其主要产出是软件系统设计说明和各软件配置项的研制任务书，对于需要进行第三方评测的软件，提出第三方评测任务书。具体要求如下：

1）需要对分系统任务书规定的要求进行分析、细化，对分系统任务书的功能、性能和信息接口进行分解，使分系统功能需求准确；

2）进行硬件、软件和人员操作的综合设计，将分系统功能划分为硬件、软件和操作人员 3 种类型，分别确定分系统软件和硬件的体系结构；

3）建立起分系统的运行流程，明确分系统的动态行为特征；

4）基于功能类别、运行流程，将分系统功能需求分割成具有较强独立性的功能块，即软件配置项；

5）分别对各软件配置项的功能进行整理，形成软件配置项的研制任务书。

（3）软件配置项交互分析

基于分系统设计的软件架构，即软件配置项之间、软件配置项与硬件配置项之间、软件配置项与其他分系统之间的交互关系，确定它们之间的数据流、指令流、时序关系等，定义它们之间的接口协议。

（4）分系统安全性分析

在系统初步危险分析的基础上，开展分系统危险分析，识别出与分系统的具体设计方案相关的危险，确定对软件的安全性要求。

在分系统危险分析的基础上，开展软件系统危险分析，确定每个配置项的安全关键等级。将分系统的安全需求分解到每个配置项的研制任务中，作为软件配置项安全性需求的输入。

（5）分系统仿真

识别出分系统的关键功能，基于分系统的软硬件架构，构建起数学或者物理模型，验证分系统软件设计方案的算法、数据流、控制流的正确性，以及与外部接口的一致性。

（6）确定分系统测试大纲

根据分系统的功能需求和设计方案，制订分系统的测试方案、环境、通过准则等，制订初步测试计划。

5.2.2.3　出口准则

该阶段要求对软件系统设计说明、软件系统危险分析报告、软件研制任务书进行评审，评审后进入受控库，建立软件功能基线。另外，要注意软件安全性要求与系统分析与设计阶段的一致性、对软件安全关键等级进行复核、分析，对与安全关键软件相关的外购、重用软件进行审查，对选用的操作系统、编译器、编程语言和软件开发环境的安全性和可靠性的验证确认结果进行评审。

5.3　软件需求分析

软件需求分析是软件研制的第一项工作。通常软件产品需求分析的来源是客户，航天型号软件研制需求来源为软件研制任务书。软件需求分析阶段根据软件研制任务书，确定软件配置项的功能和非功能需求，编写软件需求规格说明书和配置项测试计划。从这个阶段开始到软件配置项测试都是以软件承制方为主，因此，承制方的项目计划，也应该在该阶段完成，包括软件开发计划、软件质量保证计划、配置管理计划、安全工作计划等。

5.3.1　输入与输出

需求分析阶段的输入和输出关系如图 5 - 7 所示。

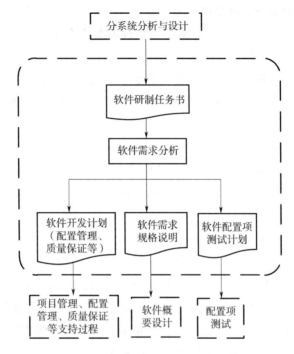

图 5-7　需求分析阶段的输入和输出

5.3.1.1　输入

需求分析是软件研制过程的核心活动。一般软件研制流程中，需求分析是软件研制的起点。在航天型号任务中，软件研制是整个系统研制的一部分。软件需求来自于分系统分析与设计阶段的一个关键产出——软件研制任务书。

5.3.1.2　输出

需求分析阶段的主要输出包括软件需求规格说明、软件开发计划、软件质量保证计划和配置项测试计划。

首先，软件需求分析的核心任务是明确软件在功能、性能、安全可靠性等方面的需求，以软件需求规格说明书的形式作为软件设计的依据。

其次，软件开发计划、软件质量保证计划等计划文档，为软件研制过程确定里程碑、分配时间和资源。其中，软件开发计划和质量保证计划需要通过评审，并纳入受控库。

另外，该阶段生成软件配置项测试计划，但配置项测试计划是一个初稿，需要在后续阶段逐步完善，并最终在配置项测试之前通过评审。

5.3.2　工作内容

需求分析阶段的主要活动分为 3 类，描述如下。

5.3.2.1　软件需求分析

软件需求分析必须用确定的方法正确而恰当地定义软件的功能、性能、安全性等所有软件需求，对每项需求进行标识和描述，编写软件需求规格说明。

当使用结构化的分析方法时，应采用数据流图（DFD）、控制流图（CFD）、状态迁移图（STD）、加工规格说明与数据字典（DD）等方法来表示有关功能、信息模型。

在航天型号软件需求分析中，除通常提到的功能、性能、接口、数据、人机交互界面等，特别强调安全性需求分析，需进行初步的基于软件功能的故障树分析（SFTA）、软件失效模式与影响分析（SFMEA），识别所有可能的失效模式或相关区域，进一步完善软件安全性需求。

软件需求规格说明编制要符合质量要求，包括完整性、准确性、一致性、可验证性、易修改性、可追踪性。

5.3.2.2　制订项目计划

航天型号软件研制技术流程中，需求分析阶段是软件配置项承制方工作的第一个阶段。因此，在该阶段要制订项目相关计划，包括软件开发计划、软件质量保证计划、软件配置管理计划。质量保证计划、配置管理计划以及其他的安全工作计划等都可合并在开发计划中。

（1）软件开发计划

软件开发计划是整个软件开发工作管理的基础和依据。制订软件开发计划的主要依据是软件任务书对软件配置项的功能和质量要求，进行工作分解、资源分配，建立起里程碑和评审节点，为软件设计、实现确定标准、规范等。本阶段还要策划配置管理工作，配置管理计划可以写入软件开发计划。

（2）软件质量保证计划

软件质量保证计划则是由承制方制订的一个重要计划。它必须结合承制方质量保证管理制度、软件开发计划中确定的里程碑和评审需求，建立起满足航天型号质量要求的质量保证活动和资源安排。

5.3.2.3　制订软件配置项测试计划

软件配置项测试计划在此阶段只是初步计划，随着软件设计的开展需要不断细化完善。软件配置项测试计划中要建立测试对需求的追踪关系。

5.3.3　出口准则

软件需求规格说明和软件开发计划是整个软件开发工作的基础和依据。所有软件研制都应对软件需求规格说明和软件开发计划进行正式评审，评审工作由承制方负责组织，交办方参加。评审通过后的需求规格说明进入受控库，建立软件分配基线。

5.4　软件设计

软件设计又可细分为软件概要设计和软件详细设计。

5.4.1　概要设计

该阶段根据软件需求规格说明，设计软件的总体结构，划分并定义软件部件，以及各部件的数据接口、控制接口，设计全局数据库和数据结构，编写软件概要设计说明，编写软件集成测试计划。

5.4.1.1 输入与输出

概要设计阶段的输入和输出关系如图 5-8 所示。

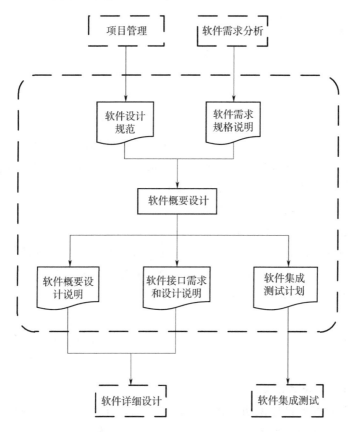

图 5-8 概要设计阶段的输入和输出

（1）输入

软件概要设计的主要输入是软件需求规格说明书和软件设计规范，前者是软件需求分析阶段的主要产出，后者是软件开发计划中确定的设计标准和规范。

（2）输出

概要设计的输出是软件概要设计说明、软件接口需求和设计说明、软件集成测试计划。

5.4.1.2　工作内容

软件概要设计阶段的主要活动包括以下几方面。

（1）结构设计

采用自顶向下的方法，逐项分解软件需求，进行结构设计，划分并定义软件部件，定义各部件间的数据流和控制流关系。各部件间应满足低耦合度要求，各部件内应满足高内聚度要求。

（2）部件设计

该阶段给出各个部件的功能描述、数据接口和控制接口描述、外部文件及全局数据定义；进行基于软件部件的故障树分析、软件失效模式与影响分析，进一步识别可能的失效模式或相关区域，完善软件安全性需求和相应的软件安全性设计。

（3）编写软件概要设计说明

总结上述设计结果，编写软件概要设计说明，建立每个软件部件对每项软件需求的追踪关系，特别是每个安全关键软件部件对每项软件安全关键需求的追踪关系。如需要还应编写软件接口需求和设计说明、数据库设计说明。

（4）策划软件集成测试

开展软件集成测试的计划和设计工作，编写初步的软件集成测试计划。

5.4.1.3　出口准则

软件概要设计说明、软件接口需求和设计说明（包含数据库设计说明）应通过评审，评审后的文档进入受控库。

5.4.2　详细设计

详细设计阶段对概要设计中产生的部件进行细化设计，划分并定义软件单元，设计单元的内部细节，包括程序模型算法和数据结构，为编写源代码提供必要的说明。

5.4.2.1　输入与输出

详细设计阶段的输入和输出关系如图 5-9 所示。

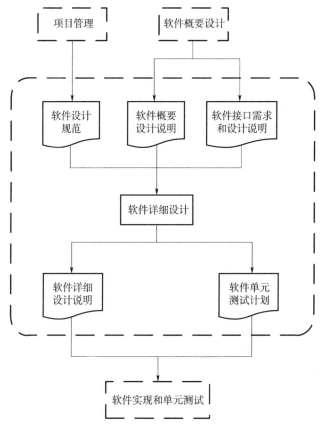

图 5-9　详细设计阶段的输入和输出

（1）输入

详细设计阶段的主要输入是概要设计阶段产出的软件概要设计说明、软件接口需求和设计说明。另外一个输入是软件开发计划中确定的软件设计规范。

（2）输出

软件详细设计的输出主要有两个：软件详细设计说明和软件单元测试计划。软件详细设计说明详细描述软件部件的具体设计，给出软件单元划分以及软件单元的详细描述，包括算法、流程、数据结构等。软件单元测试计划仅仅是一个初步的草案，用于指导实现阶段完成单元测试工作。

5.4.2.2 工作内容

软件详细设计阶段的主要活动包括以下几方面。

（1）软件单元定义

该阶段应复核软件概要设计，确定所有部件的功能及详细的接口信息，将概要设计产生的各个软件部件逐步细化，划分并定义软件单元，确定各单元之间的数据流和控制流，每个单元的输入、输出和处理，详细规定各单元之间的接口，包括共享外部数据、参数的形式和传送方式、上下层的调用关系等，对各个单元进行过程描述，确定单元内的算法及数据结构。

另外，还应基于软件单元进行软件故障树分析、软件失效模式与影响分析，进一步识别可能的失效模式或相关区域，进一步完善软件安全性需求和相应的软件安全性设计。

（2）编写详细设计说明

总结上述设计结果，编写软件详细设计说明，建立每个软件单元对每个软件部件和每项软件需求的追踪关系，特别是每个安全关键软件单元对每项软件安全关键需求的追踪关系。

（3）策划单元测试

编写初步的软件单元测试计划，开展软件单元测试的计划和设计工作。

5.4.2.3 出口准则

软件详细设计说明应通过评审，评审后进入受控库。

5.5 软件实现

软件实现阶段根据详细设计说明，进行软件编程、调试，开展静态分析、代码审查和单元测试，验证软件单元与软件详细设计说明的一致性。

5.5.1 输入与输出

软件实现阶段的输入和输出关系如图 5 - 10 所示。

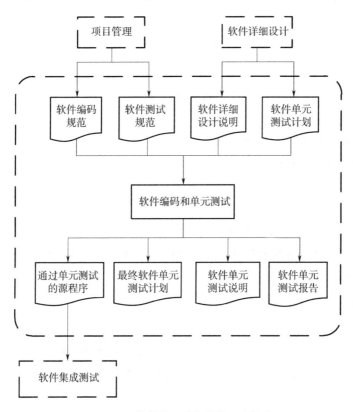

图 5 - 10 软件实现阶段的输入和输出

5.5.2 工作内容

软件实现阶段的主要活动包括以下几方面。

5.5.2.1 代码编写

依据详细设计说明,用指定的编程语言对每个软件单元进行编程,应遵循所要求的编程准则和编程风格。对源程序进行编译或汇编,通过调试排除语法等错误,直到编译通过为止。

5.5.2.2　静态分析

对完成编码的源程序进行静态分析，重点是软件源程序质量度量、编程准则和编程风格检查。对不符合质量要求、违反编程准则与编程风格的源程序进行修改和优化，必要时重新优化设计。对修改后的源程序进行修改确认，形成软件源程序清单。

5.5.2.3　单元测试

完成软件单元测试计划和软件单元测试说明，开发单元测试辅助程序，包括驱动程序和桩程序等，进行软件单元测试。

被测软件单元的每项软件特性、功能都必须被至少一个测试用例所覆盖，不仅要考虑对合法的输入设计测试用例，而且要针对非法的、非预期的输入设计测试用例，既要对正常的处理路径进行测试，也要对出错处理路径进行测试。安全关键软件要达到语句与分支测试覆盖率要求。对由于测试条件限制覆盖不到的语句、分支，必须进行逐一分析和确认，并在软件单元测试报告中进行分析说明。对软件测试中发现的问题进行分析，对修改后的软件单元重新进行测试，编写软件单元测试报告。

5.5.3　出口准则

软件源程序要进行代码审查。软件单元测试计划、单元测试说明、单元测试报告和通过单元测试的软件源程序进入受控库。

5.6　软件测试

软件测试可进一步分为软件集成测试和软件配置项测试。

5.6.1　软件集成测试

软件集成测试阶段按照软件概要设计说明和详细设计说明中规定的软件结构，将软件单元逐步集成为软件部件直至软件配置项，部件集成的同时开展软件集成测试工作。

5.6.1.1 输入与输出

集成测试的输入与输出关系如图 5 - 11 所示。

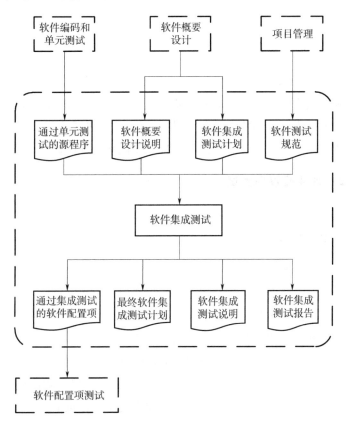

图 5 - 11 软件集成测试的输入和输出

5.6.1.2 工作内容

软件集成测试阶段的主要活动内容如下：

1）完成软件集成测试计划和软件集成测试说明并通过评审；

2）按照软件概要设计确定的软件总体结构和划分出的软件部件，采用增量式自底向上或自顶向下的软件集成方法对软件单元进行集成；

3）开发集成测试辅助程序，包括驱动程序或桩程序等，进行软件集成测试，<u>重点检查软件单元之间和软件部件之间的接口</u>；

4）对软件测试中发现的问题进行分析，对修改后的软件部件进行回归测试；

5）编写软件集成测试报告。

5.6.1.3　出口准则

对集成测试用例进行审查，必要时，对安全关键部件的测试计划、测试说明和测试报告进行评审。软件集成测试计划、集成测试说明和集成测试报告进入受控库，集成测试辅助程序进入受控库。

5.6.2　软件配置项测试

该阶段根据软件需求规格说明中定义的全部需求及软件配置项测试计划，对软件配置项进行测试。

5.6.2.1　输入与输出

软件配置项测试的输入与输出关系如图 5 - 12 所示。

5.6.2.2　工作内容

软件配置项测试阶段的主要活动内容如下：

1）完善软件配置项测试计划和测试说明，通过评审；

2）建立并确认软件配置项测试环境，软件配置项测试应使用与软件开发相同的编译环境，被测软件应在真实目标机上运行；

3）开展软件配置项测试并编写测试报告。

5.6.2.3　出口准则

软件测试就绪评审前，软件配置项测试计划进入受控库，软件配置项测试说明（含测试辅助程序）进入受控库。软件配置项测试通过后，软件配置项测试报告进入受控库，通过软件配置项测试的软件进入产品库。

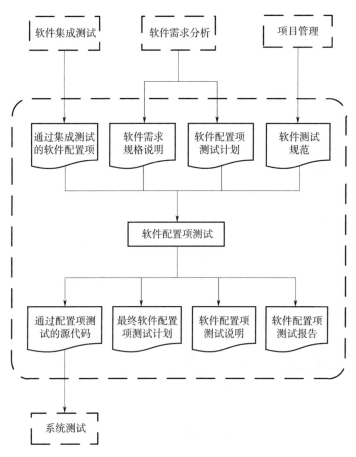

图 5 - 12　软件配置项测试的输入和输出

5.7 系统测试

系统测试是指软件配置项集成在一起后，验证软件系统或者整个系统是否正确执行，包括软件系统测试和系统试验验证两部分工作。

5.7.1 软件系统测试

软件系统测试的任务是将系统中的各软件配置项集成在一起，考核各软件配置项之间能否协调正确工作，是否符合软件系统设计说明或软件系统设计方案的要求。

根据系统的规模和复杂程度不同，系统可能会进行层次分解。因此，软件系统测试工作也会根据系统层次分解的情况相应地开展不同层次的工作，如分系统和系统两个级别的软件系统测试。

5.7.1.1 输入与输出

软件系统测试的输入与输出关系如图 5-13 所示。

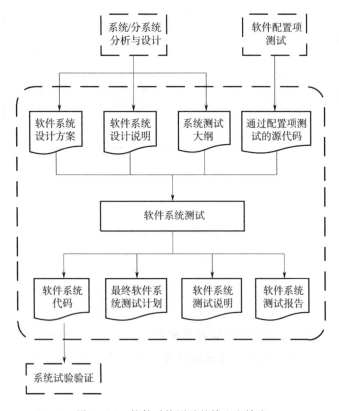

图 5-13　软件系统测试的输入和输出

5.7.1.2 工作内容

软件系统测试的工作包括以下几方面。

（1）软件配置项集成

按照软件系统设计说明中规定的软件系统结构，将各软件配置项集成为相应级别上的软件系统。

（2）软件系统测试

软件系统测试应覆盖软件系统设计说明和软件系统设计方案中规定的所有要求，重点考核各软件配置项能否协调正确工作，检查各软件配置项之间的接口，包括数据流、控制流、时序关系和接口信息协议等。

（3）编写测试报告

在相应的软件系统测试报告中，应建立测试用例对软件系统设计说明和软件系统设计方案所有要求的追踪关系。

（4）问题修正与回归测试

对软件系统测试中发现的问题要进行分析，软件修改后，需再次通过以前进行的相关测试，是否增加新的测试用例应视修改情况而定。修改后的软件需要再次通过软件系统测试。

5.7.1.3 出口准则

软件系统测试大纲、软件系统测试说明和软件系统测试报告应通过评审，进入受控库。

5.7.2 系统试验验证

系统试验验证的任务是将本分系统或系统中的各软件配置项和各硬件配置项都集成在一起，验证各软件配置项和各硬件配置项之间能否协调正确地工作，是否能达到系统任务书规定的要求，即在真实系统中考核验证各软件是否满足系统要求，特别是对软件的安全性和可靠性要求。

根据系统的规模和复杂程度不同，系统可能会进行层次分解。

因此，系统试验验证工作也会根据系统层次分解的情况相应地开展不同层次的工作，如分系统试验验证和系统试验验证。

5.7.2.1　输入与输出

系统试验验证的输入与输出关系如图 5-14 所示。

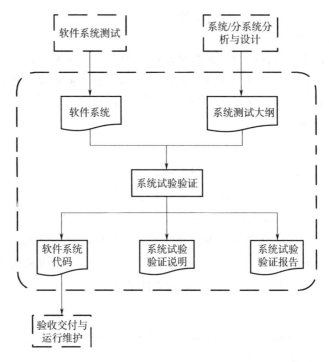

图 5-14　系统试验验证的输入和输出

5.7.2.2　工作内容

系统试验验证的工作包括以下几方面。

（1）开展系统试验，编写试验报告

依据系统试验大纲和系统试验说明开展试验，可以分为分系统级和系统级，必须明确软件验证内容，验证工作应在软件所属系统的正式工作环境上进行。

（2）问题修正与回归测试

对系统试验验证发现的问题要进行分析，软件修改后，需再次通过以前进行的相关测试，是否增加新的测试用例应视修改情况而定。修改后的软件需要再次通过系统试验验证。

5.7.2.3　出口准则

系统试验报告应通过评审。

5.8　验收交付

验收交付前，软件承制方应根据软件研制任务书对软件配置项研制过程中形成的程序、文档等进行整理，编写软件版本说明文档和软件研制总结报告。

软件研制任务交办方根据软件研制任务书对软件配置项研制过程中形成的程序、文档、测试结果等进行检查确认，按照规定进行软件的验收交付。

5.9　运行维护

软件交付使用后进入运行维护阶段，在轨维护属于运行维护。

5.9.1　输入与输出

运行维护阶段的输入和输出关系如图 5 - 15 所示。

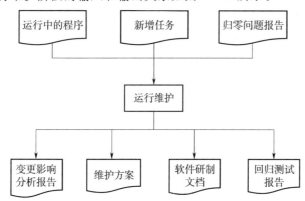

图 5 - 15　运行维护阶段的输入和输出

5.9.2　工作内容

5.9.2.1　确定维护类型，提出维护要求和方案

软件在轨运行期间，根据设计规划、新增任务、排除故障等需求需要进行维护。不同类型维护的工作难度、紧急程度不同，应综合分析提出技术要求，制订维护方案、维护过程的开发和验证计划。

5.9.2.2　软件配置项修改

软件承制方按照维护方案完成软件方案设计、需求分析、设计和实现。如果进行改正型维护和改善型维护，要进行变更影响分析。

5.9.2.3　开展软件测试验证

对软件进行测试验证，对发现的问题充分分析，更改后必须进行回归测试。承制方整理工作输出结果，由交办方确认，进行验收交付。

5.9.3　出口准则

维护方案和技术要求评审通过后作为软件研制依据，纳入软件功能基线进行管理。需求分析、变更影响分析报告、回归测试报告、验收交付等都应进行评审。

第6章 系统级分析与设计

航天型号任务往往是一个庞大的系统工程。按照系统工程理论，系统工程过程包括系统需求定义、系统设计、子系统开发、系统集成、系统安装、系统操作、系统进化和系统退役。航天型号系统级分析与设计结果应落实到相关分系统任务书和软件配置项任务书中。

系统级分析与设计阶段应遵循继承性和可扩展性原则，结合型号任务目标，在进行软件系统可重用性需求分析的基础上，充分利用组织的软件重用资产，通过软硬件协同设计进行软硬件功能划分，确定软件系统设计方案，划分软件配置项，同时进行软件系统的可扩展设计，使软件系统能够适应后续任务要求的变化。

6.1 概述

系统级分析与设计可以进一步细分为系统分析与设计、分系统分析与设计。其中系统分析与设计需要分析细化工程总体对于本系统的任务要求，确定系统软件、硬件体系结构，划分子系统，进行软件系统设计和系统仿真，确定各分系统间的数据流、指令流、时序关系和接口信息协议，并编写软件系统设计方案，提出各分系统的软件研制要求。

分系统分析与设计需要根据系统下达的分系统任务书和分系统间接口控制文件，进行分系统内的软件系统分析与设计，对硬件、软件和操作进行合理的功能划分，进行分系统仿真，确定分系统软、硬件体系结构，划分软件配置项，编写软件系统设计说明，并针对每个软件配置项提出软件研制任务书。在此阶段，还需确定软件配置项是外购还是自研，确定操作系统、编译器、编程软件和软件开发环境。

　　整个系统级分析与设计过程中，逐层细化工程总体对系统、系统对分系统的任务要求与技术需求，从而最终得到软件配置项级别的任务要求与技术需求，指导软件配置项的需求分析、软件设计、软件实现、软件测试等软件生存周期活动，是软件设计工作的起点与依据。

6.2　系统分解方法

　　系统与分系统设计通常采用系统分解的方法，将工程技术需求（主要包括功能需求、性能需求、接口需求）映射到各个分系统、子系统的任务与需求；与此同时，航天型号软件所特有的安全性、可靠性、可生产性、可维护性、可用性、可升级性等技术需求，需要在系统设计与分系统设计过程中整体进行考量，从而保证最终系统产品满足要求。

　　系统分解可以通过自顶向下的任务分解或产品分解结构来完成，并获得初步的系统架构。系统分解的关键步骤包括：

　　1）将系统任务要求与技术要求转化为对应的需求；

　　2）将需求分解并分配到不同分系统或软件配置项中；

　　3）识别并描述分系统或软件配置项的功能与接口。

　　在系统分解过程中，可以采用多种逻辑分解方法，常用的几种方法介绍如下。

6.2.1　产品分解结构

　　产品分解结构（Product Breakdown Structure，PBS）是用来分析、记录、交流产品成果的工具，可用于软件设计阶段进行产品规划。

　　PBS 提供了详尽的、分层树结构的产品（物理的、功能的、概念的）描述，从而为软件产品提供一个清晰和明确的展示。PBS 使用类似于工作分解结构（WBS）的格式。图 6-1 是 PBS 的示意图。

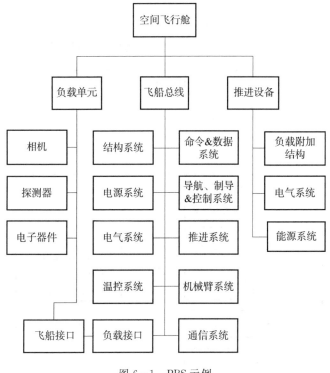

图 6-1　PBS 示例

6.2.2　功能流框图

功能流框图（Function Flow Block Diagram，FFBD）是最主要的功能分析技术，其目的是标识系统的所有功能的顺序关系，可以展示实现功能的相关动作的网络关系。

FFBD 专门用来描述在前序功能完成之后的后续功能事件，每一个事件使用方框表示。一些功能可能可以并行执行，也可能有一些替代路径，FFBD 网络展示了必须发生的事件的逻辑顺序。FFBD 不关心每一个功能的执行时间以及功能间的等待时间，它只关心什么功能必须执行，而不关心功能如何执行。功能如何执行通常是通过功能分解自顶向下完成的。FFBD 通过逐层的功能分解，并将分解后的功能使用框图进行标识，展示了功能中所有任务的逻辑顺序关系以及每个任务对输入和输出的要求。图 6 - 2 是 FFBD 示意图，描述了某航天器发射阶段的功能分解以及功能之间的逻辑关系。

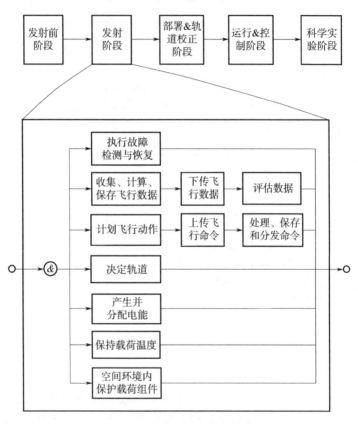

图 6 - 2　FFBD 示例

6.2.3　软件结构 HIPO 图

HIPO 图（Hierarchy Plus Input/Processing/Output）是由 IBM 公司提出的表示软件系统结构的工具，包括描述系统的模块层次结构的 H 图（层次图），以及描述模块输入和输出数据、处理功能和模块调用的详细情况的 IPO 图（输入/处理/输出图）。H 图用矩形框表示一个模块，矩形框之间的直线表示模块间的调用关系。IPO图则说明了软件系统的模块间信息传递、模块内部处理过程。图 6 -3 和图 6 - 4 分别表示了某飞船系统的模块层次和处理过程。

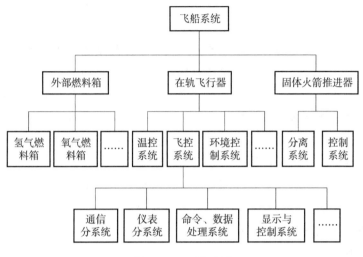

图 6 - 3 H 图示例

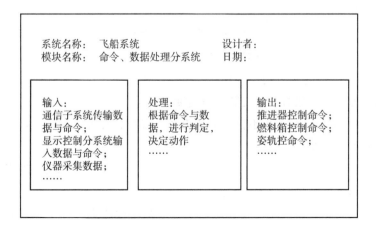

图 6 - 4 IPO 图示例

6.3　软硬件协同设计

传统的系统设计方法包括"参照法"和"组合法"。参照法是对原有经验的继承，即参照原有的型号进行设计，这种方法带有明显的历史痕迹。正因为如此，各个国家航天型号系统具体到设备的组成上，设备的名称、功能均各有特点，不完全相同，主要是最初始的设计方案因时、因地、因人而异，并一直延续至今。组合法则是因技术发展带来设备功能增强，体积、功耗降低，而将多台设备组合成一台的方法。

单一采用上述传统方法，没有将系统方案的设计与其硬件载体紧密关联起来，尤其是在面临新的系统设计方案的情况下。当在地面开发平台上完成系统设计后，最终需要向性能远逊于地面平台的目标系统转化，或者直接向同一计算能力的实际平台移植时，存在以下风险：

1）根据主频来选择可接受的目标系统硬件，但主频不完全对应具体算法的处理速度；

2）一旦可得到的最快处理器也无法满足要求，则宣告该算法不可行，需要重新选择方案；

3）当确定需要使用该算法且没有更快的处理器时，往往会简单地认为几个处理器并行就能提高速度；

4）促使设计人员不自觉地从市场上寻找各种各样的产品，而没有考虑设计要求；

5）只有在硬件样机生产出来之后才会得到验证，由此可以想象一旦返工所带来的巨大影响。

为避免上述风险，系统设计应从一开始就选定目标系统，并通过软硬件协同设计与仿真验证进行反复迭代调整。在航天型号软件研制的系统分析与设计、分系统分析与设计中，最为突出的一个概念就是软硬件协同设计。

6.3.1　软硬件协同设计定义

软硬件协同设计是一个方法论的概念，它的提出和研究始于 20 世纪 90 年代初。1993 年第一届 International Workshop on Hardware/Software Co - design 会议的召开，标志着软硬件协同设计方法学研究的展开。至今，软硬件协同设计已经逐渐成为现代复杂嵌入式系统开发的主要技术手段，在工业界和学术界都出现了面向软硬件协同设计的方法和成果。

嵌入式系统设计的早期，主要开发形式有两种：第一种是按照硬件的要求去开发软件；第二种是根据已开发的软件设计其硬件的电路结构。前者是关于软件的开发问题。这种模式需要在设计过程中不断地对系统进行实验修改，因此要想设计一个好的嵌入式系统就要保证设计者在嵌入式系统的设计方面有丰富的设计经验。在反复的实验修改过程中，系统的某些方面与原始预期的要求逐渐不相符。后者则是关于解决软件怎么硬化的问题。在早期的系统设计中，并不存在统一的软硬件协同的表示方法，相应设计领域的搜索也不存在，因此不能自动化地对不同软硬件方案进行划分和评估，不能有效地通过系统级模型对系统进行仿真验证，很难发现软硬件边界是否兼容等问题。

采用软硬件协同设计就是为了解决这些问题，软硬件协同设计以系统的功能描述为开端，将系统需要的软硬件进行全盘考虑和均衡设计，通过利用设计领域的搜索技术，设计出多种软硬件体系结构，然后依次进行评估，最终验证得出最接近目标的软硬件体系结构，接下来再利用软硬件划分算法对软硬件进行划分并且设计实现。在实现软硬件设计时，要始终保证软件和硬件的设计并行进行，同时应该对它们之间的协同和通信提供支持。系统设计完成后，要对所设计的系统进行反复仿真验证，保证满足各种已知的约束条件和限制。

所谓软硬件协同设计就是对系统中的软硬件部分使用一致的描

述和工具进行集成开发、并行设计，不仅可以完成整个系统的设计验证，还能跨越软硬件界面进行系统优化。

利用软硬件协同设计的理念进行嵌入式系统设计的主要阶段包括系统建模阶段、软硬件划分阶段、软硬件综合阶段以及协同验证阶段，在每个阶段中都应该进行不断的仿真验证，使错误尽早地暴露出来，还要协调系统的功能、系统的成本以及系统功耗等相关因素之间的矛盾，从而使得系统能够高效地运行，达到系统最终设计的目标。

6.3.2　软硬件协同设计与仿真验证

软硬件协同设计主要包括嵌入式系统模型的建立、嵌入式系统的软硬件划分以及系统综合验证和系统实现。

系统模型建立就是采用抽象的形式化的语言或者工具对系统所需功能部件进行行为级的描述；嵌入式系统的软硬件划分就是确定在此系统中哪些部件可以用软件实现、那些部件要用硬件实现；系统综合验证就是验证设计好的系统的各个指标是不是符合预期，如果发现错误，就要及时改正；系统实现就是对已设计好的系统进行综合。与传统的嵌入式系统设计方法相比较，软硬件协同设计从系统设计的抽象层次出发，使得系统设计的覆盖范围更广，因此有利于改善系统的设计质量，缩短系统设计的时间周期。

软硬件协同设计技术具有以下特点：

1）强调设计过程的协同和交互。可在设计流程中协同仿真、协同综合和协同验证，在设计的每个阶段最大限度地暴露存在的问题，从而获得先期解决。

2）强调模块复用，即根据具体功能对模块进行参数化调整，以满足应用对功能的需求。它是可重用设计理念的具体化。在复杂系统中，模块复用包括软件代码复用和硬件 IP 核复用。软件复用发展较早，如建立常用的函数库、类库等，目前其技术已非常成熟，但因集成工艺和不同 IP 核间的融合问题，延缓了 IP 核复用的发展速度。

　　3) 软硬件功能的动态划分。传统设计中，对系统软硬件划分的研究较少，划分主要依赖于开发人员的工程经验，考虑因素也主要是已有的软件或硬件。另外因缺乏对划分结果的仿真分析，难以得到最优的划分结果。软硬件协同设计采用动态划分，充分分析系统功能需求，在功能满足需求、成本最小化的基本原则下对系统进行软硬件分割。划分后通过对结果的仿真分析，在最优指标指导下，决定是否进行再划分。

6.3.3　软硬件协同设计平台

　　软硬件协同设计和仿真验证需要平台支持。这里简要介绍国内外航天领域常用的几种平台。

6.3.3.1　Simics

　　Simics 是风河（Wind River）公司提供的全系统模拟工具。它能仿真出完整的硬件平台，包括计算和控制子节点，节点之间的网络连接（如以太网、1553B、ARINC 429、无线）等共同构成的大系统。Simics 构建的仿真平台可以无修改地运行目标软件，结合其自身提供的开发、调试和测试功能进行无缝的基于仿真平台的开发。Simics 仿真平台具有高性能、高仿真度、全系统定制仿真的特点，可以在以下方面对软硬件协同设计提供支持。

　　（1）实现系统仿真

　　Simics 作为全系统模拟工具，为软件开发人员提供模拟的整个目标硬件平台。无论该硬件平台是一个独立处理器还是一个大型的复杂的互联的电子系统，均可把目标硬件平台的各种功能操作模拟出来，使得未经修改的目标软件（包括 BSP、固件、实时操作系统、中间件和应用程序）完全按其在真实硬件平台上运行的方式在虚拟平台上运行。

　　（2）加速产品的研制

　　开发人员通常需要在实际硬件产品到位之前就需要进行电路板设计、软件开发、系统集成、系统测试等工作。Simics 模拟工具的全系统仿真功能，可以给开发人员带来很多帮助，包括早期的不间断的系统集成、利用虚拟样机进行快速原型设计、用假设情景进行结构分析以及对多种硬件或软件方案进行比较选择。

（3）便于调试与协同

在系统研制过程中，开发人员能够同时操作、查看和控制系统中所有的组成部分。任何正向或逆向的单步执行都可应用于整个系统而非某一部分，还支持整个系统的检查点或快照的共享功能，从而支持多个开发人员协同开发与调试。

Simics 被广泛应用于 NASA、波音公司等国外航空航天领域内的系统开发，有效地提高了系统分析与设计的效率，同时还支持软件开发、软件测试、软件验证等方面的工作。

6.3.3.2　神舟软硬件一体化仿真验证平台

神舟软硬件一体化仿真验证平台是中国航天科技集团航天软件研发中心、第五研究院等单位联合研制的，提供系统设计、仿真验证、测试环境和手段。用户能够根据仿真验证任务和仿真对象的复杂程度，调整平台资源，控制平台规模，为软件程序员提供设计、开发、测试、验证的环境。

该平台具有以下特点：

1）该仿真验证平台为半物理平台，能够在嵌入式硬件设计没有完成之前，为嵌入式软件开发提供硬件支持。通过仿真验证平台的硬件模块和软件模型库，可以构建用户软件设计开发所需要的"硬件仿真环境"，从而支持在硬件设计和研制的同时开展软件设计开发。

2）提供灵活的可重构的软、硬件配置，通用性强，具有较高的适用性。平台采用模块化设计，可根据用户的需要进行配置、裁剪、补充，如用户可以根据目标系统选择相应的处理器模块，并可根据不同的方案灵活配置不同的处理器外部设备。

3）能够在分系统设计初期，根据设计方案快速构建仿真目标机系统，能够对目标处理器系统数据输出以及运行中间状态进行采集，用户根据输出数据和状态采集结果完成对设计方案的合理性分析与验证。对于具有多种候选设计方案的情况，仿真验证平台能够支持对常用目标处理器系统的快速构建和切换，用户能够根据采集的数据和平台输出对各方案进行权衡。

4）能够对平台不同的方案配置和激励注入进行有效管理，对多种方案验证的结果和数据采集信息进行管理，并根据用户需要进行对比、分析和显示，作为设计方案比较和确定的依据。

5）可在型号研制任务的设计过程中提供嵌入式系统设计方案的仿真运行结果，为系统设计方案是否合理提供数据参考，从而选择最优的设计方案。

6.4　软件复用与外购

在系统级分析与设计过程中，还有一项重要工作是确定软件配置项的研制方式。在此过程中，应该充分考虑软件复用。

软件复用的出发点是软件系统的开发不再采用一切"从零开始"的模式，不再完全定制开发，而是以已有的工作或货架产品为基础，充分利用过去软件系统开发中积累的知识、经验和产品，将开发的重点集中于软件系统的独有特性上。通过软件复用，可以充分利用已有的开发成果，消除重复劳动，避免重新开发可能引入的错误，从而提高软件开发的效率和质量。

6.4.1　已有软件复用过程

航天型号软件按照软件技术状态变更类型，可以分为 4 类，即沿用软件、参数修改软件、适应性修改软件、新研软件。其中前 3 类都属于软件重用。

针对可重用软件，在研制技术流程方面，可以进行适当简化。例如对于沿用软件配置项而言，由于软件代码与配置文件均不需要变更，从而软件研制过程可以简化为软件沿用可行性分析、软件技术状态复核。对于参数修改软件，其软件配置参数需要进行修改，原则上不需要重新进行软件设计，只需要针对有代码更动的部分及受影响的部分重新进行影响分析和回归测试，技术研制流程可以简化为软件更动可行性分析、软件技术状态复核、软件更动影响域分析、软件回归测试。对于适应性修改软件，其大多为已有较为成熟的基线产品，部分模块或少量功能需要进行适应性修改，而其更动部分需要重新进行设计、实现、测试与评审工作，研制技术流程可以简化为软件需求更动分析、软件更动设计、软件更动实现、软件回归测试等环节。

6.4.2　软件复用技术

在软件设计领域内，存在多种软件复用设计方法，包括模板与类库、统一建模语言（UML）、面向对象技术、构件化设计方法、设计模式、基于模型的设计方法、软件再工程方法等，其中一些方法相对复杂且庞大，适合商用、非关键或一般软件系统使用。随着软件技术、硬件环境的发展，在航天领域内，对软件复用开展了多项探索与实践。下面简要介绍一些常用的软件复用分析与设计方法。

6.4.2.1　复用成熟度评价方法

NASA 在开发实践中，由地球科学数据系统软件可重用工作组（ESDSWG）提出了复用成熟度级别（Reuse Readiness Level，RRL）的概念，开发者和用户可以用它来评价软件和相关产品的可复用性。RRL 被划分为 9 级，在每一级中需要考察 9 个 NASA 认为对于评价软件可复用成熟度有重要影响的因素。这 9 个因素包括：

1）软件文档；

2）软件可扩展性；

3）知识产权问题；

4）软件模块化；

5）软件打包；

6）软件可移植性；

7）标准符合度；

8）产品支持；

9）软件的验证和测试。

在每一个 RRL 级别中，对这 9 个方面都有不同的要求，以最高软件复用成熟度级别 RRL9 为例，对上述 9 个方面的具体要求如下：

1）软件文档，要求具有完整的软件生存周期工程设计文档；

2）软件可扩展性，要求能提供多种场景下的可扩展性，并提供构建扩展所需的详细文档与特性；

3）知识产权问题，需要将经过审查的所有权、归属、知识产权声明打包到产品中；

4）软件模块化，将所有的函数和数据封装为对象，或可以通过 Web 接口进行访问；

5）软件打包，需要提供基于图形化界面的安装环境；

6）软件可移植性，软件需要是完全可移植的；

7）标准符合度，要求全系统和开发过程遵循标准，且经过独立验证；

8）软件支持，要求具有良好的支持，并且具有较大的用户群体；

9）验证和测试，要求在测试和验证过程中，软件能够成功输出。

NASA 在 RRL 评价与 RRL 工具方面持续开展研究，并尝试在更多项目中进行应用，从而推动其软件复用方面的进展。

6.4.2.2　构件化设计方法

构件是指应用系统中可以明确辨识的构成成分。可复用构件是指具有相对独立的功能和可复用价值的构件。可复用构件应具备以下属性：

1）有用性，构件必须提供有用的功能；

2）可用性，构件必须易于理解和使用；

3）质量，构件必须能正确工作；

4）适应性，构件应该易于通过参数化等方式在不同语境中进行配置；

5）可移植性，构件应能在不同的硬件运行平台和软件环境中工作。

航天型号中，空间系统大多为嵌入式系统。嵌入式系统的特征与需求，决定了嵌入式软件构件与通用构件在结构、接口、功能、性能等方面有很大差异。嵌入式软构件可以定义为"实现一定嵌入式系统功能的一组封装的、规范的、可重用的、具有嵌入特性的软件单元"，是组织嵌入系统的功能单位。嵌入软构件必须能够充分刻画并适应嵌入系统的资源有限、实时并发、硬件相关等固有特性，增强嵌入式系统资源的可配置性和应用功能的可定制性。

嵌入式软构件除了具有通用构件的封装性、可重用性等特点外，还具有如下特性。

（1）目标平台架构相关性

运行嵌入式软构件的目标机平台体系结构主要是 SPARC、PowerPC、MIPS、ARM 等。

（2）目标平台操作系统相关性

运行在嵌入式软构件的目标机上的操作系统包括 VxWorks、RTEMS 等。

（3）环境依赖性

嵌入式软构件运行时所依赖的软件环境包括类库支持、关联构件等。

（4）特殊硬件设备需求

嵌入式软构件运行时所需要的特殊硬件设备包括 1553B、看门狗、NAND Flash 等。

（5）时间约束

嵌入式软构件运行时对时间有严格限制，如开始执行时间、结束时间、执行间隔时间等。

（6）内存大小约束

嵌入式软构件运行所占用的物理内存大小受限。

（7）抖动限制

嵌入式软构件对系统运行环境稳定性有较高要求。

嵌入式软构件分为源代码构件、二进制构件两种，分别在源代码层面、目标代码层面提供软件复用机制。而对航天型号中嵌入式软构件的测试与验证，则是构件化设计方面不可回避的一大问题。

6.4.2.3 设计模式

设计模式最初应用于建筑学领域，"一个模式描述了一个在我们周围不断重复发生的问题，以及该问题的解决方法的核心。这样，设计者就能一次又一次地使用该方案而不必做重复劳动"。

这一思想同样适用于软件设计，通过将面向对象软件的设计经验作为设计模式记录下来，利用设计模式来系统地命名、解释和评价一个重要的且重复出现的设计，就能使开发者更加简单方便地复用成功的设计体系。设计模式帮助开发者做出有利于系统复用的选择，也可以提高已有系统的文档管理和系统维护的有效性。

6.4.2.4 基于模型的设计方法

基于模型的软件设计是继面向对象技术后，又一次软件设计理念和方法的跨越。基于模型的软件开发思想是将"模型"作为软件设计和开发的核心要素，通过模型清晰的刻画软件系统的功能、性能和安全特性等关键问题，通过模型准确描述系统的解决方案，通过形式化方法对系统模型加以验证，以确保软件设计的正确性，通过模型驱动方法生成代码，以保证软件设计与实现的一致性。

基于模型的设计方法，其焦点为模型，是所对应系统的功能、行为和结构的形式化表示，模型通过精确定义的语言对系统做出描述。模型通常分为两种，平台无关模型与平台相关模型。平台无关模型通常是核心模型，其对应的是与实现技术无关、完整描述业务功能的核心模型；而平台相关模型则包含了最终实现平台的全部知识，是对特定平台上系统功能的描述，可以用来生成相应的代码。代码同样可以认为是一种模型，它通过编程语法进行精确定义，通过编译器进行理解，从而实现对系统的描述。

基于模型的设计方法通常需要先从系统中抽象出平台无关模型，然后再针对不同实现技术制定多种映射规则，转换为与具体平台和实现技术相关的平台相关模型，进而可以通过人工或自动化工具完成到最终代码的映射。

6.4.2.5 软件再工程方法

现阶段使用的航天型号软件是从 20 世纪 60 年代开始陆续设计开发的，当初的开发原型和设计思想，已经与现今的软件开发模型相去甚远。如何使这些庞大的遗留软件依然能保持"活力"，是当前突显的一项重大问题。

其实，不仅仅是航天型号软件，软件领域使用的很多软件已有 10 到 15 年的历史，而这部分遗留的软件往往都是核心应用，并且是业务必不可少的支撑，这就意味着，这些软件不可能轻易被取代或者随意维护修改。但随着硬件、操作系统、运行环境等的变化以及用户要求的改进，即便使用当时最先进的设计和编码技术开发，维护也会越来越困难，而且容易引起"水波效应"，即修改一处，波及多方。这带给软件工程组织的是远比开发软件付出多得多的资金和精力。

软件再工程（Software Reengineering）是指对现有软件进行验证、评价、重新设计，构造成为一个新的形式并加以实现，使其满足新的需要或适合新的运行环境的软件工程活动。它面对的不是原始需求，而是从既存软件开发出新软件的过程。通过重用完善且具有一致性文档、优质的程序，对缺失或不一致的文档、可维护性差的程序提出重用解决方案，从而达到降低软件维护难度，提高软件复用度的目的。

第7章 软件需求分析

需求是顶层设计，牵一发而动全身，需求的不准确或错误，使得软件开发从一开始就走错了方向。按照航天型号软件工程过程，特别强调从系统到分系统、再到软件配置项的逐级需求分解与分配，并且在需求分析时全面考虑功能、性能、安全可靠性等方面。航天型号软件需求分析过程采用的方法主要包括结构化需求分析和面向对象的需求分析。目前形式化方法还没有得到广泛应用。另外，航天型号系统庞大、参研单位众多，有效地进行需求管理并保证整个软件研制过程的需求一致性，也是软件工程的重要内容。

7.1 概述

需求描述系统必须满足的需要和用途，是软件生存周期与软件过程模型的重要组成要素。需求过程与其他过程密切关联。航天型号系统中的软件需求依赖于型号任务、系统需求、系统划分，可以表示为层次结构，并具有特定的属性。

7.1.1 需求的定义

需求描述了所要设计、实现和操作的软件系统必要的功能和特征，是软件系统的源头。IEEE 软件工程标准词汇表将需求定义为：

1）用户为解决问题或达到目标所需的条件或特性；

2）系统或系统部件要满足合同、标准、规范或其他正式规定文档所需具有的条件或特性；

3）描述上述条件或特性的文档说明。

通常，"需求"来源于"用户"，用户原指使用系统的人员，这里所谓的"用户"可以是组织外部的客户，也可以是本组织上层的系统总体人员。外部客户对软件项目提出的需求称为"客户需求"；系统总体分配给软件的系统需求称为"分配需求"，它是系统需求的一个子集。

按照航天型号软件研制过程划分，需求为层次化表示：上层为系统需求，然后分解到分系统需求，第三层为软件配置项研制任务书，第四层为软件需求规格说明。

不同类型的软件项目具有不同的特点，如航天器器载嵌入式系统、地面信息管理系统，应从不同的角度进行需求分析，即不同系统具有不同的需求视图。

需求具有完整性、正确性、无二义性、可行性、可跟踪性、可验证性、挥发性、有优先级等属性。

（1）完整性

每一项需求都必须将所要实现的功能描述清楚，使开发人员得到设计和实现这些功能所需的所有必要信息。

（2）正确性

每一项需求都必须准确地陈述其开发的功能。需求的来源是对需求是否正确做出判断的参考，即上层需求可以用于判断下层需求的正确性。

（3）无二义性

每一项需求对所有需求说明的读者都只能有一个明确统一的解释。二义性主要是不同背景的人在传递信息时加入不同的理解导致的。由于自然语言极易导致二义性，所以尽量把每项需求用简洁明了的语言表达出来。避免二义性的有效方法包括正规评审、形式化规约等。

（4）可行性

每一项需求都必须是在已知系统和环境的权能和限制范围内可以实施的。为了避免不可行的需求，最好在需求阶段始终有一位软件工程小组的人员与需求分析人员或市场人员一起工作，检查技术可行性。

（5）可跟踪性

每一项需求都应该把客户真正所需要的和最终系统所遵从的标准记录下来，每项需求都能追溯到客户的输入，与上层需求相对应，以及与代码、测试相对应。

（6）可验证性

每项需求都必须可以通过设计测试用例或者其他方法进行验证，确认其是否实现。如果需求不可验证，确定其实施是否正确就没有客观依据了。

（7）挥发性

需求不是静止的，在软件生存周期中，需求修改的频率和时间即反映了需求的挥发性。

（8）有优先级

给每项需求、特性或者使用实例分配一个实施优先级以指明它在特定产品中所占的分量。优先级是相对的，可以从业务、技术开发、项目管理 3 个角度进行划分。

7.1.2 需求的类型

软件需求可以进一步分为功能需求、性能需求、接口需求、环境需求、安全性需求、可靠性需求等。功能需求、性能需求、接口需求通常是比较关键的，对于航天型号项目而言，可靠性需求是设计健壮性、失效容限、冗余度选择的主要驱动；安全性需求涉及各种功能冗余的选择；可维护性、可用性、可升级性、人员因素等需求都会影响设计。

7.1.2.1 功能需求

功能需求可以通过产品分解结构分解到设计元素，这些需求跨越整个项目，是必须提交给用户的软件功能，使用户可以使用软件所提供的特性执行服务或者使用所指定的用例执行任务。功能需求中应描述软件产品如何响应可预知的出错条件或者非法输入或动作。

7.1.2.2　性能需求

性能需求阐述了不同的应用领域对产品性能的要求，并解释它们的原理以帮助开发人员做出合理的设计选择。例如确定所支持的操作、响应时间以及与实时系统的时间关系。此外，还可以在性能需求中定义容量需求，例如存储器和磁盘空间的需求或者存储在数据库中表的最大行数。应尽可能详细地确定性能需求，需要针对每个功能需求或特性分别陈述，而不是集中在一起陈述。

7.1.2.3　接口需求

接口需求描述该产品与其他外部组件（由名字和版本识别）的连接，包括数据库、操作系统、工具、库和集成的商业组件。应在接口需求中明确并描述软件组件之间交换数据或消息的目的，描述所需要的服务以及内部组件通信的性质，确定将在组件之间共享的数据。如果必须用一种特殊的方法来实现数据共享机制，例如使用多任务操作系统中的一个全局数据区时，就必须把它定义为一种实现限制。

7.1.2.4　环境需求

环境需求描述软件的运行环境，包括硬件平台、操作系统和版本，还有其他的软件组件或与其共存的应用程序。

7.1.2.5　安全性需求

软件安全性是指不发生导致人员伤亡、职业病、设备损坏或财产损失的意外事件的能力。软件安全性离不开系统安全性，尤其是对嵌入式系统而言。软件安全性需求包括通用软件安全性需求和特定软件安全性需求。通用的软件安全性需求来自以往项目的经验总结和最佳实践，特定软件安全性需求是与项目相关的。

7.1.2.6　可靠性需求

可靠性需求保证系统在预想的环境和条件下执行，能够经受特定类型的缺陷、失效和错误。可靠性需求包括缺陷和失效预防、检测、隔离和恢复。

7.1.2.7　人员因素的工程需求

在有人参与的航天型号软件（如载人飞行项目）中，人作为操作者和维护者，是任务和系统设计的关键部分。人员能力和限制如同材料的属性、电子器件的特征一样，必须在设计阶段考虑在内。人员因素工程研究人-系统接口和交互、提供需求、标准和指南，保证整个系统高效运行。

7.1.3　需求分析原则

为了使需求分析科学化，软件工程中提出了许多需求分析的方法，虽然每一种方法都有独特的观点和表示法，但都遵循以下基本原则：

1）可以把一个复杂问题按功能进行分解并逐层细化。通过划分成若干部分，并定义各部分间的接口，就可以完成整体功能。

2）必须能够表达和理解问题的数据域和功能域。数据域包括数据流、数据内容和数据结构。其中数据流是数据通过系统时的变化方式；功能域反映数据流、数据内容和数据结构3方面的控制信息。

3）建立模型。模型是研究对象的一种表达形式，可以帮助分析人员更好地理解软件系统的信息、功能和行为。

7.2　结构化需求分析方法

结构化需求分析是20世纪70年代由Yourdon、DeMarco等提出的一种面向数据流的需求分析方法。它基于"分解"和"抽象"的基本思想，逐步建立目标系统的逻辑模型，进而描述软件系统。在结构化需求分析过程中，通常使用数据流图、数据字典、实体-关系图、结构化语言、判定表、判定树等工具。

需求分析过程建立3种模型，即数据模型、功能模型和行为模型。由图7-1可见，分析模型的核心是数据字典，它是系统所涉及的各种对象的总和。中间层包括实体-关系图、数据流图、状态迁移图。实体-关系图描述对象之间的关系；数据流图描述系统的分解，即描述系统由哪些部分组成、各部分之间有什么联系等，是功能建模的基础；状态迁移图是行为建模的基础。最外层由数据对象描述、加工规格说明、控制规格说明组成。数据对象描述表示实体-关系图中每个数据对象的属性；加工规格说明则详细描述数据流图中的每一个加工；控制规格说明描述软件控制的附加信息。

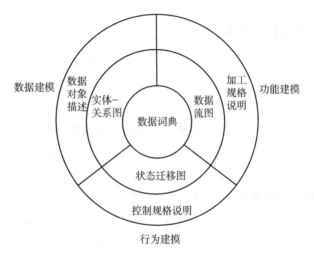

图 7-1　结构化分析模型

7.2.1　数据流图

数据流图是描述系统中数据处理内部流程的图形工具，它表示了一个系统的逻辑输入和逻辑输出，以及把逻辑输入转换成逻辑输出所需的加工处理。它以图形的方式描绘数据在系统中流动和处理的过程。由于数据流图只反映系统必须完成的逻辑功能，所以它是一种功能模型。

数据流图包含4种基本图符，如图7-2所示。其中，矩形表示外部实体，即产生信息或者接收信息的系统元素（如硬件、人或子系统）。圆或椭圆（有时称为"泡泡"）表示被应用到数据（或控制）并以某种方式改变数据的加工或变换。箭头表示一个或多个数据流。双线表示数据存储。

图 7 - 2　数据流图的基本图符

7.2.1.1　实体

软件系统外部环境中的实体作为数据源点和终点，一般只出现在数据流图的顶层图中。

7.2.1.2　加工（变换）

加工（变换）也称为数据处理，每个加工都有名字，通常是动词短语，简明地描述完成什么工作。在分层的数据流图中，加工还应该有编号。

7.2.1.3　数据流

数据流是数据在系统内传播的路径，由一组固定的数据项组成。除了与数据存储之间的数据流不用命名外，其余数据流都应该用名词或名词短语命名。数据流可以从加工流向加工，也可以从加工流向文件或从文件流向加工，也可以从实体流向加工或者加工流向实体。

7.2.1.4　数据存储

数据存储是暂时保存的数据，可以是数据库文件或者任何形式的数据组织。流向数据存储的数据流可以理解为写入文件，从数据存储流出的数据流可理解为读数据。

图 7 - 3 给出了一个简单的数据流图示例，实体 A 提供输入数据，加工（变换）过程 C 从数据存储中读取数据，与输入数据一同进行处理，处理的结果写入数据存储，并输出到实体 B。

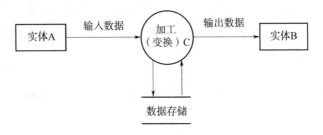

图 7-3　数据流图示例

　　还有一些辅助的图例用于说明比较复杂的数据流关系，如图 7-4 所示。

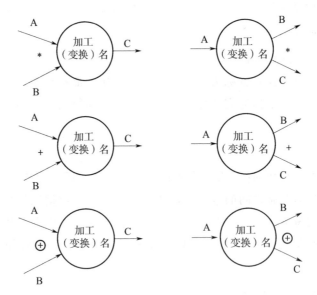

图 7-4　数据流图的辅助图符

*—与；+—或；⊕—异或

　　需求分析人员应时刻记住，需求分析活动只求对问题全面、清晰的理解，不考虑软件设计的细节。

7.2.2　数据字典

数据字典是用来描述、组织和管理数据流图的数据流、加工、数据源以及外部实体的。数据字典用准确、简洁、清晰、易理解的文字说明数据流图的加工功能、性能、要求及设计约束等。数据流图与数据字典共同构成了系统的逻辑模型，是需求规格说明的主要组成部分。没有数据字典，数据流图就不严格，没有数据流图的数据字典难以发挥作用。

数据字典由数据条目组成，对数据流图中包含的所有元素加以定义。条目的内容包括：

1）名称，包括条目的标识；

2）数据类型；

3）使用该数据条目的简要说明，包括何处使用、如何使用；

4）数据条目的解释性说明；

5）以相应元素作为输入流或输出流的转换的列表；

6）其他补充说明，如取值范围、缺省值、设计约束等。

根据数据流图中的元素类型，数据字典包括数据流、数据项（数据流分量或数据元素）、数据存储、基本加工（转换或处理）、外部实体（数据的起点或终点）5 类条目。不同类的条目格式不一样。

在定义数据流及数据存储组成时，使用的符号如表 7 - 1 所示。

表 7 - 1　数据字典定义的符号

符号	含义	说明或范例
$::=$ 或 $=$	被定义为	$X::=a$ 表示 X 被定义为 a
$+$	与	$X=a+b$ 表示 X 由 a 和 b 组成
$\mid$	或	$X=[a\mid b]$ 表示 X 由 a 或 b 组成
$m\{\cdots\}n$ 或 $\{\cdots\}_m^n$	重复出现的上下限	$X=\{a\}_2^5$ 表示 X 中 a 最少出现 2 次，最多出现 5 次

续表

符号	含义	说明或范例
｛…｝	重复	$X=\{a\}$ 表示 X 由 0 个或多个 a 组成
（…）	可选	$X=(a)$ 表示 a 可以在 X 中出现，也可以不出现
* … *	注释符	表示在两个 * 之间的内容为条目的注释
..	连接符	$X=1..9$ 表示 X 可以取 1 到 9 中的任一值

7.2.3　加工规格说明

加工规格说明也称为小说明，描述出现在求精过程的最终层次的所有数据流加工，描述输入信息、加工算法、输出结果，指明加工的约束和限制，以及产品的功能特征和工作环境等。加工规格说明应该尽可能简洁、清晰、易于理解。

加工规格说明的内容包括：

1）叙述性正文；

2）加工算法的描述；

3）数学方程；

4）表、图或图表。

7.2.4　实体-关系图

实体-关系图用于描述数据对象之间的关系，表示软件的数据模型。在实体-关系图中出现的每个数据对象的属性都可以使用"数据对象描述"来描述。

实体-关系图使用"实体"、"实体之间的关系"、"实体和关系的属性"3 个基本概念概括数据的基本结构，描述静态数据结构的概念模式。

"实体"是对必须由软件理解的任何复合信息的表示。这里"复合信息"是指具有不同特征或属性的某种事物。实体可以是事物、时间、角色、组织机构等。实体-关系图中，实体用矩形表示，矩形框内写明实体名，如图 7-5 所示。

图 7-5　实体-关系图中的实体与属性

"属性"定义了实体的特征，并且呈现 3 种不同的性质之一：

1）命名一个实体的实例，称为命名性属性，用于标识数据对象；

2）对实体进行描述的实例，称为描述性属性，描述数据对象的性质；

3）引用其他内容的实例，称为参考性属性，建立数据对象之间的联系。

实体必须有一个或多个属性被定义为标识属性，用于唯一确认实体，也称为关键码。除了实体有属性外，实体间的关系也可以有属性。数据对象的属性是原子数据项，不包含内部数据结构。数据对象的任何属性有且仅有一个属性值。实体-关系图中，属性用椭圆形或者圆角矩形表示，并用无向边将其与相应的实体连接起来。

7.2.5　数据对象描述

数据对象描述采用文字表示实体-关系图中每个数据对象的属性，作为实体-关系图的附件信息。

7.2.6　状态迁移图

状态迁移图用于指明系统在外部事件的作用下将会如何动作，表明了系统的各种状态以及各种状态间的变迁，从而构成行为模型的基础。关于软件控制方面的附件信息则包含在"控制规格说明"中。

7.3　面向对象的需求分析方法

面向对象分析是对问题域或系统应满足的功能进行分析和理解，找出描述问题域和系统功能的对象，并定义对象的属性和操作，并建立对象之间的关系，最终创建一个符合问题域和用户需求的模型。

7.3.1　面向对象分析方法概述

多年来已经衍生出好多种面向对象分析的方法，每种方法都有各自的分析过程、描述过程的图形和符号体系，典型的有以下几种。

7.3.1.1　Booch 方法

Booch 方法包含"微开发过程"和"宏开发过程"。微开发过程定义了一组任务，并在宏开发过程中反复使用这些任务，以维持演进途径。Booch 的 OOA 宏开发过程的任务包括识别对象、标识类和对象的语义、定义类和对象间的关系，以及进行一系列的求精，从而实现分析模型。

7.3.1.2　OMT 方法

OMT 方法是由 Rambaugh 提出的，用于分析、系统设计和对象级设计。分析活动建立对象模型（描述对象、类、层次和关系）、动态模型（描述对象和系统的行为）和功能模型（类似于高层的 DFD，描述跨系统的信息流）3 个模型。

7.3.1.3　Coad - Yourdon 方法

Coad - Yourdon 常被认为是最容易学习的面向对象分析方法。建模符号非常简单，而且开发模型直接明了。其面向对象分析的过程为：

1) 标识类和对象；
2) 定义对象之间的一般化-特殊化结构；
3) 定义对象之间的整体-部分结构，标识主题；

　　4）定义对象的属性及对象之间的实例连接；

　　5）定义服务及对象之间的消息连接。

7.3.1.4　OOSE 方法

　　OOSE 是 Jacobson 提出的，与其他方法的不同之处在于它特别强调用例（Use Case）——用以描述用户与系统之间如何交互的场景。该方法概述如下：

　　1）标识系统的用户和整体责任；

　　2）通过定义参与者及其职责、用例、对象和关系的初步视图，建立需求模型；

　　3）通过标识界面对象，建立界面对象的结构视图，标识对象行为，分离出每个对象的子系统和模型，建立分析模型。

7.3.1.5　Wirfs - Brock 方法

　　Wirfs - Brock 方法不要求明确地区分分析和设计。从评估用户需求规格说明到设计完成，是一个连续的过程。其中与分析有关的任务概述如下：

　　1）评估用户规格说明；

　　2）使用语法分析从规格说明中提取候选类；

　　3）将类分组，以标识超类；

　　4）定义每一个类的职责；

　　5）将职责赋予每个类；

　　6）标识类之间的关系；

　　7）基于职责定义类之间的协作；

　　8）建立类的层次表示；

　　9）构造系统的通信图。

7.3.1.6　UML 的 OOA 方法

　　在 UML 中用 5 种不同的视图来表示一个系统，这些视图从不同的侧面描述系统，每一个视图由一组图形来定义，这些视图概述如下：

1）用户模型视图，从用户（即参与者）的角度标识系统，使用用例（Use Case）建立模型，描述用户的使用场景；

2）结构模型视图，从系统内部来看数据和功能，即对系统的静态结构（类、对象和关系）建模；

3）行为模型视图，表示系统的动态行为，描述用户模型视图和结构模型视图中所描述的各种结构元素之间的交互和协作；

4）实现模型视图，将系统的结构和行为表达为易于转换为实现的方式；

5）环境模型视图，标识系统实现环境的结构和行为。

7.3.2　识别分析类和对象

面向对象分析模型由 3 个独立的模型构成，即用例和场景表示的功能模型、类和对象表示的分析对象模型、状态图和顺序图表示的动态模型。

在分析对象模型建立时区分实体对象、边界对象和控制对象，有助于理解系统。实体对象表示系统将追踪的持久信息；边界对象表示参与者与系统之间的交互；控制对象负责用例的实现。

7.3.2.1　实体对象识别

为识别实体对象，可以参考以下方法。

（1）自然语言分析法

系统的对象常常与问题域的有关概念密切联系，而概念的表述主要基于自然语言。把语言规则应用到软件系统分析中的处理方法称为自然语言分析法。自然语言分析法包括短语频率分析和矩阵分析。

短语频率分析建立一个分析清单，识别和罗列在问题陈述中表示问题域概念的术语，并利用一些启发式规则，将概念映射为模型的成分。

矩阵分析用于识别问题域中的关系。矩阵的行和列是问题域的概念，矩阵中的元素表示了相对应的行与列上的概念之间的关联关系。矩阵分析表述了事务规则，可能还会发现在短语频率分析没有产生的现象。

（2）从功能模型中识别候选对象

检查功能模型中的每一个参与者和用例，从以下方面识别候选对象：

1）用例中的连续名词；

2）系统需要跟踪的实体；

3）系统需要跟踪的活动；

4）参与者。

（3）从动态模型中识别候选对象

针对事件驱动系统和实时系统，还需要借助动态模型识别候选对象。有两种动态模型：

1）事件响应模型。首先标识系统必须识别的每一个事件和系统必须做出的预期响应，由此标识一系列识别事件的对象和产生响应的对象。

2）状态迁移图。分析图中的状态，有助于标识保存状态信息的属性。

7.3.2.2 边界对象识别

在用例图中，每一个参与者至少要与一个边界对象交互。边界对象收集来自参与者的信息，将其转换为可用于实体对象和控制对象的表示形式。可以从以下角度识别边界对象：

1）识别与参与者交互的基本用例的用户界面控制；

2）识别参与者需要录入系统的数据表格；

3）识别系统需要识别的事件和系统用于响应用户的消息；

4）当用例中有多个参与者时，根据构思的用户界面来标识参与者的行为；

5）不要使用边界对象对交互的可视方面建模，应使用用户原型对可视用户界面建模；

6）使用用户的术语来描述交互，不要使用来自设计和实现的术语。

7.3.2.3　控制对象识别

控制对象负责协调实体对象和边界对象。控制对象在现实世界中没有具体的对应物，它通常从边界对象处收集信息，并把这些信息分配给实体对象。

7.3.3　定义类之间的关系

对象和类之间的关系有依赖、关联、聚合、组合、泛化和实现。

依赖是"非结构化"的、短暂的关系，表明某个对象会影响到另一个对象的行为或者服务。

关联是"结构化"的关系，描述对象之间的连接。两个类之间的关联称为二元关联，三个类之间的关联称为三元关联。

聚合和组合关系是特殊的关联关系，它们强调整体和部分之间的从属性关系。组合是聚合的一种形式，组合关系对应的整体和部分具有很强的归属关系和一致的生存期。

泛化关系与类间的继承类似，是在保留对象差异的同时共享对象相似性的一种高度抽象方式。它是"一般—具体"的关系，有一般化类和具体类之分。一般化类又称父类，具体类又称子类，各子类继承了父类的性质，而各子类的一些共同性质和操作又归纳到父类中。因此，一般化关系和继承是同时存在的。

实现是针对类和接口的关系。

对象实例之间的关系可用多重性表征。定义类之间的关系可以使用以下方法：

1）检查指示状态的动词或者动词短语，识别动作的主体和客体，从角色寻找关联；

2）准确地命名关联和角色；

3）尽量使用常用的修饰词标识名字空间和关键属性；

4）应消除导出其他关联的关联；

5）在一组关联被稳定之前先不考虑实例之间的多重性。

7.3.4　标识类的属性和服务

对象是由属性和操作组成的封装体。在建立了分析对象模型的类的结构后，需要进一步标识类的属性和操作。

7.3.4.1　标识类的属性

类的属性描述的是类的状态信息。标识类的属性时可以从以下几方面考虑：

1）每个对象至少需包含一个属性，例如 ID；

2）属性取值必须适合类的所有实例；

3）出现在泛化关系中的对象所继承的属性必须与泛化关系一致，通用的属性放在泛化结构的较高层的类中，特殊的属性放在较低层的类中；

4）系统的所有存储数据必须定义为属性；

5）对象的导出属性应当略去。

在分析阶段，如果某属性描述了对象的外部不可见状态，应将该属性从分析模型中删去。

7.3.4.2　标识类的服务

对象收到消息后能执行的操作称为它可提供的服务。标识每个对象中必须封装的服务时应注意以下两种服务。

（1）简单服务

简单服务是每一个对象都应当具备的服务，包括建立和初始化一个新对象，建立和断开对象之间的关联，存取对象的属性值，释放或删除一个对象等。

（2）复杂服务

复杂服务包括计算服务和处理输入、输出的监控服务。

7.3.4.3　行为建模

每一个对象（类）在其生存周期中处于不同的活动状态，不同状态之间的转变是由于某些操作的结果。这些操作可通过对象的状态迁移图动态地描述。进一步地，对象执行服务可能会导致消息传递。因此，需要通过对象的动态模型描述对象的行为和对象之间的消息通信，说明所标识的各种对象是如何共同协作，使系统运作起来的。

识别对象之间消息通信路径的方法有两种。

（1）自底向上方法

首先找出每一个对象在其生存周期中的所有状态，然后每一状态的改变都关联到对象之间消息的传递。从对象着手，逐渐向上分析。

（2）自顶向下方法

一个对象必须识别系统中发生或出现的事件，产生发送给其他对象的消息，接收消息的对象做出响应。所以对象应具有能够接收、处理、产生消息的服务。

消息通信路径标识了一个对象在什么状态下对哪个消息做出怎样的反应。可以用交互图（如 UML 中的顺序图）标识和描述对象之间的相互通信。

7.4　软件需求管理

在软件研制过程中，由于外部因素与内部因素，软件需求不可避免会发生变更。外部因素包括要解决的问题发生变化、用户对系统的期望发生变化、外部环境发生变化产生了新的约束、由于新系统的引入提出了新的需求等。内部因素包括在需求采集阶段没有获得正确需求、需求到设计的迭代开发过程中产生了新的需求等。因此，航天型号软件研制过程中需要通过整个软件生存周期的需求双向追踪、变更管理等保证需求的一致性。

7.4.1　内容与要求

需求管理指需求过程的管理活动，是对需求进行记录、分析、跟踪、优先级排序以及对需求达成共识，然后控制更改，与相关人员进行沟通的过程，是贯穿项目的持续过程。需求管理的目的是保证组织记录、验证并满足了相关人员的要求和期望，保障各阶段目标的质量和各阶段工作的衔接。

需求管理需要完成的任务可以概括为 4 部分：

1）需求识别，标识、分类、组织需求，并建立需求文档；

2）基线管理，对需求优先级进行排序，定义需求基线；

3）变更管理，阐明需求变更的原因、评估每项需求的影响从而决定是否实施变更并记录在案；

4）需求追踪，保持需求和其他过程产品以及需求本身之间的依赖关系。

以上 4 个任务之间的关系如图 7 - 6 所示，其中方框表示任务，菱形表示产出。变更管理对变更申请进行分析，决定是否实施变更。需求追踪过程中如果发现产品指标不满足预期要求，也会通过变更管理进行分析评审，决定是否提出新的需求。接受的需求变更会产生待处理需求，与需求识别过程得到的需求一样，通过基线管理（包括优先级排序、工作量估算等）形成需求基线。按照基线开展软件研制与过程追踪。

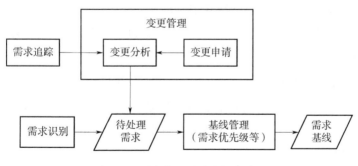

图 7 - 6　需求管理活动之间的关系

需求管理过程的输出包括：

1）需求文档，确定需求文档的版本，并提交到配置管理过程建立基线；

2）批准的对需求基线的更改，需要对需求更改影响进行分析评估；

3）各种需求管理工作产品，包括评审报告、跟踪报告、变更控制报告和记录等。

变更管理和版本控制通过软件配置管理实现，具体流程参看"配置管理"章节。航天型号软件工程相关标准都提出要建立高层与底层需求、需求与需求之间、需求与设计、编码、测试等过程的双向追踪。保持需求追踪信息，可以确保所有需求都被实现，并且变更影响分析十分方便，确保变更时不遗漏每个受影响的系统元素。

7.4.2　需求追踪方法

通过需求追踪链可以在整个软件生存周期中跟踪一个需求的使用和更新情况。需求追踪链记录每个需求的前后互连和依赖关系，共分 4 类。第一个链是从任务书中的系统需求到软件需求，从而确保软件需求规格说明包含了任务书的所有需求。第二个链是从软件需求到任务书的需求，确认每一个软件需求的源头。第三个链定义每个需求和特定工作制品之间的联系，实现正向追溯，确保每个下游产品满足需求。第四个链从下游制品回溯到需求，表明每个下游制品存在的原因。表示需求追踪链可以采用以下方法，其中最常用的是需求追踪矩阵。

7.4.2.1　文本引用

可追踪关系文档化的最简单方法是将追踪关系作为文本注释。通过文本分析，可以提取这些文本引用，并用合适的方法将可追踪性信息可视化。

7.4.2.2　超链接

可追踪关系也可以通过超链接进行文档化，不同类型的可追踪关系可以定义不同的超链接，如图 7-7 所示。在可追踪性分析时，超链接可以被可视化。

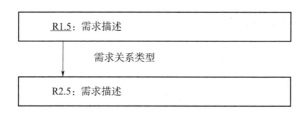

图 7 - 7　可追踪关系的超链接表示

7.4.2.3　需求追踪矩阵

　　需求追踪矩阵是需求追踪最常用的方法，如表 7 - 2 所示。在实践中，如果需求量比较大时，可追踪性矩阵的使用受到一定的限制。需求追踪矩阵的单元之间可能存在"一对一"、"一对多"或"多对多"的关系。

表 7 - 2　需求追踪矩阵示例

需求编号	用户需求规格说明书	软件需求规格说明书	设计文档	代码	测试用例	测试记录

7.4.2.4　需求追踪图

　　需求追踪图中，节点代表各阶段的成果（如需求、设计、测试等），边代表产品之间的关系。为了区分不同阶段的成果类型以及不同的追踪关系类型，可以引入不同类型的节点和边。边上可以标注关系属性。在需求追踪图的基础上，可以派生出局部图。例如，只包含某种类型关系的图。

　　在可跟踪性分析期间，经常按照特定的路径对需求追踪图进行分析。通用的需求管理工具在创建追踪图时允许选择一个搜索深度。如果没有限定深度或者选择了一个足够大的深度，就可以生成一个完整的追踪图。追踪路径对于需求变更分析特别重要。

7.4.3　需求管理工具

为管理与追踪需求，航天型号软件研制过程中推荐使用需求管理工具，对需求进行记录、跟踪，便于跨地域、多单位协同，帮助各参研单位有效进行沟通、版本和变更管理，并跟踪需求与设计、验证的对应关系，辅助影响域自动分析。

需求管理工具应该具备以下特征：

1）提供基线检查、添加、更改、更新需求的能力；

2）管理变更状态（如接受或核准、待定的更改）；

3）存储和生成电子变更申请表和模板；

4）导入和导出电子表格和电子邮件通知；

5）生成需求修改历史报告，包括作者变更、ID 变更、日期变更以及变更状态。

近年来，越来越多的工具为需求表示提供虚拟化功能，包括丰富的媒体格式（如图片、视频）、草图等。另外协作支持功能增强，便于相关人员之间进行沟通。社交媒体软件也进入需求工具市场，改进需求理解，降低构建错误产品的风险。下面介绍几种常用的工具。

7.4.3.1　RationalRequisitePro

IBM RationalRequisitePro 是一种需求和用例管理工具，能够帮助项目团队改进项目目标的沟通，增强协作开发，降低项目风险，以及在部署前提高应用程序的质量。该工具具有以下特点：

1）通过与 Microsoft Word 的高级集成方式，为需求的定义和组织提供熟悉的环境；

2）提供数据库与 Word 文档的实时同步能力，为需求的组织、集成和分析提供方便；

3）支持需求详细属性的定制和过滤，以最大化各个需求的信息价值；

4）提供详细的可跟踪性视图，通过这些视图可以显示需求间的父子关系，以及需求之间的相互影响关系；

　　5）通过导出的 XML 格式的项目基线，可以比较项目间的差异；

　　6）可以与 IBM 软件开发平台中的许多工具进行集成，以改善需求的可访问性和沟通能力。

7.4.3.2　Telelogic DOORS

　　Telelogic DOORS 企业需求管理套件（DOORS/ERS）是仅有的面向管理者、开发者与最终用户及整个生存周期的综合需求管理套件。它提供多种工具与方法对需求进行管理，可以灵活地融合到公司的管理过程中。以世界著名的需求管理工具 DOORS 为基础，DOORS/ERS 使得整个企业能够有效地沟通从而减少失败的风险。DOORS/ERS 通过统一的需求知识库，提供对结果是否满足需求的可视化验证，从而达到质量目标，并能够进行结构化的协同作业，使生产率得到提高。

7.4.3.3　BorlandCaliberRM

　　BorlandCaliberRM 是一个基于 Web 和用于协作的需求定义和管理工具，可以帮助分布式的开发团队平滑协作，从而加速应用系统交付。该工具具有以下特点：

　　1）辅助团队成员沟通，减少错误和提升项目质量；

　　2）有助于更好地理解和控制项目，是 Borland 生存周期管理套件中用于定义和设计工作的关键内容；

　　3）提供集中的存储库，能够帮助团队在早期及时澄清项目的需求；

　　4）能和对象建模工具、软件配置管理工具、项目规划工具、分析设计工具以及测试管理工具良好地集成。

第 8 章　软件设计

　　需求分析回答了软件"做什么"的问题，软件的生存周期就进入了设计阶段。设计阶段是软件开发过程中的重要阶段。在该阶段，开发人员把需求规格说明书的分析模型转换为设计模型，并将解决方案记录到相关的设计文档中。实际上，软件设计的目标就是回答"怎么做"才能实现软件需求。航天型号软件设计分为两个阶段，无论是采用结构化设计还是面向对象设计，前期进行概要设计得到软件配置项的基本架构，后期详细设计明确内部的实现细节。

8.1　概述

　　软件设计在航天型号软件开发中处于核心地位。概要设计也称为总体设计，以需求规格说明书为基础，概要地说明软件系统的实现方案，包括：

　　1）目标系统的总体架构；

　　2）每个模块的功能描述、数据接口描述以及模块之间的调用关系；

　　3）数据库、数据定义和数据结构等。

　　其中，目标系统的总体架构为软件系统提供了一个结构、行为和属性的高级抽象，由构成系统的元素的描述、元素间的相互作用、指导元素集成的模式以及这些模式的约束组成。进行概要设计的过程中，开发人员应该首先设计出系统的总体架构，然后把功能划分为多个模块，再明确每个模块的功能以及模块之间的关系。此后，还要对系统的数据库和数据结构进行设计。在完成概要设计之前，编写概要设计说明。

　　详细设计也称为过程设计，对每个模块的功能和架构进行细化，明确要完成相应模块的预订功能所需的数据结构和算法，并将其用某种形式描述出来。详细设计的目的是得到实现系统最详细的解决方案，明确对目标系统的精确描述，从而在编码阶段可以方便地把这个描述直接翻译为用某种程序设计语言书写的程序。详细设计涉及的内容有过程、数据和接口等：

　　1）过程设计主要是指描述系统中每个模块的实现算法和细节等；

　　2）数据设计是对各模块所用到的数据结构的进一步细化；

　　3）接口设计针对的是软件系统各模块之间的关系或通信方式以及目标系统与外部系统之间的联系。

　　概要设计和详细设计两个阶段针对的对象具有共享性，但在粒度上有差异。详细设计更具体，更关注细节，更注重最底层的实现方案。此外详细设计要在逻辑上保证实现每个模块的解决方案的正确性，同时还要将实现细节表述地清晰、易懂，方便编程人员的后续编码工作。

8.2　软件设计的原则

　　为了提高软件开发效率和软件产品质量，航天型号软件设计遵循软件开发实践中的一些基本设计原则。

8.2.1　模块化

　　模块是数据说明、可执行语句等程序对象的集合，是构成程序的基本组件，可以被单独命名并通过名字访问。过程、函数、子程序、宏都可以作为模块。模块的公共属性如下：

　　1）每个模块都有输入和输出接口，且输入和输出接口都指向相同的调用者；

　　2）每个模块都具有特定的逻辑功能，完成一定的任务；

　　3）模块的逻辑功能由一段可运行的程序来实现；

　　4）模块还应有属于自己的内部数据。

　　模块化就是把系统划分为独立命名并且可以独立访问的模块，每个模块完成一个特定的子功能。模块集成起来可以构成一个整体，完成特定的功能，进而满足用户需求。

　　在模块化的过程中，要注意以下几点。

8.2.1.1　模块的规模要适中

　　模块的规模可以用所包含的语句的数量衡量。如果模块规模较大，就会增加测试和维护的复杂度。虽然没有统一的标准规范模块的规模，但是一般认为，程序的行数在 50~100 范围内比较合适。

8.2.1.2　提高模块的独立性，降低模块间的耦合程度

　　模块的独立性是指软件系统中每个模块只完成特定的、单一的功能，而与其他模块没有太多的联系。提高模块的独立性有助于系统维护以及软件复用。

　　模块的独立性与耦合密切相关。耦合是对模块之间互联程度的度量。耦合的强弱取决于接口的复杂性，与信息传递的方式、接口参数的个数、接口参数的数据类型相关。不同模块之间互相依赖得越紧密则耦合程度越高。

　　模块耦合度等级划分如图 8-1 所示。无直接耦合、数据耦合和标记（特征）耦合属于低强度的耦合。无直接耦合是指模块与被调用模块之间不存在直接的数据联系。如果模块与被调用模块之间存在数据联系，对于简单变量这样的数据传递是数据耦合，数组、结构、对象等复杂数据结构的数据传递是标记耦合。当模块之间的联系不是数据传递而是控制信息时，就是控制耦合。控制耦合是中强度的耦合。较强耦合包括外部耦合和公共耦合。外部耦合是指系统允许多个模块同时访问同一个全局变量。公共耦合是指允许多个模块同时访问一个全局性的数据结构。内容耦合是最高强度的耦合，允许一个模块直接调用另一个模块中的数据。

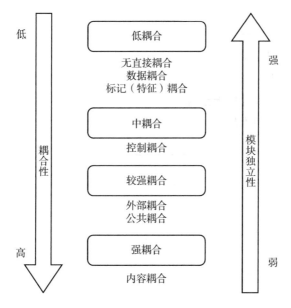

图 8-1　耦合的等级划分

　　在软件设计时，开发人员应该尽量使用数据耦合，少使用控制耦合，限制公共耦合的使用，坚决避免使用内容耦合。模块之间的耦合度越低，相互的影响就越小，发生异常后产生连锁反应的概率就越低。

8.2.1.3　提高模块的内聚程度

　　模块的内聚是指模块内部各个元素之间彼此结合的紧密程度。模块的高内聚通常意味着低耦合。

　　模块内聚的等级划分如图 8-2 所示。偶然内聚、逻辑内聚和时间内聚属于低内聚。偶然内聚的模块内各元素没有实质联系。逻辑内聚是指模块内各组成部分的处理动作在逻辑上相似，但功能不同。时间内聚是指将若干在同一时间段内进行的却彼此不相关的工作集中在一个模块中。中内聚包括过程内聚和通信内聚。过程内聚的各部分是按照顺序执行并无相关联系的工作，各部分通过控制流联接在一起。通信内聚是指模块内部所处理的元素都是用同一个输入数据或产生同一个输出数据。顺序内聚和功能内聚都属于高内聚。顺序内聚是指模块各组成部分的元素是相关的，并且必须按顺序执行，通常一个处理元素的输出是另一个处理元素的输入；功能内聚的各组成部分都为完成一个且仅完成一个功能。

软件系统设计中要避免使用低内聚的模块，多使用高内聚，尤其是功能内聚的模块。

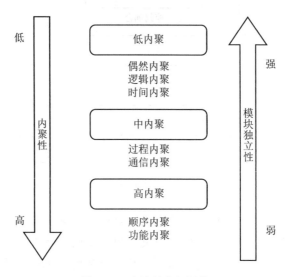

图 8-2　内聚的等级划分

8.2.1.4　加强模块的保护性

当一个模块的内部出现异常时，它的负面影响应该尽量局限在模块内部，从而保护其他模块不受影响。

8.2.2　抽象

抽象主要是降低问题的复杂度，在软件开发过程中起非常重要的作用。一个庞大、复杂的系统可以先用一些宏观的概念构造和理解，然后再逐层的用微观的概念解释上层的宏观概念，直到最底层的元素。

8.2.3 逐步求精

逐步求精是抽象的逆过程。开发人员认识问题是逐步求精的过程，也是抽象程度逐渐降低的过程。实际上软件生存周期各阶段的活动是对系统方案抽象层次的细化。

8.2.4 信息隐藏

信息隐藏与模块化的概念相关。当一个系统被分解为若干模块时，为了避免某个模块的行为干扰其他模块，应该让模块仅仅公开必须让外界知道的信息。信息隐藏提高了模块的独立性，有利于软件测试和维护。

8.3 结构化软件设计方法

结构化软件设计方法关注系统功能，采用自顶向下、逐步求精的过程，以模块为中心解决问题。采用结构化设计方法开发的软件系统可以看成一组函数或过程的集成。结构化软件设计方法分为面向数据流的设计方法和面向数据结构的设计方法。

8.3.1 面向数据流的设计方法

面向数据流的设计方法多在概要设计阶段使用。它主要以结构化分析产生的数据流图为基础，按照一定的规则映射为软件结构。

根据数据流的特性，数据流图一般可以分为变换型数据流图和事务型数据流图两种。

8.3.1.1 变换型数据流图

信息系统中的信息一般以外部的形式进入系统，经过系统处理后离开系统。如图 8-3 所示，变换型数据流图是一个线性结构，由输入、变换（或称处理）和输出 3 部分组成。变换是系统的中心。变换输入端的数据流为系统的逻辑输入，输出端为逻辑输出。直接从外部设备输入的数据称为物理输入，反之称为物理输出。物理输入经过正确性和合理性检查、编辑或格式转换等预处理，变成内部形式送给变换中心，这部分工作由逻辑输入部分完成。同样，逻辑输出把变换中心产生的内部形式转换为外部形式，然后物理输出。

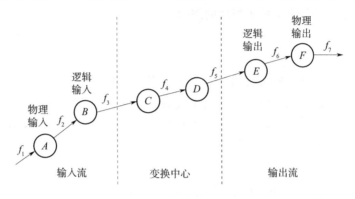

图 8-3　变换型数据流图

8.3.1.2　事务型数据流图

　　若某个加工将它的输入流分离成许多发散的数据流，形成许多平行的加工路径，并根据输入的值选择其中的一条路径来执行，则称为事务型数据流图，如图 8-4 所示。这个加工称为事务处理中心。事务处理中心接收数据，分析每个事务，确定其类型，根据事务选择一条活动通路。

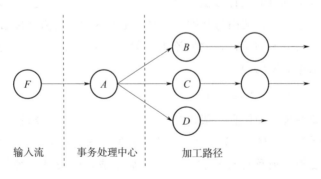

图 8-4　事务型数据流图

　　在航天型号软件系统中，可能同时存在变换型数据流和事务型
数据流，称为混合数据流。

8.3.1.3　变换分析设计

　　对于变换型数据流，设计人员应该区分输入和输出分支，通过
变换分析将数据流图映射为变换结构，从而构造出目标系统的结构
图。针对变换型数据流的设计可以分为以下几个步骤。图8-3通过
以下步骤设计后的结果如图8-5所示。

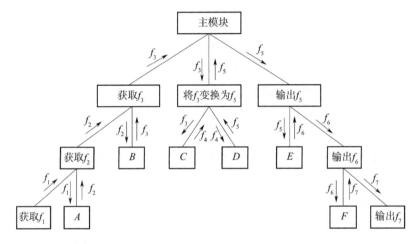

图8-5　变换分析设计示例

　　（1）区分变换型数据流图中的输入数据、变换中心和输出数据

　　通常几个数据流的汇合往往是系统的主加工。若不能确定，则
要从物理输入端开始，一步步沿着数据流向系统中心寻找，直到找
到不再是系统输入的数据流，则其前一个数据流就是系统的逻辑输
入。位于逻辑输入和逻辑输出之间的数据流就是变换中心。同理，
从物理输出端开始，逆数据流方向向中间移动，就可以确定系统的
逻辑输出。

　　（2）分析得到系统的初始结构图

　　变换中心确定以后，就相当于决定了主模块的位置，这就是软

件结构的顶层。主模块确定之后，设计软件结构的第一层，第一层至少要有输入、输出和变换 3 种功能的模块。这些模块之间的数据传递应该与数据流图对应。这样就得到了软件结构的顶层模块。

然后对第一层的输入、变换及输出模块自顶向下、逐层分解，设计下属模块。

（a）输入模块的下属模块设计

通常，输入模块的功能是向它的调用模块提供数据，因此，输入模块应由接收输入数据和将数据转换成调用模块所需的信息两部分组成。

（b）输出模块的下属模块设计

输出模块的功能是将它的调用模块产生的结果送出，由将数据转换成下属模块所需的形式和发送数据两部分组成。

（c）变换模块的下属模块设计

设计完输入和输出后，就要为变换模块设计下属模块。设计变换模块的下属模块时，要根据数据流图中变换中心的组成情况研究数据流图的变换情况，按照模块独立性的原则来组织结构。一般对数据流图中的每个基本加工建立一个功能模块。

（3）对系统结构图进行优化

以上步骤设计出的是初始结构，必须根据设计准则进行优化，可以考虑以下方法。

（a）输入部分优化

每个物理输入模块要体现系统的外部接口。其他输入模块并非真正输入，如果这些模块与转换数据的模块都很简单，可以将它们合并成一个模块。当转换模块较复杂时，可以作为单独的接口模块处理。

（b）输出部分优化

与输入部分相似，为每个物理输出设置专门模块，同时把相同或类似的物理输出模块合并在一起，以降低耦合度。

（c）变换部分优化

根据设计准则，对模块进行合并或调整。

8.3.1.4　事务分析设计

对事务型数据流，设计人员应该重点区分事务中心和数据接收通路，通过事务分析将数据流图映射为事务结构。针对事务型数据流的设计可以分为以下几个步骤，按此步骤对图 8-4 的设计结果如图 8-6 所示。

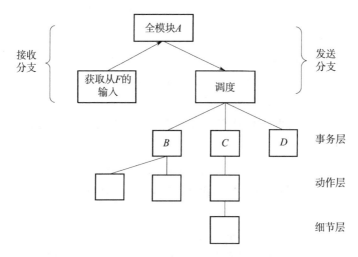

图 8-6　事务分析设计示例

（1）确定数据流图中的事务处理中心和加工路径

当数据流图中的某个加工明显地将一个输入数据流分解为多个发散的输出数据流时，该加工就是事务中心。以事务为中心结构，找出事务处理中心、输入数据、加工路径 3 个部分。

（2）将数据流图转换为初始的系统结构图

事务处理中心和加工路径确定后，就可以确定其软件结构。其结构一般为一个接收分支和一个发送分支。从事务处理中心的边界开始向前移动，一个个地将变换转换为模块。发送分支也有一个模块，管理所有下属的处理模块。每个事务处理的路径设计为相应的结构。最后将事务处理中心设计为一个顶层模块，作为主模块，接收数据并根据事务类型调度相应的处理模块。接收分支负责接收数据，其设计与变换型数据流图的输入部分设计方法相同。发送分支通常包含一个调度模块。

（3）分解和细化接收分支和加工分支

进行事务结构中、下层模块的设计、优化等工作。

8.3.1.5　混合流设计

混合数据流图的软件结构设计一般以变换流为主，结构流为辅。具体步骤如下：

1）确定数据流图整体上的类型。事务型通常用于对高层数据流图的变换，其优点是把大而复杂的系统分解成若干个较小的简单的子系统。变换型常用于较低层的数据流图的转换。变换型具有顺序处理的特点，而事务型具有平行分别处理的特点，所以两者导出的软件结构不同。

2）标出局部的数据流图范围，确定其类型。

3）按整体和局部的数据流图特征，设计出软件结构。

复杂系统的数据流图往往采用分层结构，便于设计和修改。数据流图的顶层图反映系统与外部环境的界面，所以系统的物理输入与物理输出都在变换中心的顶层。相应的软件结构图的物理输入与物理输出应放在主图中，便于同数据流图的顶层图对照检查。

8.3.2　面向数据结构的设计方法

面向数据结构的设计方法就是根据数据结构设计程序处理过程的方法，按输入、输出以及计算机内部存储信息的数据结构进行软件结构设计，从而把对数据结构的描述转换为对软件结构的描述。面向数据结构的设计方法通常在详细设计阶段使用。比较流行的面向数据结构的设计方法包括 Jackson 方法和 Warnier 方法。这里介绍 Jackson 方法。

Jackson 程序设计方法由 5 个步骤组成：

1）分析并确定输入数据和输出数据的数据结构，并绘制 Jackson 结构图；

2）找出输入数据结构和输出数据结构图中有对应关系的数据单元；

3）应用以下 3 条规则从描述数据结构的 Jackson 图导出描绘程序结构的 Jackson 图：

a）对于每对有对应关系的数据单元，按照它们在数据结构图中的层次和在程序结构图中的层次画一个处理框。如果这对数据单元在输入数据结构和输出数据结构中所处的层次不同，则按照较低的层次在程序结构图的相应位置画一个处理框；

b）根据输入数据结构中剩余的每个数据单元所处的层次，在程序结构图的相应层次分别画上对应的处理框；

c）根据输出数据结构图中剩余的每个数据单元所处的层次，在程序结构图的相应位置画上其对应的处理框。

4）列出所有操作和条件，并把它们分配到程序结构图的适当位置；

5）用习惯的详细设计工具表示程序。

在 Jackson 程序设计方法中是采用 Jackson 结构图和程序结构文本来描述问题的数据结构的，可以转换成伪码形式或者程序流程图形式。程序员也可以根据 Jackson 结构图进行编码。

8.3.2.1　Jackson 结构图

Jackson 结构图是一种从左到右阅读的树状层次结构图。Jackson 结构图便于表示层次结构，是对结构自顶向下分解的辅助工具，既能够表示数据结构，也能表示程序结构。数据结构图中方框表示数据，程序结构图中方框表示模块（过程或函数）。底部的叶子结点称为基本元素，在底部枝干以上的节点称为结构元素。结构图中存在顺序结构、选择结构、重复结构 3 种类型。

顺序结构的数据由一个或多个从左到右的元素组成，每个组成的元素只出现一次。如图 8-7 所示，顺序结构 A 由 B、C、D 组成。注意 A 并非模块，可以是数据也可以是程序。

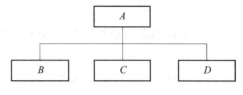

图 8-7　顺序结构

选择结构的元素是"IF Then Else"或"Case"的结构，而且必须有两个或多个子元素。使用选择元素时根据指定的条件从这些元素中选择一个子元素。供选择的子元素用右上角标以小圆的矩形表示。图 8-8（a）中 B、C、D 是 A 的可选项，而 S 是选择条件。空元素用一个标有连字符的矩形表示，如图 8-8（b）。

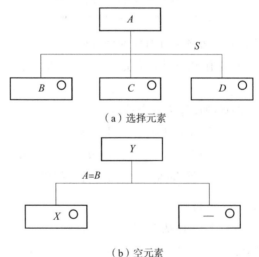

（a）选择元素

（b）空元素

图 8-8　选择元素

重复结构的元素仅由一个子元素构成，表示重复元素由子元素重复 0 次或多次组成。子元素用右上角标以星号的矩形表示。图 8-9 中，元素 M 由元素 N 重复 0 次或多次组成，C 是重复条件。

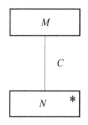

图 8-9 重复元素

8.3.2.2 程序结构文本

程序结构文本完全与结构图相对应，分为顺序结构文本、选择结构文本、重复结构文本，是一种类似于伪码的表达工具。

顺序结构对应的结构文本如表 8-1 所示。其中 seq 和 end 是关键字。

表 8-1 顺序结构文本

A seq	顺序结构（开始）
B	元素 B
C	元素 C
D	元素 D
A end	结束

选择结构文本如表 8-2 所示，数据 D 由 A、B 或 C 组成。其中 select、or 和 end 是关键字，选择条件分别为 cond1、cond2 或 cond3。

表 8-2 选择结构文本

D select cond1	选择条件（开始）
A	元素 D 或是由一个元素 A
or cond2	
B	或是由一个元素 B
or cond3	
C	或是由一个元素 C 组成
D end	结束

重复结构文本如表 8 - 3 所示，有 until 和 while 两种形式。其中 iter、until、while 和 end 是关键字，cond 是条件。

表 8 - 3　重复结构文本

D iter until cond	重复（开始）
A；	元素 D 由 1 个或多个元素 A 组成
D end	结束
或	
D iter while cond	重复（开始）
A；	元素 D 由 0 个或多个 A 组成
D end	结束

8.3.3　结构化程序设计图形工具

结构化程序设计是一种程序设计技术，采用自顶向下逐步求精的设计方法和单入口单出口的控制结构。结构化程序设计中可以采用以下图形工具。

8.3.3.1　流程图

流程图是对过程、算法、流程的一种图形表示，它对某个问题的定义、分析或解决方法进行描述，用定义完善的符号表示操作、数据、流向等概念。按照国家标准 GB/T 1526—1989 的规定，流程图分为数据流程图、程序流程图、系统流程图、程序网络图和系统资源图 5 种。这里主要介绍程序流程图。

程序流程图也称为程序框，能比较直观、形象地描述过程的控制流程。程序流程图使用的基本符号如图 8 - 10 所示。程序流程图包含 5 种基本控制结构（见图 8 - 11），即顺序型、选择性、先判定型循环（WHILE - DO）、后判定型循环（DO - WHILE）和多分支选择。

程序流程图采用简单规范的符号，画法简单、结构清晰、便于描述、易于理解，但是不利于逐步求精的设计，图中可以用箭头随意地对控制进行转移，与结构化程序设计精神相悖，不利于表示系统中所含的数据结构，当目标系统比较复杂时，流程图会变得复杂、不清晰。

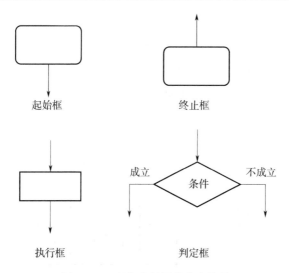

图 8 - 10　程序流程图的基本符号

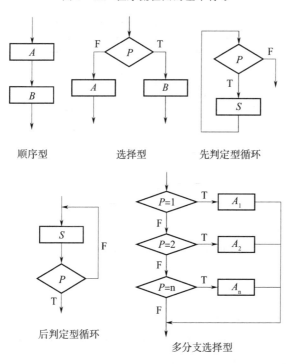

图 8 - 11　程序流程图的控制结构图符

8.3.3.2 N-S图

N-S图又称为盒图，是一种符合结构化程序设计原则的图形工具。N-S图的基本符号如图8-12所示。

N-S图不允许随意控制转移，有利于严格的结构化程序设计，可以很方便地确定一个特定控制结构的作用域以及局部数据和全局数据的作用域、表示嵌套关系以及模块之间的层次关系。

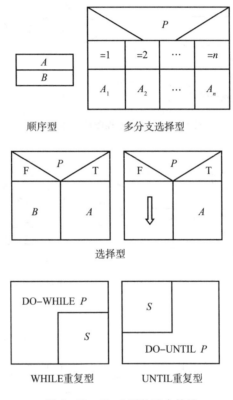

图 8-12　N-S图的基本符号

8.3.3.3 PAD图

PAD图也叫问题分析图，基于结构化程序设计思想，用二维树形结构的图表示程序的控制流和逻辑结构。

在 PAD 图中，一条竖线代表一个层次，在最左边的竖线是第一层控制结构。随着层次的加深，图形不断向右展开。PAD 图的基本控制符号如图 8-13 所示。

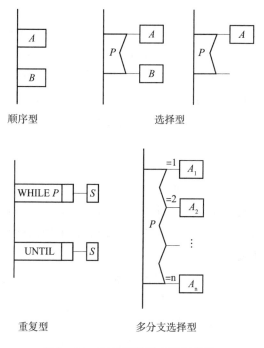

图 8-13　PAD 图的基本控制符号

PAD 图为常用的高级程序设计语言的各种控制语句提供了对应的图形符号，它的主要特点是：表示的程序结构的执行顺序是从最左边的竖线的上端开始，自上而下，自左而右；表示的程序片段结构清晰、层次分明；支持自顶向下、逐步求精的设计方法，不仅能表示程序逻辑，还能表示数据结构。

8.4　面向对象软件设计方法

面向对象分析识别和定义的类和对象直接反映问题空间和系统

任务，而面向对象设计识别和定义的对象是附加的，反映需求的一种实现。面向对象分析与面向对象设计是在不同的抽象层次进行的。面向对象分析独立于程序设计语言，而详细的面向对象设计一般依赖于程序设计语言。

与结构化设计相比，面向对象的设计更适合复杂的、随机性较强和考虑并发性的软件系统设计，而不适合逻辑性强的软件设计。面向对象设计可以分为系统设计和对象设计两个阶段。概要设计的主要任务是细化对象行为，添加新对象，认定类、组建类库、确定外部接口及主要数据结构；详细设计主要对对象进行详细描述。

8.4.1　系统设计与对象设计

面向对象设计模型是面向对象分析模型的扩充。大多数面向对象设计模型在逻辑上都由人机交互、问题空间、任务管理、数据管理 4 部分组成，对应设计成 4 个子系统。在不同的软件系统中，这几个部分的重要程度可能相差很大。

对象设计是指对面向对象的需求分析阶段得到的对象模型进行扩充、细化和完善。设计阶段根据需求的变化，对面向对象分析产生的模型中的某些类与对象、结构、属性、操作进行组合和分解，要考虑对时间空间的折中、内存管理、开发人员变更以及类的调整等，增加必要的类、属性、关系调整等，并可进一步分解过于庞大的系统。

对象设计的内容包括：

1）对象中对属性和操作的详细描述；

2）对象之间发送消息的协议；

3）类之间的各种关系的定义；

4）对象之间的动态交互行为等。

8.4.2　面向对象程序设计

面向对象程序设计的出发点是为了能更直接地描述问题域中客

观事物以及它们之间的关系，主要体现在以下几方面：

1）用对象描述问题域中的事物，其构成成分——属性和服务，分别对应着事物的静态特征和动态特征；

2）引入类的概念，包含具有相同属性和服务的对象，并通过继承机制保证子类具有父类的全部属性和服务；

3）复杂的事物由简单的事物构成，面向对象程序设计语言可以很好地描述客观世界的组成关系；

4）通过封装机制把对象的服务和属性结合为一个整体，对外屏蔽了对象的内部细节；

5）通过消息表示对象之间的动态联系。

面向对象语言在 20 世纪 80 年代以后发展非常迅猛，形成了两大类型：一类是纯面向对象的语言，如 Smalltalk；另一类是混合型面向对象的语言，即在过程设计语言中增加了面向对象的结构，如C++。

使用面向对象语言进行程序设计要考虑以下内容。

8.4.2.1　支持类与对象的机制

允许用户动态创建对象，可以选择由编程语言自动管理内存或者程序员自行编写代码进行内存管理。

8.4.2.2　实现整体-部分结构的机制

可以使用指针或者独立的关联对象实现整体部分结构。

8.4.2.3　实现一般-特殊结构的机制

应考虑实现继承的机制，以及解决名字冲突的机制。

8.4.2.4　实现属性和服务的机制

实现属性的机制包括支持实例连接的机制、属性可见性的控制机制、对属性值的约束。实现属性的机制包括支持消息连接的机制、控制服务可见性的机制、动态联编。

8.4.2.5　类型检查

类型可以分为强类型和弱类型两种。弱类型是语言仅要求每个变量或属性隶属于一个对象。强类型是语法规定每个变量或属性必须准确地属于某个特定的类。强类型的优点在于有利于编译时发现程序错误或者增加优化的可能性，弱类型主要用于解释性语言。

8.4.2.6　类库

大多数面向对象语言都提供一个实用的类库，包含通用的数据结构类（例如动态数组、表、队列、栈、树等），还提供独立于具体设备的接口类和图形库类。

8.4.2.7　参数化类

参数化类是将类定义为参数化的类模板，在类定义中包含以参数形式出现的一个或多个类型，然后把数据类型作为参数传递进去，从而把这个类模板应用在不同的应用程序中或同一应用程序的不同部分。

8.4.3　面向对象设计工具

进行结构化软件设计时，开发人员会用到流程图、N－S图、PAD图等工具，面向对象的软件设计通常采用UML。UML适用于面向对象软件开发的全过程。面向对象的设计是对面向对象需求分析所得到的模型的进一步完善和修正，所以并不严格区分这两个阶段的工作。

UML 2.0支持13种图，如图8-14所示，其中有6种结构图和7种行为图。结构图也称为静态模型图，主要用于表示系统的结构，包括类图、组织结构图、组件图、部署图、对象图和包图。行为图也称为动态模型图，表示系统的行为，包括活动图、交互图、用例图和状态机图。其中，交互图是顺序图、通信图、交互概况图和时序图的统称。

结构图中比较常用的有类图和对象图。类图主要用来表示类、接口、协作以及它们之间的关系。对象图主要表示对象的特征以及对象之间的关系。

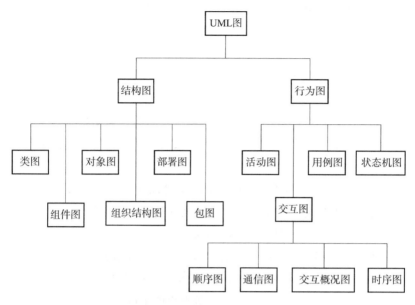

图 8-14　UML 2.0 中的 13 种图

　　行为图中比较常用的有用例图、顺序图、状态机图和活动图。用例图用来描述一组用例、用例的操作者以及它们之间的关系。顺序图表示若干对象之间的动态协作关系，强调对象之间发送消息的先后顺序，描述对象之间的交互过程。状态机图用来描述类的对象的所有可能的状态以及能引起状态转换的事件。活动图用来重点描述事务执行的控制流或数据流，是一种交互的方法。

8.5　数据库结构设计

　　数据库结构设计包括概念结构设计、逻辑结构设计和物理结构设计。数据库的概念结构是系统中各种数据模型的共同基础，描述了系统最基本的数据结构，独立于特定的数据库系统。数据库的逻辑结构提供了比较接近数据库内部构造的逻辑描述，能够为数据库的物理结构创建提供便利。数据库的物理结构是指数据库的物理数据模型，包括数据库服务器物理空间存放的表、存储过程、字段、视图、触发器、索引等，与特定的数据库系统密切相关。

在设计数据库的逻辑结构的过程中，首先要将概念结构中的实体、属性、联系映射为数据表结构。在关系型数据库中，数据表是数据的存储单位，在映射过程中可以遵循以下原则：

1）将数据库概念结构中的"实体"映射为逻辑结构中的"数据表"，实体的属性可以用数据中的字段来表示，实体的主关键字作为数据表的主键。

2）数据库概念结构中的 1：1 联系可以映射为一个独立的数据表，也可以与跟它相连的任意一端或两端的实体合并组成数据表。

3）数据库概念结构中的 1：n 联系可以映射为一个独立的数据表，也可以与跟它相连的 n 端的实体合并组成数据表。

4）数据库概念结构中的 m：n 联系可以映射为一个独立的数据表，各实体的主关键字的组合形成数据表的主键。

形成初始的数据表后，对其进行规范，引入范式的概念。一个好的关系模式应当不会发生插入异常、更新异常、删除异常，数据冗余尽可能少。关系数据库设计时应该考虑这些问题。数据库范式的定义如下：

1）第一范式，所有关系中的每一个分量都必须是不可分的数据项。第一范式是建立关系型数据表的最基本的要求。

2）第二范式，满足第一范式的条件，并且每个非键属性都由整个键决定。

3）第三范式，满足第二范式的条件，并且每个非键属性不依赖于其他非键属性值。

范式越高，规范性越强。对于小型软件开发项目而言，所设计的逻辑模式能满足第二范式要求即可，但是在对数据库中的数据完整性要求较高的项目中，应保证所设计的关系模式满足第三范式甚至更高范式的要求。

设计好数据表后，如果数据表之间存在联系，可以使用主键、外键的方法。为了使数据具有更高的安全性，方便对数据的组织和操作，还可以采用数据视图的方法进一步完善数据库的逻辑结构设计。

得到数据库的逻辑结构后，可以将模型进一步表现为物理空间上的表、字段、索引、存储过程、触发器以及相应的数据字典。

第 9 章 软件实现

软件实现阶段也称为编码阶段。软件编码的过程就是把软件设计阶段得到的解决方案转化为可以在计算机上运行的软件产品的过程。航天型号软件编码实现过程的关键是选择合适的编程语言、严格遵循航天安全关键软件编码规范并在安全可信的编译开发环境进行编码实现。按照航天软件研制要求，编码阶段还必须开展代码规则检查、单元测试等工作。为了系统地介绍测试相关内容，单元测试相关内容在软件测试章节介绍，本章软件实现主要围绕软件编码展开。

9.1 概述

软件实现的过程包括代码设计、代码审查、代码编写、代码编译、单元测试和调试等基本活动。软件实现的依据是软件详细设计说明，它给出程序模块的实现逻辑和处理规则、算法和算法分析的结果，以及为配合算法实现必需的局部数据结构。软件实现阶段的工作产品是软件源程序以及单元测试相关文档。

根据系统的类型，程序编码可采用不同的编程语言实现，为了保证编码的质量，程序员必须深刻地理解、熟练地掌握并正确地应用编程语言的特性。只有语法上没有错误的程序才能通过编译。然而对于航天型号软件开发而言，绝不仅仅要求要程序语法正确，程序的结构、设计风格、编译器和开发环境的安全可靠性等都是软件实现阶段要考虑的内容。

9.1.1 编程语言分类

编程语言是人与计算机交互的基本工具,它定义了一组计算机的语法规则,通过这些语法规则把人的意图、思想等转换为计算机可以理解的指令,让计算机完成某些任务。从计算机问世至今,人们一直在努力地研制更优秀的编程语言。编程语言的发展如图 9-1 所示。

图 9-1 编程语言的发展

最早的编程语言是机器语言,它是计算机可以识别、执行的指令代码。机器语言采用"0"和"1"为指令代码编写程序,可以直接被 CPU 识别,从而操纵计算机硬件运行。程序员必须熟悉计算机的全部指令代码的含义,要求较高,花费时间长,容易出错。机器语言与计算机体系结构有直接关系,不能直接在不同体系结构的计算机间移植。

汇编语言采用一组助记符代替机器语言中晦涩、难懂的二进制代码,用地址符号或者标号代替地址码,使代码比较直观,容易被程序员理解。由于机器不能直接识别汇编代码,因此在执行时必须通过特定的翻译程序转换为相应的机器语言才能由计算机执行。把汇编语言转换为机器语言的过程叫做汇编,相应的翻译程序就是汇编程序。

由于汇编语言有大量的助记符难以记忆，而且汇编语言对硬件体系有较强的依赖性，又出现了高级语言。高级语言采用类似英文的语句表达语义，更加方便了软件开发人员的理解和使用。高级语言不再依赖特定的计算机硬件，所以移植性比较强。高级语言可以分为面向过程的和面向对象的。面向过程的包括 Fortran、BASIC、C 语言；面向对象的包括 C++、Java、C♯等。

第四代语言是超高级语言，它是对数据处理和过程描述的更高级的抽象，一般由特定的知识库和方法库支持，比如与数据库应用相关的查询语言、描述数据结构和处理过程的图形语言等，可以直接实现各种应用系统。

航天型号的飞行软件以汇编语言、C 语言为主，汇编语言应用比例逐步下降，地面软件采用面向对象编程语言比较多。例如某航天型号任务中软件配置项研制采用的编程语言分布情况如表 9 - 1 所示，70％的软件采用 C、C++、C♯、VB 等高级语言。

表 9 - 1　某航天任务中软件编程语言使用情况

编程语言类型	汇编	C	C++	C♯	VB	JAVA
比例	14.46％	56.47％	19.83％	4.41％	2.62％	2.20％

9.1.2　编程语言的选择

不同的编程语言有各自的特点，在程序设计前要充分了解语言的特点，并选择适合型号软件开发的语言。编程语言选择应考虑以下几个方面。

9.1.2.1　软件的特点

选择适合软件技术特性的编程语言。例如科学工程计算类需要使用大量的标准库函数，处理复杂的数值计算，可以选择 C 语言、C++语言；系统软件很多时候要与计算机硬件交互，可选用汇编语言、C 语言；数据处理和数据库可以采用 SQL 语言。

9.1.2.2　软件开发的方法

编程语言的选择有时依赖于开发方法。如果采用面向对象方法，就必须采用面向对象的编程语言。

9.1.2.3　开发工具的可用性

良好的开发环境不仅能提高软件生产率，同时也能减少错误，提高软件质量。许多编程语言都有一套软件开发环境，提供代码编写、编译、调试的图形化环境。

9.1.2.4　软件开发人员的知识

软件开发人员原有的知识和经验对编程语言的选择也有很大的影响。一般情况下，软件编程人员愿意选择曾经成功开发过项目的语言。为了选择更好地适应软件项目的程序设计语言，开发人员应该不断学习。

9.2　编程风格与编码规范

软件的实现对系统安全可靠性有重要影响，因此，在航天软件研制过程中经常需要阅读程序，特别是在软件测试和维护阶段。在编写程序时，应当使程序具有良好的风格，增强可读性。另外，良好的编码风格能够在一定程度上弥补语言存在的缺陷。航天制定了安全 C 语言规范，改进程序代码的编程风格，提高程序的质量。

9.2.1　程序设计风格

良好的编码风格应该包括以下几个方面。

9.2.1.1　源程序文档化

虽然编码主要的目标是实现程序，但为了提高程序的可维护性，源程序要实现文档化，称为内部文档编制，包括标识符的命名、注释及视觉组织等。

（1）标识符应该尽量具有实际意义

标识符包括程序名、变量名、常量名、标号名、子程序名以及数据区名、缓冲区名等。这些名字应能够反映它所代表的实际对象，有一定的实际意义，并且有助于对程序功能的理解。

名字不是越长越好，过长的名字会增加工作量，使程序逻辑流程变得模糊，给程序修改带来困难。应当选择精简、有意义的名字，简化程序语句，改善对程序功能的理解。必要时可以使用缩写名字，但要注意缩写规则要一致，并给每一个名字加注释。

（2）程序应加注释

注释是程序员与程序阅读者之间通信的重要手段，能够帮助阅读者理解程序，为后续的测试和维护提供明确的指导。在正规的程序代码中，注释行的数量占到整个源程序的 1/3 到 1/2，甚至更多。注释分为序言性注释和功能性注释。

序言性注释位于每个程序或者子程序的开头部分，对程序进行整体说明，对理解程序具有引导作用，主要内容有：

1）程序标题；

2）程序的用途和功能；

3）程序接口形式、参数描述以及子程序清单；

4）有关数据描述，重要的变量及其用途、约束和限制等信息；

5）开发简历，包括模块设计者、编写者、复审者及日期、修改说明及日期等。

功能性注释嵌入在源程序内部，说明程序段或语句的功能及数据的状态，主要说明接下来"做什么"或者执行了下面的语句会怎么样，而不是解释怎么做，因为怎么做与程序本身是重复的。加入功能性注释要注意以下几点：

1）只给重要的、理解困难的程序段添加注释，而不是每个语句都加注释；

2）书写上要注意形式，以便很容易区分注释和程序；

3）注释要正确，修改程序时要注意修改相应的注释。

（3）视觉组织

视觉组织相关的内容包括用空格区分程序词汇、自然的程序段之间用空行隔开、利用缩进突出程序的层次感等。

9.2.1.2　数据说明

虽然在设计阶段已经确定了数据结构的组织及其复杂性，为了使数据定义更易于维护，一般遵循以下书写原则：

1）数据说明顺序应规范，将同一类型的数据书写在同一段落中，从而有利于测试、纠错和维护。例如，可以按照固定的次序进行排列：常量说明、简单变量类型说明、数组说明、公用数据块说明、所有的文件说明。在各类说明中还可以再进一步要求，例如按照整型、实型、字符型、逻辑型进行排列。

2）当一个语句中有多个变量声明时，应当对这些变量按照字母的顺序排列，便于查找。

3）对于复杂、有特殊用途的数据结构，要加注释，说明在程序中的作用和实现时的特点。例如对 C 语言的链表结构和用户自定义的数据结构，都应当在注释中做必要的补充说明。

9.2.1.3　程序代码结构

设计阶段确定了软件处理的逻辑流程，但构造语言程序是编码阶段的任务。程序代码构造力求直接、简单，不能为了片面追求效率而使语句复杂化。具体要求如下：

1）不要一行多个语句，并且应采取适当的缩进格式，使程序的逻辑和功能更加明确清晰。

2）避免复杂、嵌套的判定条件，避免多重的循环嵌套，一般嵌套的深度不要超过 3 层。

3）表达式中使用括号提高运算次序的清晰度，不要简单地依靠程序设计语言自身的运算符优先级等。

9.2.1.4　输入和输出

输入和输出信息与用户的使用直接相关，受设备、用户经验和通信环境等因素的影响。在编写输入和输出程序时考虑以下原则：

1）输入操作步骤和输入格式尽量简单、提示信息要明确、易于理解。

2）输入一批数据时，尽量少用计数器控制数据的输入进度，使用文件结束标志。

3）应对输入数据的合法性、有效性进行检查，报告必要的输入信息和错误信息。

4）交互式输入时，提供明确可用的输入信息。

5）当程序设计语言有严格的格式要求时，应保持输入格式与输入语句要求的一致性。

6）给所有的输出加注释，并设计输出格式。

9.2.1.5　程序设计效率

效率一般指对处理器时间和存储空间的使用效率，追求效率时注意以下几个方面：

1）效率是一个性能要求，需求分析阶段就要对效率目标有一个明确的要求。

2）追求效率应该建立在不损害程序可读性或可靠性的基础上。在程序可靠和正确的基础上追求效率。

3）选择良好的设计方法才是提高程序效率的根本途径。设计良好的数据结构、算法都是提高效率的重要方法，编程时对语句的调整是不能从根本上提高程序效率的。

通常考虑的包括代码效率、内存效率、输入和输出效率。

（1）代码效率

对代码效率影响最大的是详细设计阶段确定的算法的效率，除此之外，编码风格也会影响运行速度和对内存的需求，具体体现在以下几个方面：

1）在进行编码前，应简化算法中的算术表达式和逻辑表达式，使之更简洁；

2）对嵌套循环仔细审查，在循环内部的语句和表达式越少越好；

　　3）应尽量避免使用多维数组；

　　4）采用效率高的算术运算；

　　5）避免采用混合数据类型；

　　6）避免使用指针和复杂的列表；

　　7）只要有可能，就采用占用内存少的数据类型。

　　（2）内存效率

　　如果软件需求要求最小内存，必须非常详细地对高级编程语言编译以后的目标代码进行估算，甚至采用汇编语言。在嵌入式系统中，提高运行效率的技术往往是内存的高效使用。因此，优化算法才是提高内存效率的关键。

　　（3）输入和输出效率

　　计算机系统运行中，有一大部分时间在处理输入和输出，提高输入和输出效率可以考虑以下几方面：

　　1）输入和输出的数量应当减至最小，比如将读写文件的功能合并，尽量一次完成；

　　2）所有输入和输出应当缓存，以减少过多中断次数；

　　3）对于辅存，应使用最简单的可接受的存取方式。

9.2.1.6　程序复杂性

　　程序复杂性主要指模块内程序的复杂性，直接关联到软件开发工作量、软件内部潜伏错误的多少，也是软件可理解性的一种度量。度量程序复杂性最简单的方法就是统计程序的源代码行数，在航天型号软件工程相关标准中，还尝试用 McCabe 度量法。

　　（1）代码行度量法

　　代码行度量法统计程序模块的源代码行数，并以源代码行数作为复杂度的度量。程序复杂性随着程序规模的增加不均衡的增长。假设代码出错率为每 100 行源程序中可能存在的错误数目，研究指出，对于小程序，代码的出错率为 $1.3\%\sim1.8\%$；对于大程序，每行代码的出错率增加到 $2.7\%\sim3.2\%$。因此代码行度量只是简单的估计方法。

（2）McCabe 度量法

McCabe 度量法是一种基于程序控制流的复杂性度量方法，又称为环路复杂度，基于模块的控制流图中环路的个数进行度量，因此要先画出控制流图。

控制流图是退化的程序流程图。把程序流程图中的每个处理符号都退化成一个节点，原来连接不同处理符号的流线变成连接不同结点的有向弧，这样得到的有向图称为控制流图。控制流图仅描述程序内部的流程，不表现对数据的具体操作以及分支和循环的具体条件。根据图论，在一个强连通的有向图 G 中，环的个数由式（9-1）给出：

$$V = m - n + p \tag{9-1}$$

式中　V——图 G 中环路数；

　　　m——图 G 中的弧数；

　　　n——图 G 中的结点数；

　　　p——图 G 中的强连通分量个数。

在一个程序中，从控制流图的入口点总能到达图中任何一个结点，因此，程序总是连通的，但不是强连通的。为了使图成为强连通图，从图的入口点到出口点加一条虚线表示有向边，使图成为强连通图，就可以使用上述公式计算环路复杂性了。当分支或者循环的数据增加时，程序中的环路增加，因此 McCabe 环路复杂度度量值实际上是为软件测试的难易程度提供了一个定量度量的方法，同时也间接地表示了软件的可靠性。有几点需要说明：

1）环路复杂度取决于程序控制结构的复杂度。当程序的分支数目或者循环数目增加时，其复杂度也增加。

2）环路复杂度是可加的。例如模块 A 的复杂度为 4，模块 B 的复杂度为 2，则模块 A 与 B 的复杂度为 6。

3）McCabe 建议，对于复杂度超过 10 的程序，应分为几个小程序，以减少程序中的错误。

4）McCabe 环路复杂度隐含的前提是：错误与程序的判定加上

例行子程序的调用数目成正比，而加工复杂性、数据结构、录入的错误可以忽略不计。

这种度量方法的缺点是不能区分不同类型的控制流的复杂性，简单 if 语句与循环语句的复杂性同等看待；嵌套 if 语句与简单 case 语句的复杂性是一样的；模块间接口当成简单分支处理；一个具有 1000 行的顺序程序与具有一行语句的顺序程序的复杂性相同。但是该方法容易使用，在选择方案等方面还是有效的。

9.2.2　C 语言编码规范

C 语言是一种面向过程的计算机程序语言，既有高级语言的特点，又具有汇编语言的特征，较接近于底层，执行效率高。特别适用于系统级别（如操作系统和驱动程序）、控制类型的程序设计，在航天型号飞行软件编程中占主导地位。

但 C 语言作为一种通用编程语言，其最初的设计和实现并没有面向高可信的需求做充分的考虑，没有针对嵌入式环境的安全性、可靠性的特殊要求做语法语义上的特殊约定，导致其中部分语法的使用会降低软件可信性。经过对 C 语言的语法语义进行分析及对国内外嵌入式软件工程师使用 C 语言开发嵌入式软件的工作经验总结，导致程序中存在安全隐患的原因主要有以下 6 个方面：

1）程序员的失误。例如，很多初学者误把逻辑比较"＝＝"运算符写成赋值"＝"运算符。一般的编译器是无法察觉这种错误的。

2）程序员对编程语言的错误理解。例如，虽然 C 语言运算符有优先级规则，但是由于运算符种类繁多，优先级各异，对于一些复杂的表达式很容易导致程序员的理解错误。

3）因编译器不同工作方式带来的安全隐患。ISO C89 标准中有些语法和语义，在不同编译器进行编译时得出的目标代码会有差异，这一点常常会被经验不足的程序员所忽视。例如，不同编译器对函数参数的求值顺序可能不同。

4）运行时错误。C 语言可以产生非常紧凑、高效的代码，一个原因就是 C 语言提供的运行时错误检查功能很少，虽然运行效率得以提高，但也降低了系统的安全性。例如数组越界、指针溢出等这种普遍的运行时错误都无法检测。

5）嵌入式系统本身的原因以及嵌入式平台的差异性。例如，因为嵌入式系统一般可用的内存空间都比较小，如果过多地使用动态内存分配，可能会导致内存溢出。

6）编译器本身存在的缺陷。编译器本身是一种系统软件，不能保证不存在任何缺陷。例如，编译器没有遵守语言标准，或编译器的开发者误解了语言规范中一些难于理解的语法等。

为了规范软件编码，工业界、军工行业、我国航天领域推出了一系列标准和规范。下面简要概述相关标准和规范的情况，具体编码细则请参照各标准。

9.2.2.1　ISO C89

1983 年，美国国家标准协会组成了一个委员会——X3J11，致力于创立 C 语言标准。该标准于 1989 年完成，并作为 ANSI X3.159—1989 正式生效。该版本通常称为 ANSI C 或 C89。1990 年，ANSI C 标准被美国国家标准协会采纳为 ISO/IEC 9899：1990，该版本称为 C90 或 ISO C。ISO 于 1999 年又推出了 ISO/IEC 9899：1999，通常称为 C99。

9.2.2.2　MISRA‐C 安全规则

C89 或 C90 只是一般的通用 C 语言规范，并不是 C 语言的安全规则。工业领域对于高级语言的安全性要求较高，1994 年英国成立了汽车工业软件可靠性联合会（The Motor Industry Software Reliability Association，MISRA）。针对导致嵌入式软件存在安全隐患的原因，MISRA 于 1998 年提出了一个针对汽车工业软件安全性的 C 语言的安全规则集——MISRA‐C：1998。后来由 MISRA‐C：1998 发展来的 MISRA‐C：2004 新版本由汽车工业扩大到所有的高安全性系统，并逐渐成为嵌入式开发商广泛接受的编程规范。

MISRA‐C 安全规则集是基于 ISO C89 标准提出的，摒弃了 C 语言的扩展规范以及 C＋＋、OBJECT C 的语法和语义。规则的提出参考了 ISO C89 标准中提出的易于产生安全隐患的 C 语言使用方式和 C 语言安全性研究的最新研究成果，主要包括以下内容：

1）ISO C89 标准中未定义的行为（undefined behavior）问题。对于某些程序错误，标准没有强制编译器提供错误信息，有些编译器提供错误或警告信息，有些不提供。例如，对二维数组赋初值可以使用一个"｛｝"操作，按数组元素的内存顺序逐个赋值，这样很容易引起混淆，大大降低了程序的可读性，但 GCC 并不会提供警告或错误信息。

2）ISO C89 标准中实现定义的行为（implementation-defined behavior）问题。理论上，编译器应为这些行为提供一致的方法和实现文档。实际上，尽管编译器实现的行为是定义良好的，但不同的编译器的实现可能不同，使得代码不可移植。例如，一个正整数与一个负整数做求余运算，GCC 编译器得到的余数是正数，而有的编译器得到的是负数。MISRA‐C：2004 规范中对相关语法或语义加以限制，共有 76 条规则。

3）ISO C89 标准中未指定的行为（unspecified behavior）。对于某些语法语义结构，标准没有要求如何实现，不同的编译器可以有不同的行为。因此，这种行为会破坏软件的可移植性。MISRA‐C：2004 规范将这些依赖于编译器特殊行为的语法或语义加以限制，共有 22 条相关的规则。

4）ISO C89 标准中本土化的特殊行为（local-specific）。由于国际需求不同而不同的一些语言特征，例如，有些地方用'，'代替十进制的小数点'．'，MISRA‐C：2004 规范中共有 6 条相关的规则。

5）Kemighan B. W. 和 Ritchie D. M. 编写的《C 程序设计语言》。

6）IEC 61508 标准中的"电子安全相关系统的功能安全"。

7）英国汽车工业软件可靠性联合会发布的汽车软件开发指南。

8）Koenig A. 编写的《C 陷阱与缺陷》。

在 MISRA － C ：2004 中，共有强制规则 121 条，推荐规则 20 条，并删除了 MISRA － C ：1998 中的 15 条旧规则。任何符合 MIS-RA － C ：2004 编程规范的代码都应该严格遵循 121 条强制规则的要求，并应该在条件允许的情况下尽可能符合 20 条推荐规则。

9.2.2.3　GJB 5369

GJB 5369《航天型号软件 C 语言安全子集》是航天型号软件编程的主要标准。该标准是在 MISRA － C 安全规则的基础上，结合型号实际开发的多年工程经验，由专家和工程师共同总结出来的一套航天型号软件 C 语言安全子集。该标准在使用的时候分为强制类和推荐类，具体规则如下。

（1）声明定义类规则

声明定义类规则有 22 条强制规则，9 条推荐规则，主要阐述函数在声明和定义时需要遵循的规则以减少程序潜在的类型冲突和安全隐患。例如，头文件中不允许包含对象或函数的定义；函数应该声明在文件作用域，以避免与函数定义混淆等。

（2）版面书写类规则

版面书写类规则有 10 条强制规则、2 条推荐规则，主要阐述使程序便于维护、条理清晰和便于测试等相关的规则。例如，逻辑表达式的连接必须使用括号，在含有逻辑操作符的表达式中使用括号可使运算顺序变得清晰，不容易出错。

（3）分支控制类规则

分支控制类规则有 8 条强制规则，主要阐述分支控制相关的规则。例如，在 switch 语句中必须有 default 语句。

（4）指针使用类规则

指针使用类规则有 3 条强制规则、2 条推荐规则，主要阐述了指针运算需要遵守的规则。例如，禁止参数指针赋值给过程指针，参数指针赋值给过程指针会导致不可预料的结果。

（5）跳转控制类规则

跳转控制类规则有 2 条强制规则、1 条推荐规则，主要阐述了跳转控制需要遵守的规则。例如，禁止使用 goto 语句及标号。

（6）运算处理类规则

运算处理类规则有 18 条强制规则、4 条推荐规则，主要阐述赋值运算符、位运算符、逗号操作符等与运算相关的规则。

（7）过程调用类规则

过程调用类规则有 10 条强制规则、3 条推荐规则，主要阐述了与函数类型，函数参数及函数调用相关的规则。

（8）语句使用类规则

语句使用类规则有 3 条强制规则、8 条推荐规则，主要阐述空语句、执行后无作用语句、continue 语句等应遵守的规则。

（9）调用返回类规则

调用返回类规则有 5 条强制规则，主要阐述调用函数返回值和返回类型等相关的规则。例如，函数必须有返回语句，一个函数应该有一个返回值，否则函数会返回一个随机数。

（10）程序注释类规则

程序注释类规则有 1 条强制规则、2 条推荐规则，主要阐述程序中注释需要遵守的规则。

（11）循环控制类规则

循环控制类规则有 2 条强制规则、3 条推荐规则，主要阐述程序中使用循环需要遵守的规则。例如，禁止使用不适宜的循环控制变量类型，尤其是实型变量。因为，用实型控制变量在循环执行时可能得到不可预料的结果。

（12）类型转换类规则

类型转换类规则有 1 条强制规则、3 条推荐规则，主要阐述了进行类型转换时需要遵守的规则。

（13）初始化类规则

初始化类规则有 4 条强制规则，主要阐述了变量、数组、枚举类型进行初始化时需要遵守的相关规则。例如，枚举元素的初始化必须完整。枚举类型可以初始化，但只有两种形式是安全的，一是初始化所有的元素，二是只初始化第一个元素。

（14）比较判断类规则

比较判断类规则有 3 条强制规则、1 条推荐规则，主要阐述了在使用关系运算、逻辑判别等时需要遵守的规则。例如，尽量不对实数类型的变量做是否相等的比较，因为实数在计算机内是近似表示，对实数类型的变量做是否相等的比较是很危险的，会得到不能预料的结果。

（15）名称、符号与变量使用类规则

名称、符号与变量使用类规则有 6 条强制规则、2 条推荐规则，主要阐述了名称、符号与变量等重用名相关的规则。例如，禁止局部变量与全局变量同名。

9.2.2.4　载人航天工程编程准则

载人航天工程结合实践，在其软件技术标准中明确了 C 语言软件编程准则和汇编语言软件编程准则，作为编码实现阶段实现以及代码走查的依据。载人航天工程编程准则也是基于 MISRA - C 和 GJB 5369，进行一定的增添和修改形成的，但是相对于 GJB 5369 加强了汇编部分的编程准则要求。C 语言编程准则概述如下：

1）声明定义类规则有 27 条强制规则、11 条推荐规则；

2）版面书写类规则有 10 条强制规则、2 条推荐规则；

3）分支控制类规则有 9 条强制规则；

4）指针使用类规则有 4 条强制规则、2 条推荐规则；

5）跳转控制类规则有 2 条强制规则、1 条推荐规则；

6）运算处理类规则有 26 条强制规则、4 条推荐规则；

7）过程调用类规则有 10 条强制规则、3 条推荐规则；

8）语句使用类规则有 4 条强制规则、7 条推荐规则；

9）调用返回类规则有 6 条强制规则；

10）程序注释类规则有 2 条强制规则；

11）循环控制类规则有 2 条强制规则、3 条推荐规则；

12）类型转换类规则有 2 条强制规则、3 条推荐规则；

13）初始化类规则有 6 条强制规则；

14）比较判断类规则有 6 条强制规则、1 条推荐规则；

15）名称、符号与变量使用类规则有 7 条强制规则、2 条推荐规则。

汇编语言编码准则，包括两类：

1）8051 汇编规则，包括 18 条强制规则、5 条推荐规则；

2）X86 汇编规则，包括 16 条强制规则、8 条推荐规则。

9.3　高安全可靠的软件编码环境

除了通过编码规则保证程序自身的可信性外，编译器的安全可靠性也是与软件的质量直接相关的。开源的 C 语言编译器或商业产品存在很多缺陷。例如，GCC 的 C 语言编译器从版本 3.0 到版本 3.4.6 的系列版本共发现的缺陷多达 174 个；从版本 4.0 到版本 4.9.1 共发现了 69 个。潜在的缺陷也持续地暴露出来，仅 2014 年 1 月至 9 月，就新暴露出 34 个。

9.3.1　编译器对软件安全可靠性的影响

源代码到目标码的编译过程是黑盒子，对于安全关键软件，即使源代码经过了形式化等最严格的验证，在编译过程中也可能引入恶意代码或者发生错误，导致目标代码与源代码不符合。无法追踪到源代码的来源可能有两类：一类是恶意代码，一类是编译过程正常引入的额外目标码。据研究统计，编译过程会引入将近 25% 的额外目标码，包括编译器中为库函数调用增加的目标码、在某些特定平台或转换过程编译器自动生成的代码（如浮点到整型转换）、编译优化过程的代码行合并、指令重排、无用代码消除等。这些额外代码是导致编译器不可信的重要因素，需要追踪这些与源代码无法对应的目标码，进行额外的验证。因此，编译器的正确性直接影响到生成的应用程序执行的正确性。航天软件作为高安全关键的软件开发领域，编译器作为一个重要的基础构件，其正确性和可信性已经引起人们越来越多的重视。

9.3.2　安全可信编译器

9.3.2.1　安全可信编译器的特征

安全可信编译器具有以下两个特征：

1) 具有安全检测功能，对不安全的语法语义能够给出警告或错误信息，尽早发现和避免程序中可能存在的安全隐患，检测程序的正确性，从而提高程序的可信性；

2) 编译系统自身的可信性，即保证源程序能够产生正确的目标代码。

9.3.2.2　安全可信编译器的验证和测试方法

为保证编译器自身的正确性，有验证和测试两种方法。

（1）编译器验证

编译器作为系统软件的一种，可以采用形式化方法进行开发和验证。目前，对编译器进行形式化开发和验证在国际上也是一个研究热点，取得了大量成果。编译器形式化验证的方法，主要有两种：

1) 验证经过编译器编译、装配、链接后，运行在目标体系结构上的底层目标代码是否保留了高层源程序的语义。

2) 转换验证，保证编译器能产生正确的结果。由于完全验证编译器的正确性是不可能的，转换验证把验证工作和转换工作结合起来，每一个编译优化过程均产生转换条件，如果经验证发现转换条件是有效的，那么证明优化是正确的。该方法的主要工作集中在证明大量编译优化的正确性，虽然提出很多方法，但没有用到实际中去，有很多普通的循环优化尚不能处理。

虽然采用形式化方法能够有效地验证编译器的行为，减少其出错概率，但是由于编译器的规模、优化算法的复杂性、目标体系结构的复杂性和多样性、中间状态数目的组合爆炸等问题决定了编译验证的难度和复杂性，编译器的形式化验证方法尚不成熟和完善。

（2）编译器测试

白盒测试和黑盒测试是软件测试的两大方法，因此对编译器的测试方法也有两种。由于编译器系统工作原理和内部结构复杂，前端编译警告选项多样，后端的优化分支繁多，使用白盒测试的方法来验证编译器，需要对其内部结构非常熟悉，并且需要大量的测试用例才能达到一定的覆盖率，而且白盒测试一般用于软件的早期开发过程中。因此，国内外普遍采用黑盒测试即功能测试的方法，来验证编译器的正确性。

由于目前国内外普遍采用的编译器测试套件均为商用测试包，因此有必要增加自主开发编译器验证程序包，以验证编译器自身的正确性，然后基于验证后的编译器形成编码标准化环境。

第 10 章　软件测试

软件测试是指在规定的条件下操作软件、观察或记录结果并作出某些方面的评价的过程。软件测试是保证软件质量的重要手段。航天型号软件研制过程中，通过不同阶段、不同类型的测试，验证软件是否满足软件研制任务书、需求规格说明和设计文档所规定的技术要求，尽可能早地发现软件缺陷，便于对软件进行安全性、可靠性评价。

10.1　概述

统计资料表明，测试的工作量约占整个项目开发工作量的 40%左右，对于安全关键软件，测试的工作量往往是其他阶段的 3～5倍。软件测试的目标是：通过测试，发现软件错误，验证软件是否满足软件任务书、软件需求规格说明和软件设计所规定的技术要求，为软件产品质量的评价提供依据。

软件测试过程按顺序可以分为测试策划、测试设计与实现、测试执行和测试总结 4 个阶段。

10.1.1　测试策划

测试策划的主要工作是制订测试计划。伴随着技术活动，还有一些管理活动，如测试计划评审。制订测试计划需要深入分析被测软件的应用背景、测试标准和要求、测试环境的特殊性、测试终止条件、确定测试范围、充分性要求、被测特定、测试方法、测试进度及终止条件和资源需求等。

10.1.2　测试设计与实现

测试设计阶段的工作包括测试环境搭建、测试用例设计和被测软件生成。

10.1.2.1　测试环境搭建

测试环境应该与软件的实际应用环境尽可能接近。针对具体情况，测试环境也可能与软件运行环境不同。例如在单元测试中要保证覆盖率要求，可能需要使用"插桩"技术获取软件执行的实际路径，导致被测试的软件发生变化。特别是航天嵌入式软件的测试环境可能需要采用软件仿真技术、半实物仿真技术、硬件仿真技术等将外部设备激励和执行机构与被测软件连接成测试环境。

10.1.2.2　测试用例设计

测试用例设计的好坏直接影响测试效果。因此测试用例设计要考虑正常情况和异常情况，针对性能测试要考虑各种可能的负载情况。测试用例一般应包括输入数据、预期结果和详细的测试过程，如测试用例的准备、初始化、执行步骤、终止条件等。测试用例设计说明应该通过评审。

10.1.2.3　被测软件生成

该过程根据测试用例说明产生测试用的代码（如桩程序、驱动程序、仿真程序等），以及为了执行测试所需要的输入数据文件和测试过程描述。把被测软件和测试代码连接在一起，产生一个可执行的被测软件。

10.1.3　测试执行

该过程按照测试用例说明在测试环境中执行测试，测试执行的结果应包括被测软件的正常功能产生的数据、运行错误产生的提示信息等软件运行结果。测试结果的记录应按照测试说明中的要求进行。测试中出现的与预期结果的不同要确保不是由于测试过程或测试环境引起的。

10.1.4　测试总结

测试总结的内容包括：对测试工作和被测软件进行分析和评价，形成测试报告。测试报告应通过评审，并纳入配置管理。

对测试工作的分析和评价应包括总结测试计划、测试说明的变化情况及变化的原因。对异常终止情况，说明未能被测试活动充分覆盖的范围及其理由，确定无法解决的软件测试事件及不能解决的理由。

对被测软件的分析和评价包括总结测试中所反映的被测软件与软件需求（或软件设计）之间的差异，根据差异评价被测软件的设计和实现，可提出改进建议。当进行软件配置项测试或软件系统测试时，应对配置项或系统的性能做出评估，指明偏差、缺陷和约束条件等对于软件配置项或软件系统运行的影响。

10.2　测试方法

软件测试方法一般分为静态测试方法和动态测试方法。动态测试方法又根据测试用例的设计方法不同，分为黑盒测试和白盒测试两类。

10.2.1　静态测试

静态测试是不运行程序而寻找程序中可能存在的错误和评估程序代码的过程，主要方法包括人工进行的代码审查、代码走查和主要由工具自动进行的静态分析，以及以检查单形式进行的文档审查。

10.2.1.1　人工审查程序或评审软件

人工审查程序的重点是对编码质量进行审查，还要对各阶段的产品进行复查。人工审查或评审能够发现计算机不容易发现的错误，特别是软件总体设计和详细设计阶段的错误，据统计，能有效地发现 $30\% \sim 70\%$ 的逻辑设计和编码错误，减少系统测试的工作量。

10.2.1.2　计算机辅助程序分析

利用静态分析工具对测试程序进行分析，主要检查用错的局部变量、不匹配参数、错误的循环嵌套、死循环等，还可以分析变量和常量的引用、过程调用层次、编码规则等。

10.2.2　动态测试

动态测试与静态测试相反，主要通过运行程序来发现错误。在软件的设计中，出现了大量的测试用例设计方法。一般分为两类：了解产品的功能，然后构造测试，证实所有的功能是完全可执行的，称为黑盒测试法；知道测试产品的内部结构和处理过程，构造测试用例，对所有结构都进行测试的方法，称为白盒测试法。

10.2.2.1　白盒测试法

白盒测试把测试对象当作一个透明的盒子，测试人员能够了解程序的内部结构和处理过程，以检查处理过程为目的，对程序中尽可能多的逻辑路径进行测试，检验内部控制结构和数据结构是否和预期相同。因为白盒测试不检查功能，因此即使每条路径都测试正确了，程序仍然可能有错。

白盒测试一般以程序的内部逻辑为基础设计测试用例。下面使用图 10-1 所示的程序，介绍几种常用的覆盖技术。

（1）语句覆盖

为了发现程序中的错误，程序中的每个语句都应该执行一次。语句覆盖是指使用足够多的测试数据，使测试程序中每个语句至少执行一次。如果测试用例能够执行路径 124，就保证程序流程图中的 4 个语句至少执行 1 次，根据条件，选择 $a=2$，$b=0$，$x=3$ 作为测试数据，就能达到语句覆盖的测试标准。

语句覆盖虽然检查了每个语句，但是只测试了逻辑表达式为"真（T）"的情况，如果将第一个逻辑表达式中的"AND"错写成"OR"、第二个逻辑表达式中将"$x>1$"错写成"$x<1$"，仍然使用

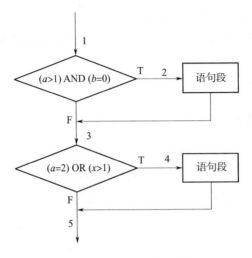

图 10 - 1 被测程序示意图

上述用例测试，同样可以测试每个语句，但是不能发现错误。语句覆盖是比较弱的覆盖标准。

（2）判定覆盖（分支覆盖）

相对语句覆盖技术中无法对检查作出判定条件中的错误，判定覆盖则设计出足够多的测试用例，使得被测程序中每个判定表达式都执行一次"真"或一次"假（F）"的运行，从而使程序的每一个分支上都至少通过一次，因此判定覆盖也称为分支覆盖。

对照上述例子，只要测试用例能够通过路径 124，135 或者 125，134，就可以让每个分支都执行一次。为了达到这个测试目的，可以选择两组数据：

$a=3$，$b=0$，$x=1$（通过路径 125）；

$a=2$，$b=1$，$x=2$（通过路径 134）。

对于多分支（嵌套 IF、CASE）的判定，判定覆盖要使每一个判定表达式获得每一种可能的值来测试，同样是每个分支都执行一次。

只要执行了判定覆盖测试，则语句覆盖测试可能也测试了。因为如果通过了各个分支，则各个语句也执行了。但该测试仍然不能检测出所有判定条件的错误。上述数据只覆盖了全部路径的一半，如果将第二个判定表达式中的"$x>1$"错写成了"$x<1$"，仍查不出错误。

（3）条件覆盖

条件覆盖测试使得判定表达式中每个条件的各种可能的值都至少出现一次。在上述程序中有 4 个条件：$a>1$，$b=0$，$a=2$，$x>1$。

条件覆盖测试要求选择足够多的测试数据，使得第一个判定表达式有各种结果出现：$a>1$，$b=0$，$a\leqslant1$，$b\neq0$，第二个表达式也出现以下结果：$a=2$，$x>1$，$a\neq2$，$x\leqslant1$，才能达到条件覆盖的标准。

选择以下两组测试数据，就能满足上述要求：

$a=2$，$b=0$，$x=3$（满足 $a>1$，$b=0$，$a=2$，$x>1$，通过路径 124）；

$a=1$，$b=1$，$x=1$（满足 $a\leqslant1$，$b\neq0$，$a\neq2$，$x\leqslant1$，通过路径 135）。

以上两组测试覆盖了判定表达式的所有可能，还覆盖了所有判断的取"真"分支和"假"分支。在此测试数据下，条件覆盖比判断覆盖好，但是如果选择了另外一组测试数据：

$a=1$，$b=0$，$x=3$（满足 $a\leqslant1$，$b=0$，$a\neq2$，$x>1$）；

$a=2$，$b=1$，$x=1$（满足 $a>1$，$b\neq0$，$a=2$，$x\leqslant1$）。

虽然覆盖了所有的可能值，满足条件覆盖，但是第一个判定表达式中只能取"假"和在第二个判定表达式中取"真"，即只测试了路径134，连语句覆盖都不满足，所以满足条件覆盖不一定满足判定覆盖，对结合条件覆盖和判定覆盖得到了判定/条件覆盖测试技术。

（4）条件/判定覆盖

该覆盖标准要求判定表达式中的每个条件的所有可能取值至少出现一次，并使每个判定表达式中所有可能的结果至少出现一次。对于上述程序，选择以下两组测试用例就可以满足条件/判定覆盖要求：

$a=2$，$b=0$，$x=3$；

$a=1$，$b=1$，$x=1$。

从表面上看，条件/判定覆盖似乎测试了所有条件的取值，但因为在条件组合中的某些条件的真假会屏蔽其他条件的结果，条件/判定覆盖还有不完善的方面。例如在含有"与"运算的判定表达式中，第一个条件为"假"，则这几个表达式中后面几个条件的值均不起作用；而在含"或"的表达式中，第一个条件为"真"，后边其他条件也不起作用，此时如果后边其他条件写错就测不出来。

修正的条件/判定覆盖（Modified Condition/Decision Coverage，MC/DC）要求：程序中每一个入口和出口都至少被执行一次；程序中每一个条件的所有可能结果至少出现一次；每个判定中的每一个条件必须能独立影响判定的结果，即在其他条件不变的情况下，仅改变这个条件的值，可使判定结果改变。

（5）条件组合覆盖

条件组合覆盖是比较强的覆盖标准，按照此标准设计的测试用例，每个判定表达式中条件的各种可能的值的组合至少出现一次。

在上述程序中，两个判定表达式共有 4 个条件，因此有 8 种组合：

①$a>1$，$b=0$ ②$a>1$，$b\neq0$

③$a\leq1$，$b=0$ ④$a\leq1$，$b\neq0$

⑤$a=2$，$x>1$ ⑥$a=2$，$x\leq1$

⑦$a\neq2$，$x>1$ ⑧$a\neq2$，$x\leq1$

下面 4 组测试用例就可以满足条件组合覆盖标准：

$a=0$，$b=0$，$x=2$，覆盖条件组合①和⑤，通过路径 124；

$a=2$，$b=1$，$x=1$，覆盖条件组合②和⑥，通过路径 134；

$a=1$，$b=0$，$x=2$，覆盖条件组合③和⑦，通过路径 134；

$a=1$，$b=1$，$x=1$，覆盖条件组合④和⑧，通过路径 135。

满足条件组合覆盖的测试一定满足判定覆盖、条件覆盖和条件/判定覆盖，因为每个判定表达式、每个条件都不止一次的取到过

"真"、"假"值，但是，该组测试数据没有能通过 125 这条路径，不能测试出这条路径中存在的错误。

（6）路径覆盖

因为存在选择语句，因此从输入到输出有多条路径。路径覆盖就是要求设计足够多的测试数据，可以覆盖被测程序中所有可能的路径。

该程序中共有 4 条路径，选择以下测试用例就可以覆盖所有路径：

$a=2$，$b=0$，$x=2$，覆盖路径 124，覆盖条件组合①和⑤；

$a=2$，$b=1$，$x=1$，覆盖路径 134，覆盖条件组合②和⑥；

$a=1$，$b=1$，$x=1$，覆盖路径 135，覆盖条件组合④和⑧；

$a=3$，$b=0$，$x=1$，覆盖路径 125，覆盖条件组合①和⑧。

上述 6 种覆盖标准的对比见表 10 - 1。前 5 种测试技术都是针对单个判定或判定的各个条件值，其中条件组合覆盖错误发现能力最强，凡满足其标准的测试用例，必然满足前 4 种覆盖标准。路径覆盖根据各判定表达式取值的组合，使程序沿不同的路径执行，查错能力强。但由于它是从各判定的整体组合出发进行测试用例设计的，可能使测试用例达不到条件组合的要求。在实际的逻辑覆盖测试中，一般以条件组合覆盖为主设计测试用例，然后再补充部分测试用例，达到路径覆盖测试标准。

表 10 - 1　覆盖标准的对比

发现错误的能力	覆盖标准	要求
弱 ↓ 强	语句覆盖	每条语句至少执行一次
	判定覆盖	每个判定的每个分支至少执行一次
	条件覆盖	每个判定的每个条件应取到各种可能的值
	条件/判定覆盖	同时满足判定覆盖和条件覆盖
	条件组合覆盖	每个判定中各条件的每一种组合至少出现一次
	路径覆盖	使程序中每一条可能的路径至少执行一次

10.2.2.2　黑盒测试法

黑盒测试法不考虑程序的内部结构和处理过程，只是在软件界面上测试，证明功能的可操作性，检查程序是否满足功能要求，能够很好地接收数据并产生正确的输出。黑盒测试法的任务是发现以下错误：

1）是否有不正确或者遗漏的功能；

2）能否正确地处理合理和不合理的数据输入，产生正确的输出信息；

3）访问外部信息是否正确；

4）性能是否满足要求；

5）初始化和终止错误。

黑盒测试一般在测试后期使用，黑盒测试技术包括以下 4 种，但没有一种方法能够提供一组完整的测试用例，在实际测试中应该把各种方法结合起来使用。

（1）等价类划分

等价类划分是一种典型的黑盒测试方法，把所有可能的输入数据划分为若干个子集，然后从每一个等价类中选取少数具有代表性的数据作为测试用例。这样就把漫无边际的随机测试改变为少数的、有针对性的等价类测试，提高测试效率。

等价类分为两类：有效等价类和无效等价类。有效等价类是合理、有意义的输入数据组成的集合；无效等价类是不合理、无意义的输入数据组成的集合。

利用等价类划分的步骤如下。

（a）划分等价类

从程序的功能说明中找出每个输入条件，然后将每一个输入条件划分为两个或多个等价类，将其列表，格式如表 10 - 2 所示。

表 10 - 2　等价类表

输入条件	有效等价类	无效等价类

具体划分等价类时，可以遵循以下几条经验：

1）如果某个条件规定了取值范围或值的数，可以确定一个有效等价类（输入值或个数在规定的范围内）和两个无效等价类（输入值或个数小于规定范围的最小值或大于最大值）。

2）如果规定了输入数据的一组值，而且程序对不同的输入值做不同的处理，则每个允许的输入值是一个有效等价类，此外还有一个无效等价类（任何一个不允许的输入值）。

3）如果规定了输入数据必须遵循的规则，可确定一个有效等价类（条例规则）和若干个无效等价类（从各种不同角度违反规则）。

4）如果已划分的等价类中各元素在程序中的处理方式不同，则应将此等价类进一步划分为更小的等价类。

（b）确定测试用例

完成等价类划分之后，就可以为每个等价类编号，分别设计有效等价类和无效等价类的测试用例。因为输入中有一个错误存在时，往往会屏蔽其他错误显示，因此设计无效等价类的测试数据时，只覆盖一个无效等价类。

（2）边界值分析

边界值是指输入等价类或输出等价类边界上的值。实践表明，程序往往在边界处理情况时发生错误，因此检查边界情况的测试用例是比较高效的。在划分等价类的基础上采用边界值分析方法设计测试用例，可以直接取边界值。

软件中采用的数据绝大部分可以分解为整数数值和字符串两种类型。整数边界主要包括大小范围边界、极限边界和位边界：

1) 如果输入条件规定了值的大小或数量范围，则应取刚达到这个范围的边界的值，以及刚刚超越这个范围边界的值作为测试输入数据；

2) 给出的整数范围是无限制的情况，边界范围就是整数能达到的最大值和最小值，可以选择极限值，以及刚刚大于最大极限值和小于最小极限值的数作为测试用例。例如整数相加、相乘的运算等都可能产生溢出。

3) 有位操作时，位边界要进行测试，主要考虑位顺序和移位两种情况。不同厂家 CPU 的字节顺序有所不同，可能程序没有对字节顺序进行转换而导致出现错误；移位操作时，要检测移位是否会导致整数溢出、移位的方向是否正确、移位的数据是否会有"差一"错误等。

（3）判定表法

自 20 世纪 60 年代以来，判定表一直被用来表示和分析复杂逻辑关系，判定表最适合描述在多种逻辑条件取值的组合构成的复杂的情况下，分别要执行哪些不同的动作。

（4）因果图法

等价类划分和边界值分析都只是孤立的考虑各个输入数据的测试功能，没有考虑多个输入数据的组合引起的错误。因果图能有效地检测输入条件的各种组合可能会引起的错误。因果图的基本原理是将自然语言描述的功能说明转换为判定表。

用因果图生成测试用例的基本步骤是：

1) 分析软件规格说明描述中，哪些是原因（即输入条件或输入条件的等价类），哪些是结果（即输出条件），并给每个原因和结果赋予一个标识符；

2) 分析软件规格说明描述中的语义，找出原因与结果之间对应的关系，根据这些关系画出因果图；

3) 由于语法和环境限制，有些原因与原因之间、结果与结果之间的组合情况不可能出现，为表明这些特殊情况，在因果图上用一些记号标明约束或限制条件；

　　4）把因果图转换成判定表；

　　5）把判定表中的每一列拿出来作为依据，设计测试用例。

　　（5）综合策略

　　没有哪一种测试方法是最好的，发现错误能力最强的。每种方法都适合于发现某种特定类型的错误。因此在实际测试中，常常联合使用各种测试方法，形成综合策略。通常先用黑盒测试法设计基本的测试用例，再用白盒测试法补充一些必要的测试用例。

10.3　软件单元测试

　　单元测试是指测试程序中单个子程序或过程。设计得好的软件系统中，每个模块完成一个清晰定义的子功能，而且这个子功能和同级其他模块的功能之间没有相互依赖关系。因此，有可能把每个模块作为一个独立的实体来测试。这样就可以把注意力首先集中在较小的单元上，便于纠错，而且多个模块的测试可以并行进行。

　　单元测试计划的制订应在详细设计阶段完成。当软件单元代码无错误地通过编译或者汇编后就可以开始单元测试，应先进行静态测试再进行动态测试。测试人员根据每个测试用例的预期测试结果、实际测试结果和评估准则，判定该测试是否通过。如果测试不通过，分析产生错误原因，修正错误后进行回归测试，直至通过。测试后编写软件单元测试报告，进行测试评审。全部测试文档、被测软件单元、测试支持软件纳入配置管理。

10.3.1　单元测试的内容

　　单元测试的目的是验证模块满足功能、性能和接口等的要求，主要针对模块接口、局部数据结构、重要执行路径、错误处理和边界条件等 5 个基本特征进行考察。

10.3.1.1 模块接口

模块接口测试主要是保证数据能否正确地输入和输出。检查的主要内容包括：

1) 参数数目和由调用模块送来的变元的数目是否相等；

2) 参数的属性和变元的属性是否匹配；

3) 参数和变元的单位系统是否匹配；

4) 传递给被调用模块的变元的数目是否等于那个模块的参数的数目；

5) 传递给被调用模块的变元属性和参数的属性是否一致；

6) 传递给被调用模块的单元的单位系统和该模块参数的单位系统是否一致；

7) 传递给内部函数的变元属性、数目和次序是否正确；

8) 是否修改了只做输入用的变元；

9) 全程变量的定义和用法在各个模块中是否一致。

如果一个模块完成外部的输入或输出时，还应该再检查以下内容：

1) 文件属性是否正确；

2) 打开文件语句是否正确；

3) 格式说明书与输入和输出语句是否一致；

4) 缓冲区大小与记录长度是否匹配；

5) 使用文件之前是否先打开了文件；

6) 文件结束条件是否处理了；

7) 输入和输出错误是否已经检查并处理了；

8) 输出信息是否有文字书写错误。

10.3.1.2 局部数据结构

对于一个模块来说，局部数据结构通常是错误的发源地，应该设计相应的测试用例，以便发现以下类型的错误：

1) 不正确或不一致的类型说明；

2）错误的初始化或错误的缺省值；

3）不正确的变量名字；

4）使用尚无赋值或尚未初始化的变量；

5）不相容的数据类型；

6）上溢、下溢或地址异常等。

除了局部数据结构外，还应注意全局数据对模块的影响。

10.3.1.3　重要执行路径

在单元测试期间，选择测试执行路径是一个基本的任务。应该设计测试用例，用来发现由于不正确的计算、错误的比较或者不适当的控制流造成的错误。计算中常见的错误有：

1）算术运算符优先次序不正确或误解了运算次序；

2）运算方式不正确；

3）初始化不正确；

4）精确度不够；

5）表达式的符号不正确等。

条件语句和控制流向是紧密相关的。通常在条件语句的比较之后会发生控制流的变化。测试用例应发现下述条件及控制流中常见的错误：

1）对不同的数据类型的数进行比较；

2）逻辑运算符不正确或者优先次序不正确；

3）由于精确度误差造成的相等比较出错；

4）循环终止条件错误或死循环；

5）错误地修改循环变量；

6）循环终止条件不正确。

10.3.1.4　错误处理

测试中应有意识地进行不合理输入，使程序出错，检查程序的错误处理能力。主要检查是否存在以下问题：

1）输出的出错信息难以理解；

2）输出的错误信息与实际不符；

3）在错误处理之前，错误条件已引起系统干预；

4）错误处理不正确；

5）错误描述的信息不足以帮助确定造成错误的原因和错误的位置。

10.3.1.5　边界条件

程序通常最容易在边界上出错。使用输入和输出数据的等价类边界、选择条件和循环条件的边界、复杂数据结构的边界等都应进行测试。

10.3.2　单元测试的方法

根据所采用的测试方法，可以进一步分为静态测试和动态测试。

10.3.2.1　单元的静态测试

静态测试适用于软件单元、软件部件、软件配置项的源代码，目的是及时发现代码错误或歧义性，以及对编程准则的违反，减少各级测试中修改错误所需的时间和工作。代码无错误地通过编译或汇编就可以开展静态测试，首先获得被测代码有关的文档，包括软件需求规格说明、概要设计说明、详细设计说明、代码清单和软、硬件接口说明，然后测试以下内容：

1）检查代码和设计文档的一致性；

2）检查代码的规范性、可读性；

3）检查代码逻辑表达的正确性；

4）检查代码实现和结构的合理性；

5）控制流分析；

6）数据流分析；

7）接口分析；

8）表达式分析。

建议使用静态分析工具对软件进行静态分析，对分析结果进行整理和再分析，对有疑问的代码进行针对性代码审查和走查。A、B级软件要求对全部源程序进行代码审查。

代码审查与走查都要求成立一个小组来阅读或检查特定的程序，通过"头脑风暴会"找出错误。两者有共同点也有区别。这种方法通常能有效地检查出 30%～70% 的逻辑设计和编码错误。

（1）代码审查

代码审查是以组为单位阅读代码，它是一系列规程和错误检查技术的集合。代码审查的大多数讨论都集中在规程、要填写的表格等方面。代码审查小组一般由 4 人组成，其中 1 人发挥着协调和主导作用。协调人应该是个称职的程序员，但不是该程序的编码人员，不需要对程序的细节了解得很清楚。第二个小组成员是代码作者。小组的其他成员通常是程序的设计人员（如果设计人员不同于编码人员的话），以及一名测试专家。

代码审查前几天，协调人将程序清单和设计规范分发给其他成员，所有成员在审查之前熟悉这些材料。代码审查主要进行两项活动：

1）由程序编码人员逐条语句讲述程序的逻辑结构。在讲述过程中，审查组成员提问、判断是否存在错误。

2）参考常见的编码错误列表（见表 10-3）分析程序。各组织可以将自己使用过程中遇到的特有错误及代码检查发现的错误补充到这份错误列表中。

协调人应确保审查会的讨论高效地进行，每个参与者都要将注意力集中在检查错误而不是修正错误。审查会议应避免外部干扰，理想的会议时间在 90～120 min。由于代码审查是一项繁重的脑力劳动，会议时间越长效率越低。大多数代码审查按照每小时阅读 150 行代码的速度进行。因此，对大型软件的检查应安排多个代码审查会议同时进行，每个审查会处理一个或几个模块或者子程序。

表 10-3　代码检查的错误列表

检查项	检查内容
数据引用错误	1) 是否有引用的变量未赋值或未初始化？ 2) 下标的值是否在范围之内？ 3) 是否存在非整数下标？ 4) 是否存在虚调用？ 5) 当使用别名时属性是否正确？ 6) 记录和结构的属性是否匹配？ 7) 是否计算位串的地址？是否传递位串参数？ 8) 基础的存储属性是否正确？ 9) 跨过程的结构定义是否匹配？ 10) 索引或下标操作是否有"仅差一个"的错误？ 11) 继承需求是否得到满足？
运算错误	1) 是否存在非算术变量间的运算？ 2) 是否存在混合模式的运算？ 3) 是否存在不同字长变量间的运算？ 4) 目标变量的大小是否小于赋值大小？ 5) 中间结果是否上溢或下溢？ 6) 是否存在被 0 除？ 7) 是否存在二进制的不精确度？ 8) 变量的值是否超过了有意义的范围？ 9) 操作符的优先顺序是否被正确理解？ 10) 整数除法是否正确？
数据声明错误	1) 是否所有的变量都已声明？ 2) 默认的属性是否被正确理解？ 3) 数组和字符串的初始化是否正确？ 4) 变量是否赋予了正确的长度、类型和存储类？ 5) 初始化是否与存储类相一致？ 6) 是否有相似的变量名？
比较错误	1) 是否存在不同类型变量间的比较？ 2) 是否存在混合模式的比较运算？ 3) 比较运算符是否正确？ 4) 布尔表达式是否正确？ 5) 比较运算是否与布尔表达式相混合？ 6) 是否存在二进制小数的比较？ 7) 操作符的优先级顺序是否被正确理解？ 8) 编译器对布尔表达式的计算方式是否被正确理解？

续表

检查项	检查内容
控制流错误	1) 是否超过了多条分支路径？ 2) 是否每个循环都终止了？ 3) 是否每个程序都终止了？ 4) 是否存在由于入口条件不满足而跳过循环体？ 5) 可能的循环越界是否正确？ 6) 是否存在"仅差一个"的迭代错误？ 7) DO/END 语句是否匹配？ 8) 是否存在不能穷举的判断？ 9) 输出信息中是否有文字或语法错误？
输入/输出错误	1) 文件属性是否正确？ 2) OPEN 语句是否正确？ 3) I/O 语句是否符合格式规范？ 4) 缓冲大小与记录大小是否匹配？ 5) 文件在使用前是否打开？ 6) 文件在使用后是否关闭？ 7) 文件结束条件是否被正确处理？ 8) 是否处理了 I/O 错误？
接口错误	1) 形参的数量是否等于实参的数量？ 2) 形参的属性是否与实参的属性相匹配？ 3) 形参的量纲是否与实参的量纲相匹配？ 4) 传递给被调用模块的实参个数是否等于其形参个数？ 5) 传递给被调用模块的实参属性是否与其形参属性匹配？ 6) 传递给被调用模块的实参量纲是否与其形参量纲匹配？ 7) 调用内部函数的实参数量、属性、顺序是否正确？ 8) 是否引用了与当前入口点无关的形参？ 9) 是否改变了某个原本仅为输入值的形参？ 10) 全局变量的定义在模块间是否一致？ 11) 常数是否以实参形式传递过？
其他检查	1) 在交叉引用列表中是否存在未使用过的变量？ 2) 属性列表是否与预期的一致？ 3) 是否存在"警告"或"提示"信息？ 4) 是否对输入的合法性进行了检查？ 5) 是否遗漏了某个功能？

　　（2）代码走查

　　代码走查的过程与代码审查大体相同，但是规程略有不同，采用的检查技术也不一样。

　　代码走查也是采用持续一两个小时的会议形式。代码走查小组由3～5人组成，1人扮演"协调人"，1人担任秘书记录所查出的错误，其他人担任测试人员。

　　代码走查也要求参会者提前得到材料进行分析。但走查会议的规程与代码审查不同，不仅阅读程序或使用错误检查列表，还需要进行推演。测试人员会带着书面测试用例参会，让参会人把程序的逻辑结构走一遍。测试用例本身不起关键作用，主要是提供了启动代码走查和质疑程序员逻辑思路的手段。

　　对静态测试发现的问题要填写软件问题报告单，并得到开发人员的确认，当完成并确认静态测试引起的全部修改后，才能结束静态测试。

10.3.2.2　单元的动态测试

　　动态测试的内容包括软件单元的功能测试、性能测试、接口测试、重要的执行路径测试、局部数据结构测试、错误处理测试、影响上述各条的界限条件（边界值）、语句覆盖测试，分支覆盖测试，修正的条件/判定覆盖（MC/DC）测试。在进行动态测试前应先进行静态测试。

　　由于被测的模块处于整个软件结构的某一层位置上，一般是被其他模块调用或调用其他模块，其本身不能单独运行。因此，在单元测试时，需要为被测模块设计驱动模块或者桩模块．

　　驱动模块的作用是用来模拟被测模块的上级调用模块，功能要比真正的上级模块简单得多，仅仅是接收被测模块的测试结果并输出。桩模块用来代替被测模块所调用的模块，它的作用是提供被测模块所需的信息。驱动模块和桩模块的编写给软件开发带来了额外开销，但是设计这些模块是必要的。

　　在功能、性能正确的前提下，单元测试应满足以下技术要求：

1）语句覆盖与分支覆盖达到 100%。对于用高级语言编制的 A、B 级软件，还需进行 MC/DC 测试以及目标码单元测试。在达不到覆盖率时，要进行深入分析，必要时通过人工代码走查确保软件单元的质量。

2）覆盖错误处理路径，并使用额定数据值、异常数据值和边界数据值对计算进行检验，测试软件排斥不规则数据输入的能力。

3）覆盖单元的软件特性，如功能、性能、属性、设计约束、状态数目、分支的行数等。

10.4　软件集成测试

软件集成测试又称为组装测试，是有序进行的一种测试。在这种测试中，把各个模块逐步装配成高层的功能模块并进行测试，直到整个软件成为一个整体。集成测试的目的是检验软件模块之间的接口关系，并把经过测试的模块构造成符合设计要求的软件。

10.4.1　集成测试的内容

软件集成测试应对软件设计文档规定的软件部件的功能、性能等特性逐项进行测试，包括以下内容。

10.4.1.1　模块间的接口测试

接口测试是集成测试的基本任务。在接口测试中应从调用关系和数据项的相容性两方面考虑。数据项的相容性是指调用时数据传递的正确性。

10.4.1.2　全局数据结构测试

全局数据结构是一种常用的接口方式，因此在集成测试时应进行测试。

10.4.1.3　性能测试

在必要时应进行组装成的中间功能模块的运行时间、运行空间、计算精度的测试。由于系统还没有完全整合，一些性能的度量更容易进行，也能够尽早发现模块整合对性能的影响。

10.4.1.4　模块的功能测试

如果不是一下把所有的模块集成为一个整体软件，就会获得一些中间功能模块。在测试功能模块的接口正确性后，还应测试整个功能模块是否满足相应的功能需求。虽然接口测试已经验证了一部分功能，但是主要侧重于接口方面。因此，如果若干个子功能形成了一个设计文档中要求的高层功能，必须进行功能测试。

10.4.2　集成测试的方法

集成测试的方法主要有自底向上测试和自顶向下测试。

10.4.2.1　自顶向下测试

该方法从主控模块开始集成，然后自顶向下逐个把未经过测试的模块组装到已经测试过的模块上去，进行集成测试。测试中不需要编写驱动模块，只需要编写桩模块。集成模块时可以采取两种策略。

（1）深度优先策略

先从软件结构中选择一条主控路径，把该路径上的模块一个个结合起来进行测试，则某个完整的功能会被实现和测试，接着再结合其他需要优先考虑的路径。主控路径一般选择系统的关键路径或输入、输出路径。

（2）宽度优先策略

逐层结合直接下属的所有模块。

10.4.2.2　自底向上测试

该测试首先对每个模块分别进行单元测试，然后再把所有的模块按设计要求组装在一起进行测试，测试时不需要桩模块。

自顶向下与自底向上测试的区别如下：

1）自底向上方法把单元测试和集成测试分为两个不同的阶段，

前一阶段完成模块的单元测试，后一阶段完成集成测试。而自顶向下测试把单元测试与集成测试结合在一起同时完成。

2）自顶向下可以较早发现接口之间的错误，自底向上最后组装时才发现。

3）自顶向下有利于排错，发生错误往往和最近加进来的模块有关，而自底向上发现接口错误推迟到最后，很难判断哪一部分接口出错。

4）自顶向下比较彻底，已测试的模块和新的模块组装在一起再测试。

5）自底向上开始可以并行测试所有模块，能充分利用人力，对大型软件很有意义。

软件开发中，根据软件错误发现越早代价越低的特点，采用自顶而下方法测试比较好。但在实际开发中，常将两种方法结合起来，在进行自顶向下测试中，同时组织人力对一些模块分别测试，然后将这些测试过的模块再用自顶向下逐步结合进软件系统中去。

10.5　软件配置项测试

当软件由各部件最终组合为软件配置项后，应对软件配置项进行测试。软件配置项测试根据软件需求规格说明中定义的全部功能、性能、可靠性等需求及软件配置项测试计划，确认该软件是否达到要求。

软件配置项测试组应主要由非本软件开发人员组成。对于高安全关键等级的 A、B 级软件配置项，为了更进一步保证软件的质量，还应该在软件承制方完成所有的软件测试工作之后开展第三方评测。

软件配置项测试可以从功能测试、性能测试、接口测试、边界测试、强度测试、恢复性测试、安装性测试、互操作性测试、容量测试、安全性测试、人机交互界面测试、数据处理测试、余量测试、敏感性测试等方面展开。

10.5.1　功能测试

功能测试是对软件需求规格说明中的功能需求逐项进行的测试，以验证其功能是否满足要求。具体测试要求如下：

1）用正常值的等价类输入数据值测试；

2）用非正常值的等价类输入数据值测试；

3）进行每个功能的合法边界值和非法边界值输入的测试；

4）用一系列合理的数据类型和数据值运行，测试超负荷、饱和及其他"最坏情况"的结果；

5）应考虑软件功能对操作模式、运行环境、运行状态、状态转换、运行时间等的覆盖要求；

6）对于在需求规格说明中没有指明，而在用户使用手册、操作手册中标明出来的每一功能及操作，都应有相应测试用例覆盖。

10.5.2　性能测试

性能测试是对软件需求规格说明中的性能需求逐项进行的测试，以验证其性能是否满足要求。具体测试要求如下：

1）测试程序在获得定量结果时程序计算的精确性（处理精度）；

2）测试程序在有速度要求时完成功能的时间（响应时间）；

3）测试程序完成功能所能处理的数据量；

4）测试程序运行占用的空间；

5）测试其负荷潜力；

6）测试程序各部分的协调性，如高速、低速操作的协调；

7）测试软件性能和硬件性能的集成；

8）测试系统对并发事务和并发用户访问的处理能力。

10.5.3　接口测试

接口测试是对软件需求规格说明中的接口需求逐项进行的测试。具体测试要求如下：

1）测试所有外部接口，检查接口信息的格式及内容；

2）对每一个外部的输入/输出接口做正常和异常情况的测试；

3）测试硬件提供的接口是否便于使用；

4）测试系统特性（如数据特性、错误特性、速度特性）对软件功能、性能的影响。

10.5.4　人机交互界面测试

人机交互界面测试是对所有人机交互界面提供的操作和显示界面进行的测试，以检验是否满足用户的要求。具体测试要求如下：

1）测试操作和显示界面及界面风格与软件需求规格说明中要求的一致性和符合性；

2）以非常规操作、误操作、快速操作来检验界面的健壮性；

3）测试对错误命令或非法数据输入的检测能力与提示情况；

4）测试对错误操作流程的检测与提示；

5）如果有用户手册或操作手册，应对照手册逐条进行操作和观察。

10.5.5　强度测试

强度测试是强制软件运行在不正常到发生故障的情况下（设计的极限状态到超出极限），检验软件可以运行到何种程度的测试。具体测试要求如下：

1）提供最大处理的信息量；

2）提供数据能力的饱和实验指标；

3）提供最大存储范围（如常驻内存、缓冲、表格区、临时信息区）；

4）在能力降级时进行测试；

5）进行其他健壮性测试（测试在人为错误下的反应，如寄存器跳变、错误的接口状态）；

6）通过启动软件安全过载安全装置（如临界点警报、过载溢出功能、停止输入、取消低速设备等）生成必要条件，进行计算过载的饱和测试。

7）需进行持续一段规定的时间、连续不中断的测试。强度测试的时间长度，根据软件的复杂性和测试的使命而定。从系统初启开始到建立运行状态为止，这段时间不得计入测试时间之内，测试过程应是连续的。

10.5.6　余量测试

余量测试是对软件是否达到需求规格说明中要求的余量的测试。若无明确要求时，一般至少留有 20% 的余量。具体测试要求如下：

1）测试全部存储量的余量；

2）测试输入、输出及通道的余量；

3）测试功能处理时间的余量。

10.5.7　恢复性测试

恢复性测试是对有恢复或重置功能的软件的每一类导致恢复或重置的情况，逐一进行的测试，以验证其恢复或重置功能。恢复性测试是要证实在克服硬件故障后，系统能否正常地继续进行工作，且不对系统造成任何损害。具体测试要求如下：

1）测试探测错误功能；

2）测试能否切换或自动启动备用硬件；

3）测试在故障发生时能否保护正在运行的作业和系统状态；

4）测试在系统恢复后，能否从最后记录下来的无错误状态开始继续执行作业。

10.5.8　安装性测试

安装性测试是对安装过程是否符合安装规程的测试，以发现安装过程中的错误。具体测试要求如下：

1）测试不同配置下的安装和卸载；

2）测试安装规程的正确性。

10.5.9　边界测试

边界测试是对软件处在边界或端点情况下运行状态的测试。具体测试要求如下：

1) 测试软件的输入域或输出域的边界或端点；

2) 测试状态转换的边界或端点；

3) 测试功能界限的边界或端点；

4) 测试性能界限的边界或端点；

5) 测试容量界限的边界或端点。

10.5.10　安全性测试

安全性测试是检验软件中已存在的安全性、安全保密性措施是否有效的测试。具体测试要求如下：

1) 对安全性关键的软件部件，必须单独测试安全性需求；

2) 在测试中全面检验防止危险状态措施的有效性和每个危险状态下的反应；

3) 对软件设计中用于提高安全性的结构、算法、容错、冗余、中断处理等方案应进行针对性测试；

4) 对软件处于标准配置下的处理和保护能力的测试；

5) 除在正常条件下测试外，应在异常条件下测试软件，以表明不会因可能的单个或多个输入错误而导致不安全状态；

6) 对硬件及软件输入故障模式的测试；

7) 应包含边界、界外及边界结合部的测试；

8) 对"0"、穿越"0"以及从两个方向趋近于"0"的输入值的测试；

9) 必须包含在最坏情况配置下的最小和最大输入数据率的测试，以确定系统的固有能力及对这些环境的反应；

10) 对安全关键的操作错误的测试；

11) 对重要数据的抗非法访问能力的测试；

12）对双工切换、多机替换的正确性和连续性的测试；

13）对具有防止非法进入系统并保护系统数据完整性能力的测试。

10.5.11　互操作性测试

互操作性测试是为验证不同软件之间的互操作能力而进行的测试。具体测试要求如下：

1）必须同时运行两个或多个不同的软件；

2）软件之间发生互操作。

10.5.12　敏感性测试

敏感性测试是为发现在有效输入类中可能引起某种不稳定性或不正常处理的某些数据的组合而进行的测试。具体测试要求如下：

1）发现有效输入类中可能引起某种不稳定性的数据组合的测试；

2）发现有效输入类中可能引起某种不正常处理的数据组合的测试。

10.5.13　数据处理测试

数据处理测试是对完成专门数据处理功能所进行的测试。具体测试要求如下：

1）测试数据采集功能；

2）测试数据融合功能；

3）测试数据转换功能；

4）测试剔除坏数据功能；

5）测试数据解释功能。

10.5.14　容量测试

容量测试是检验软件的能力最高能达到什么程度的测试。测试在正常情况下软件的最高能力，如响应时间、并发处理个数等。

10.6 系统测试

10.6.1 软件系统测试

在软件系统测试中，按照软件系统设计说明或软件系统设计方案中规定的软件系统结构，将各软件配置项集成为相应级别上的软件系统并对其进行测试，以检验软件是否满足软件系统设计说明或软件系统设计方案规定的要求。根据系统的规模和复杂程度不同，系统可能会进行层次分解。因此，软件系统测试工作也会根据系统层次分解的情况相应地开展不同层次的工作，如分系统级和系统级两个级别的软件系统测试。

软件系统测试具有两个特点：

1) 软件系统测试的环境是软件真实运行环境的最逼真的模拟。软件系统测试中各部分研制完成的真实设备逐渐取代了模拟器或者仿真器，有关真实性一类的错误，包括外围设备接口、输入和输出，或者多个处理器设备之间的接口不相容，整个系统时序匹配等，在这种环境下容易暴露出来。

2) 软件系统测试的困难在于不容易从系统目标直接生成测试用例。

测试内容至少应包括系统功能测试、系统性能测试、系统接口测试、系统余量测试，必要时，还应包括系统强度测试、系统可靠性测试、系统安全性测试、系统恢复性测试、系统边界测试、系统敏感性测试等内容。

10.6.2 系统试验验证

系统试验验证的任务是将本分系统或系统中的各软件配置项和各硬件配置项都集成在一起，验证各软件配置项和各硬件配置项之间能否协调正确地工作，是否能达到系统任务书规定的要求，即在真实系统中考核验证各软件是否满足系统要求，特别是对软件的安全性和可靠性要求。

10.7　回归测试

　　在测试的任一阶段，当错误被发现并修改了软件后，为了验证修改的正确性，就需要进行回归测试。回归测试是选择性重新测试，目的是验证修改未引起不可预料的行为或者另外的错误。这里的修改正确性包括两个含义：

　　1）所做的修改达到了预定的目的，例如错误得到修正，能够适应新的运行环境；

　　2）不影响软件的其他功能的正确性。

　　在软件测试过程中，应该保存测试过程所用过的测试用例。有一个问题是如何使用以前发现了缺陷的测试用例。再测试矩阵能够把测试用例和功能关联起来，是一种有效的解决方法。在矩阵中，用符号"√"作为检查入口，表示为了增强或者更新功能而对软件修改之后需要做重新测试时使用的测试用例；用空白表示没有检查入口，说明测试不需要重新进行，如表 10 - 4 所示。

表 10 - 4　再测试矩阵

测试功能	测试用例		
	1	2	3
功能 A	√	√	√
功能 B			√
功能 C			

　　再测试矩阵可以在最初做测试的时候建立，但是需要在后续的测试和调试期间进行维护。当功能或者程序单元在开发过程中需要变更，必须在再测试矩阵做出检查入口，使用已存在的测试用例或者创建新的测试用例，为回归测试做准备。经过长时间测试，一些

功能或程序单元趋于稳定，可能一段时间内不会再变更，就应该考虑删除它们的检查入口。

10.8　第三方评测

软件测评是保证软件质量的重要手段，也为软件质量定量评定提供依据。为保证评测的客观性、专业性、权威性，航天型号软件通采用进行第三方评测的方式。

通常软件机构要避免测试自己的软件。因此，最理想的评测机构不应是同一个公司的一部分，如果不是这样，测试结构仍然会受到管理压力的影响。解决这个矛盾的一个方法是雇佣独立的公司进行软件测试。这样能提升测试过程的积极性，建立与开发机构的良好竞争，避免了测试过程处于开发机构的控制之下。另外，独立的评测机构能带来解决问题的专业知识。

10.9　软件测试工具

软件测试工具可以极大地减轻工作量，提高工作效率。

10.9.1　静态分析工具

静态分析工具使用算法技术检查源代码中的错误，并标明问题区域，以便编程人员做更详细的检查。算法决定了分析工具发现错误的效率。由于程序设计语言的复杂性，静态分析很难达到非常理想的效果。采用类型推导和抽象解释的方法，分析结果不够精确；采用定理证明的方法，由于算法复杂性的限制，难以处理大规模程序；将符号执行和约束求解结合，如果枚举所有可能的路径，也不太现实。

通常静态分析工具具有以下几类功能：

1）对模块中的所有变量，检查其是否都已定义，是否引用了未定义的变量，是否有赋值而未使用的变量。

2）检查模块接口的一致性。主要检查子程序调用时形参和实际参数的个数、类型是否一致，输入与输出参数的定义和使用是否匹配、数组参数的维数、下标变量的范围是否正确，各子程序中使用的公用区定义是否一致等。

3）检查在逻辑上可能有错误的结构以及多余的不可达的程序段。

4）建立"变量/语句交叉语句表"、"子程序调用顺序表"、"公用区/子程序交叉引用表"等，利用它们找出变量错误可能影响的语句和变量。

5）检查所测程序违反编程标准的错误。

6）对一些静态特性进行统计，包括各种类型源语句出现的次数、函数与过程引用情况等。

静态分析工具的结构一般由语言程序的预处理器、数据库、错误分析器和报告生成器4部分组成。预处理器把词法分析和语法分析结合在一起，识别各种类型的语句以及程序的全局信息。很多测试工具都有专门设计来存放信息的数据库。错误分析器在用户指导下利用命令语言或查询语言与系统通信，并把查询结果通过报表输出。

常见的静态分析工具如下。

10.9.1.1　Splint（PC - LINT）

这是轻量级的 C、C++代码的静态分析工具。它不仅可以检查出一般的语法错误，还能检查出虽然符合语法要求，但是不易发现的潜在错误，能识别没有被适当检验的数组下标、报告未初始化变量、警告使用空指针、冗余代码等。Splint 已经被广泛应用于实际的程序开发过程，从改善程序风格的角度提高软件质量。

10.9.1.2　KlocWork（Insight）

KlocWork 支持的语言种类很多，能够分析 C、C++和 Java 代码，能够发现的软件缺陷种类全面，既包括软件质量缺陷，又包括安全漏洞方面的缺陷，还可以分析对软件架构、安全规则的违反情况，提供与多种主流 IDE 的集成，能够分析上千万代码行的超大型软件。

10.9.1.3　Coverity（Prevent）

该工具是检测和解决 C、C++、Java 源代码中严重缺陷的自动化方法。通过对构建环境、源代码和开发过程给出一个完整的分析，能够检测更多的缺陷。源代码信息，代码的结构、含义都用来分析错误和不安全性。

10.9.1.4　QAC

QAC 能够对 C、C++代码规则进行自动检查，报告所违反的编程标准和准则。规则集全面，能够发现 1300 多种 C 语言问题、1000 多种 C++问题，并且支持自定义的代码检测规则；提供 Excel、Word、图表等多种形式的分析报告；提供几十种 C、C++复杂度度量，包括圈复杂度，还可以扩展定制复杂度度量。QAC 能支持各行业编程标准（ISO、MISRA - C），进行独立检查并生成报告。

10.9.1.5　PREfix

PREfix 使用符号执行和约束求解方法对 C、C++程序进行静态分析测试，为了解决路径空间爆炸问题，PREfix 选择了一定数量具有代表性的路径进行分析。

10.9.2　单元测试工具

单元测试通常需要构建被测软件单元的桩程序和驱动程序，工作量大，往往需要工具的自动化支持。常见的单元测试工具如下。

10.9.2.1　CppUnit

CppUnit 是 C++单元测试工具的鼻祖，免费的开源的单元测试框架。功能特色如下：

1）提供测试用例设计框架；

2）提供测试时常用的公共函数；

3）用 C、C++编写测试代码；

4）将测试报告写入日志文件。

10.9.2.2　C++ Test

C++ Test 是一个功能强大的自动化 C、C++单元级测试工具，可以自动测试任何 C、C++函数、类、自动生成测试用例、测试驱动函数或桩函数，在自动化的环境下很容易快速地将单元级测试覆盖率达到 100%。功能特色如下：

1）即时测试类和函数；

2）支持极端编程模式下的代码测试；

3）自动建立类、函数的测试驱动程序和桩调用；

4）自动建立和执行类、函数的测试用例；

5）提供快速加入和执行说明、功能性测试的框架；

6）执行自动回归测试。

10.9.3　嵌入式软件白盒测试工具

CodeTest 是一套专为嵌入式系统软件测试而设计的工具套件，CodeTest 为追踪嵌入式应用程序，分析软件性能，测试软件的覆盖率以及存储体的动态分配等提供了一个实时在线的高效率解决方案。基本的 CodeTest 系统包括以下 4 个模块。

10.9.3.1　性能分析模块

CodeTest 能同时对多达 32000 个函数进行非采样性测试，精确计算每个函数或基于 RTOS 的任务的执行时间或间隔，并能列出最大和最小的执行时间，能够为嵌入式应用程序的优化提供依据。

10.9.3.2　测试覆盖分析模块

CodeTest 提供程序总体概况，在测试时进行覆盖情况追踪，包括程序实际执行的所有内容，以不同颜色区分运行和未运行的代码。

CodeTest 可以追踪超过一百万个分支点，特别适用于大型嵌入式软件。

10.9.3.3　动态存储分配分析模块

CodeTest 能够显示有多少字节的存储器分配给了程序的哪一个函数，便于观察存储空间的占用以及释放情况。随着程序的运行，CodeTest 能够指出存储分配的错误，测试者可以同时查看其对应的源程序的内容。

10.9.3.4　执行追踪分析模块

CodeTest 能够按源程序、控制流以及高级模式来追踪嵌入式软件。其中源程序增加了对被执行的全部语句的显示；控制流追踪增加了可执行函数中每一条分支语句的显示；高级模式追踪的是 RTOS 的时间和函数的进入退出。在以上 3 种模式下，均会显示详细地内存分配情况。

10.9.4　测试管理工具

测试管理工具是指用工具对软件的整个测试输入、执行过程和测试结果进行管理的过程，可以提高回归测试的效率。一般而言，测试管理工具对测试需求、测试计划、测试用例、测试实施进行管理，还包括对缺陷的追踪管理。主流的测试管理工具有：TestDirector、TestManager 和 TestLink。

10.9.4.1　TestDirector

TestDirector 是和 Rational 测试套件齐名的一款测试管理工具，通过 Web 界面进行管理，有测试用例执行追踪的功能，能够和缺陷管理工具紧密集成。

10.9.4.2　TestManager

TestManager 是 Rational 测试套件中推荐的测试用例管理工具，功能强大，以文件夹形式管理，可以对测试用例无限分级，能够用来编写测试用例、生成报表、管理缺陷和日志等。缺点是本地化支持不好，必须和其他组件一起使用，成本较高。

10.9.4.3 TestLink

TestLink 是开源项目，作为基于 Web 的测试管理系统，主要功能包括测试需求管理、测试用例管理、测试用例对测试需求的覆盖管理、测试计划的制订、测试用例的执行、大量测试数据的度量和统计功能，可以与 bugzilla 缺陷管理工具整合。

第 11 章　软件运行维护

航天型号软件投入使用后就进入运行维护阶段。航天型号软件由于在使用中暴露设计缺陷、运行处理器平台变化、功能性能等总体要求变化等因素，必须进行软件维护。尤其对于长期在轨运行的航天器而言，需根据设计规划、新增任务、排除故障等需求对可在轨维护软件进行维护。

11.1　概述

在软件的生存周期中，维护阶段是持续时间最长的一个阶段。航天型号软件研制中可维护性是一项重要要求。

11.1.1　软件维护的定义

GB/T 11457—2006《信息技术 软件工程术语》对软件维护的定义是"在交付以后，修改软件系统与部件以排除故障，改进性能或其他属性或适应变更了的环境的过程"。根据引起软件维护活动的原因，维护活动可以分为 4 类。

11.1.1.1　改正性维护

软件开发时，由于测试技术的限制，必然会有一部分隐藏的错误被带到运行阶段。这些隐藏下来的错误在某些特定的使用环境下会暴露出来。这种对软件中存在的错误进行修改的维护活动，称为改正性维护。

11.1.1.2　适应性维护

为了使软件适应运行环境的变化而进行的维护称为适应性维护。

软件运行环境的变化可能是影响系统的规定或标准变化、硬件配置（如处理器、外设）的变化、数据或文件结构的变化、系统软件（如操作系统、编译系统）的变化等。

11.1.1.3　完善性维护

在软件的使用过程中，往往会提出新的功能和性能要求，为了满足这些要求，对软件进行修改而产生的维护活动称为完善性维护，如扩充软件功能、增强软件性能、改进信息处理效率、提高软件可维护性等。

11.1.1.4　预防性维护

预防性维护的目的是提高软件的可维护性、可靠性等，为以后改进软件打下良好的基础。通常预防性维护的定义为："把今天的方法学用于昨天的系统以满足明天的需要"。也就是说，采用先进的软件工程方法对需要维护的软件或软件中的某一部分重新进行设计、编码和测试。

一般来说，在软件使用最初的一两年，改正性维护工作量较大。随着错误被发现修改，软件就进入正常使用期。由于改造的要求，适应性维护和完善性维护的工作量逐步增。预防性维护只占很小的比例。

11.1.2　影响维护工作量的因素

软件的维护成本体现为有形和无形两类。有形的维护成本是花费了多少钱，而无形的成本是对其他方面的影响，如维护时引入新错误导致软件整体质量下降、维护时必须借调开发人员，使正常软件研制工作受到干扰等，对维护成本有更大影响。既然软件维护成本如此高，那么影响软件维护工作量的因素有哪些？

11.1.2.1　软件的老化

老软件随着不断的修改，结构越来越乱，经常出现系统故障，严重影响系统的性能发挥；由于开发或维护人员经常更换，程序越来越难理解；系统没有按照软件工程要求开发，缺少文档，或者在长期的维护过程中文档与程序变得不一致，都给维护带来很大困难。

11.1.2.2　系统过大

系统越大越难以理解和掌握，直接影响软件的维护工作量。系统大小可以用源程序的语句数、输入和输出文件数、实现的功能模块数量来衡量。

11.1.2.3　软件对运行环境的依赖性

硬件或者操作系统会更新，对运行环境依赖性强的软件维护代价高。

11.1.2.4　将易变的参数编在代码中

这种方式使得程序需要经常修改以适应变化，增加了维护的频度。

11.1.2.5　先进的软件开发技术

软件开发时，如果使用能使软件结构比较稳定的分析与设计技术，如面向对象技术、模型驱动开发方法、软件复用技术等，可以减少大量的维护工作量。

11.1.2.6　编程语言

用高级语言编写的程序比用低级语言编写的程序的维护代价要低很多。

11.1.2.7　其他

数学模型、任务难度、文档质量、开发人员的稳定性、维护人员的专业技能等，对维护工作都有影响。

11.1.3　软件可维护性

为了使软件能够易于维护，首先需要考虑软件的可维护性。软件可维护性就是进行软件维护活动时的容易程度。可维护性不仅限于代码，包括需求规格说明、设计以及测试、计划类文档等软件产品。目前广泛使用的是用 7 种特性衡量程序的可维护性。对于不同类型的维护，7 种特性的侧重点有所差别（参见表 11-1）。

表 11-1　质量特性在各类维护中的侧重点

类别	改正性维护	适应性维护	完善性维护
可理解性	√		
可测试性	√		
可修改性	√	√	
可靠性	√		
可移植性		√	
可使用性		√	√
效率			√

11.1.3.1　可理解性

可理解性是指通过阅读源代码和相关文档，能够了解程序功能和其如何运行。可理解性高的程序应该具有模块化、编程风格清晰等特点。在具体衡量一个程序的可理解性时，可以使用一种叫做"90-10 测试"的方法来衡量；即把一份待测试的源程序清单拿给有经验的程序员阅读 10 min，然后把这个源程序清单拿开，让这位程序员凭自己的理解和记忆写出该程序的 90%。如果该程序员能够写出，则认为该程序有可理解性。

11.1.3.2　可测试性

可测试性表明论证程序正确性的容易程度。程序越简单、越清楚，证明其正确性就越容易，对提高软件质量有很大影响。

11.1.3.3　可修改性

可修改性表明程序容易修改的程度。一个可修改的程序首先应该容易理解。定量测试可修改性的一种方法是修改练习，基本思想是通过做几个简单的修改，来评价修改的难度。

11.1.3.4　可靠性

可靠性是按照用户的要求和设计目标，一个程序在一定时间内正确执行的概率。用于衡量软件可靠性的标准如下：

$$MTBF = MTTF + MTTR \qquad (11-1)$$

式中　MTBF——平均故障间隔时间；

　　　MTTF——平均故障时间；

　　　MTTR——平均修复时间。

度量可靠性的方法主要有两种：

1) 根据程序存在的错误的统计数字，进行可靠性预测。常用的方法是根据程序测试时发现并排除的错误数，利用一些可靠性模型，预测 MTBF。

2) 根据程序复杂性，预测软件可靠性。系统的复杂度增大的时候，可靠性就会降低。因此，可以用复杂性预测出错率。程序复杂性度量标准可以用于预测哪些模块最可能发生错误，以及可能出现的错误类型，就能更快查出和纠正更多的错误，提高可靠性。

11.1.3.5　可移植性

可移植性表明程序转移到一个新的计算机环境的容易程度。可移植程序结构良好，不依赖于某一具体计算机硬件或者操作系统。

11.1.3.6　可使用性

可使用性是从用户的观点出发定义的，指程序方便使用和易用的程度。

11.1.3.7　效率

效率表明一个程序能够执行预定的功能而不浪费机器资源的程度，资源包括内存容量、外存容量、通道容量和执行时间。

这些质量特性在软件开发的各个阶段都有体现，因此需要在各阶段采取相应的措施加以保证。为了对软件可维护性的 7 种特性进行度量，常使用质量检查表、质量测试、质量标准。质量检查表是一个问题清单，评价者针对每一个问题进行"是"或"否"的回答。质量测试与质量标准用于定量分析或评价程序的质量。

11.2 软件维护的实施

为了保证软件维护的质量，必须为软件维护活动建立维护机构，并制定维护流程。

11.2.1 维护机构

软件维护机构通常以维护小组形式出现。维护小组分为临时小组和长期维护小组两种类型。

11.2.1.1 临时维护小组

临时维护小组执行一些特殊的或临时的维护任务。例如，对程序排错的检查，检查完善性维护的设计、质量审查等。

11.2.1.2 长期维护小组

长期运行维护的系统必须有一个稳定的维护小组才能完成任务。维护小组在系统开发之前就应该成立，并且有严格的组织。明确组长、副组长、维护人员及其职责。

由于航天型号软件系统维护或者故障排查可能涉及多个系统、分系统的总体单位、承制单位等，因此维护小组的参与人员需包括相关的管理、技术人员。

11.2.2 维护的流程

维护的目的是进行功能增强或者错误修正，但同时，由于修改而引入的潜伏的错误也增加了。这种因修改软件而造成的错误或不希望出现的情况称为维护的副作用。为避免软件维护副作用，软件维护需要有严格的规范和流程。

11.2.2.1 提交软件维护申请报告

应该以书面文档的形式提出所有软件维护申请。由申请维护的人员填写。对于改正性的维护申请报告必须尽量完整地说明错误发生的情况，包括运行时的环境、输入数据、错误提示以及其他信息。对适应性和改善性的维护，则要提交维护要求说明。

所有的维护活动都是从维护申请报告开始的。提出维护申请报告之后，维护机构评价维护请求，根据问题的严重性安排维护工作。为了保证航天型号系统的稳定性，通常会对维护请求进行优先级排序，并且逐步开展具体的维护活动。

11.2.2.2　实施维护过程

维护申请提出后，如果评审认为需要维护，则按照下列过程实施：

首先，确定维护的类型是改正型还是改善型。

其次，改正型维护从评价错误的严重性开始。如果严重，则维护管理人员立即组织有关人员分析问题。如果不严重，则将改正性维护与其他维护任务一起进行，统一安排。

第三，实施维护任务。实施软件维护基本开展相同的技术工作，具体内容包括：

1）分析与理解程序。为了正确有效地修改，维护人员首先要接收和跟踪问题报告，分析问题报告或更改请求，确定维护类型，并重现或验证问题，理解程序的功能、目标、结构、控制流、数据流和操作。

2）评估修改范围。对于要修改的程序，开展需求分析、需求管理和更改影响域分析工作。详细地分析要修改的或受影响的模块和数据结构的内部细节，制订修改计划。

3）修改程序设计和代码。对程序的修改，必须事先做出计划，有预案地、周密有效地实施。

4）重新验证程序。航天型号软件维护完成后，应该按照软件类型进行相应的测试验证，并由主管部门进行验收。

11.2.2.3　维护记录文档

在维护阶段，保存完整的维护记录是十分必要的。利用维护记录的文档，可以估计维护技术的有效性，方便的确定软件的质量和维护费用。

维护记录文档的内容包括程序的名称、源程序的代码行数、机器代码指令数、程序设计语言、安装日期、运行次数、故障次数等原来的程序信息，以及程序变更的名称、变动的源代码行数、修改的日期、维护人员、维护申请报告的名称、维护类型、维护的开始时间和结束时间等。

11.2.2.4　维护评价

在维护任务完成后，要对维护任务进行复审和评价。维护文档如果记录的比较好，可以作为评价的依据，对开发技术、语言选择、资源分配等做出判定，度量维护工作的"性能"。

11.3　遗留系统的再工程

当软件运行了相当长时间，例如十几年甚至几十年，它将难以修改和演化，称其为遗留系统。航天型号很多软件都已经使用数十年，需要对其进行维护、改造或者替换。

11.3.1　遗留系统的演化

遗留系统的演化包括一系列的开发活动，在生存周期的不同阶段，采用哪一种演化活动最合适，是必须谨慎考虑的问题。是继续维护或者进行现代化改造，还是完全替换，取决于遗留系统对型号的价值和系统本身的价值。

维护是一个增量和迭代的过程，在此过程中只对系统进行较小的变更。这些变更通常是修正错误或者小规模的增强功能和性能，改动的结果无结构性的改变。但想要通过维护完成所有系统的演化，是有一定限度的，原因如下：

1）维护遗留系统的成本随着时间的推移不断增加。查找比较陈旧的技术会越来越困难，内部培训是比较有效地途径。

2）修改遗留系统适应新业务需要越来越困难。因为许多小的变更积累起来，使得软件结构发生很大变化，增加了维护难度。

3）遗留系统因为考虑继承性，严重限制了新技术的应用。

与维护相比，现代化改造的变更较大，但保留了系统中很大的一部分，包括重构系统、增强功能或者修改软件属性。所以当一个遗留系统需要比维护更全面的修改，但仍然有必须要保留下来的业务价值的时候，就应当采用现代化改造。

11.3.2　软件再工程和逆向工程

11.3.2.1　软件再工程

软件再工程是现代化改造的一种形式。20 世纪 90 年代中期，美国软件工程研究所（SEI）提出了再工程的定义：再工程系统地把现有系统转换到一种新的形式，以更低的成本、更快的速度和更小的风险提高在操作、系统能力、功能、性能或者可演化性等方面的质量。再工程不仅能从已有程序中重新获取设计信息，而且还能使用这些信息构建现有系统，以改进综合质量。再工程的实施过程中，通常会涉及逆向工程。目前航天型号使用的很多代码是多年前开发的，软件的逆向工程就是分析程序，在比源代码更高抽象层次上建立程序表示的过程。逆向工程得到的信息抽象层次从低到高依次是：软件过程的设计表示、程序和数据结构信息、数据和控制流模型，以及实体-关系模型。

遗留系统软件再工程的过程如图 11-1 所示。左侧是逆向工程，再工程位于顶部，而正向工程在右侧。逆向工程根据现有的软件产品，重构系统的一个或者多个更高层次的逻辑描述，再工程把这些逻辑描述转换成新的、改进了的逻辑描述，正向工程把新的逻辑描述细化为源代码。

从实现转换的层次，可以分为代码转换、功能转换和结构转换。可以根据软件特征和开发需求选择不同的层次。

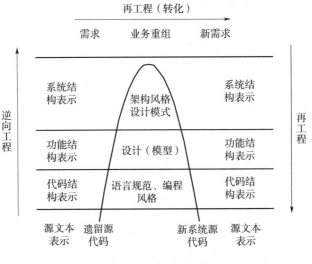

图 11-1　软件再工程模型

（1）代码转换

代码转换是软件演化的底层方式，是对软件进行修改，使其易于理解或者易于维护。代码转换包括重新定位目标机或者源代码翻译等。如果软件非常老，而且没有当初的编程人员支持讲解，代码转换可能是演化系统的最好方法。代码转换不会改进遗留代码的结构，还会导致难以维护的代码。

（2）功能转换

功能转换是一种中层的演化方式，涉及在保持基本功能的条件下的技术变更，主要体现在系统接口上，也可能更深入。为了实现功能转换，必须理解系统的结构——至少在接口上。相对于代码转换，功能转换有很大的优越性。它可以具有更好的结构、提供清晰定义的接口。

（3）体系结构转换

体系结构转换是最高层的演化。根据系统的质量目标对抽象出来的体系结构校正后进行再工程。首先把校正后的体系结构转换成一种设计方案，然后转换成源代码，比较校正的体系结构是否与要设计的体系结构存在偏差。在此过程要注意两方面工作：一是确认在替换系统中的制品，明确定义它们在新系统中的功能；二是确认集成遗留构件的包装和互连策略。

11.3.2.2　逆向工程

逆向工程的过程如图 11－2 所示，软件人员通过程序理解技术，逐步从源代码或目标代码中提取信息，得到所需要的抽象层次。

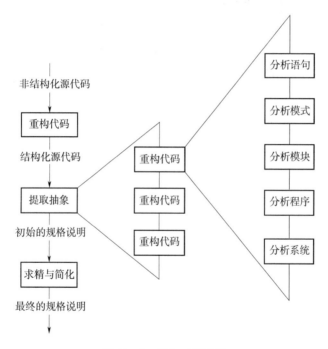

图 11－2　逆向工程过程

（1）代码结构表示

代码结构表示包括源程序代码和相关产物。为了理解代码结构表示，需要阅读源代码，提取程序元素、元素之间的关系，对代码进行静态分析构建抽象必需的信息，通过动态分析理解其行为。程序切片技术基于对程序流程图的静态数据流进行分析，也可以应用于程序理解和软件维护中。

（2）功能结构表示

理解程序代码结构的表示之后，需要理解系统的功能结构表示。功能结构表示描述程序中函数、数据和文件之间的关系。为此需要通过发现共享特定的数据流、控制流或具有动态关系的源代码构件定义行为，重新制作文档理解程序，通过识别剖面图以及对剖面图的比较，理解程序功能，重构代码。

（3）系统体系结构表示

系统体系结构表示把功能结构表示和代码结构表示中的一些制品组装成相应的构件或子系统，从模块、构件和部署等角度理解遗留系统的体系结构。

第12章 软件安全可靠性

软件的安全可靠性一直是航天型号软件研制重点关注的内容，也是航天软件工程最突出的特点。航天软件工程化过程中，对安全关键软件实行分级管理，根据软件安全关键等级采取不同的安全保障措施。软件的安全可靠性工作的活动和措施体现在软件研制过程的每个阶段。

12.1 概述

按照 GB/T11457—95《软件工程术语》，软件可靠性的定义为：

1）在规定的条件下，在规定的时间内软件不引起系统失效的概率。该概率是系统输入和系统使用的函数，也是软件中存在的缺陷函数。系统输入将确定是否遇到已存在的缺陷（如果有缺陷存在的话）。

2）在规定的时间周期内所述条件下程序执行所要求的功能的能力。

以上 1）是一个定量的定义，2）是一个定性的定义。规定的条件包括软件运行的软、硬件环境。规定的时间一般分为执行时间、日历时间和时钟时间。软件的可靠性还与规定的功能密切相关，事先必须明确规定的功能，才能对软件是否发生失效有明确的判断。

当软件发生失效时，即认为软件是不可靠的。软件可靠性用概率度量，关心的是失效问题，包括如何减少失效的发生，如何评估失效发生的概率等。

软件安全性是指软件具有的不导致事故发生的能力。软件安全性关注的是如何避免因为软件失效导致人身伤亡和设备损坏事故，关注的是可能导致危险条件发生的失效，软件安全性工作的目的是避免和减少危险条件的发生。

由软件失效引起的安全事故是危害度最大的软件失效事件，因此从这个意义上可以认为软件可靠性包含了软件安全性，软件安全性问题是软件可靠性问题的子集，是软件可靠性问题中后果特别严重的一部分问题。软件不安全，一定不可靠，反之，软件可靠，才能安全。尽管软件安全性和可靠性有着密切的联系，但由于其特殊的重要性，为了避免和减少危险条件的发生，软件安全性和可靠性都是软件工程的重要研究内容。

12.1.1　安全关键软件定义

随着信息技术的发展，基于计算机的系统在航天型号系统中广泛使用。计算机系统的最大特征是可编程性，从而提供灵活控制和调整任务的能力。计算机系统的可编程性主要体现在软件上，通过灵活的程序实现，许多先前由硬件实现的功能逐渐转换成为由软件代替。由于软件具有无疲劳失效、不占用体积、能够动态更新等特点，软件在各种系统中所占的比例越来越大，软件的复杂性也指数呈级别递增，成为影响系统安全的一个重要因素。

在航天型号软件中常提到"安全关键（Safety Critical）软件"。安全关键软件是指如果某些功能失效，将会对人的生命带来严重的伤害，甚至死亡、大规模的环境破坏或者相当大的经济损失的软件。

Leveson 在《Safeware》一书中对软件相关的安全概念进行了详细定义："软件系统安全意味着软件在系统上下文中执行而不会对危险产生贡献"。通常来讲软件有两种方式影响系统安全：

1）通过输出值或者定时方式对系统产生影响，从而使得系统进入一个危险状态；

2）没有及时正确识别并且处理硬件失效（如果软件被设计来检测并控制硬件失效）。

基于上述理解，可以将安全关键软件与其他软件区分开处理。为此，安全关键软件可以定义为直接或者间接地向危险系统状态产生贡献的软件。

图 12-1 给出了安全关键软件的基本模型。如果一个安全关键软件中存在错误，该错误被触发并且传递到软件边界上，那么软件的不正确行为将导致软件故障；如果软件故障在系统内部传递，并且到达系统边界，使得系统不能完成预期功能，则出现系统失效；如果系统失效传递到环境中导致了某种危险，那么该危险就成为失效条件。

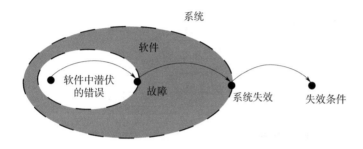

图 12-1　安全关键软件基本模型

从模型可以看出，安全关键软件的开发和验证必须置于系统和环境上下文中，关注的焦点包括软件错误、失效条件、传递路径 3 个方面。失效条件是确定一个软件安全关键级别的重要依据。安全关键软件开发的目标是尽可能消除软件错误，或者阻断软件错误到失效条件之间的传递路径。

12.1.2　安全关键软件开发难点和挑战

安全关键软件的研制涉及很多方面，如图 12-2 所示，包括项目管理者、系统工程师、系统安全工程师、软件安全工程师、软件开发人员、软件保证工程师等。团队中可能没有独立的软件安全工程师，可以由软件保证工程师、系统工程师、系统或者软件开发人员担任。

安全关键软件的开发面临以下几方面难点。

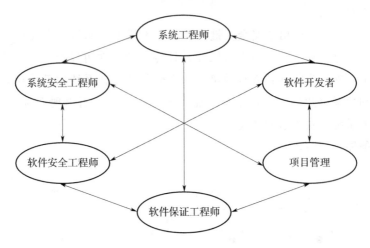

图 12-2　安全软件研制相关方

12.1.2.1　安全需求

安全关键软件需要置于系统上下文讨论，安全需求一方面来自于自顶向下的分配和分析，另一方面来自于自底向上的假设。但是，保证软件需求的正确性和完备性是安全关键软件的一个重要挑战。现有的失效统计表明，35％以上的失效来自于需求错误。

12.1.2.2　安全设计

虽然软件没有疲劳失效，所有的错误都是系统性的设计问题。但是安全设计面临以下问题：

1）软件组件之间缺乏有效的隔离措施，故障极易在软件系统内部传播；

2）由于软件故障是系统性的设计缺陷，传统的安全性方法（如简单的冗余）无法提供足够的安全保障；

3）软件通常具有较高的复杂性，软件组件之间的偶合关系将使得软件设计变得困难；

4）软件对小缺陷敏感，即使是一个小的缺陷，一旦被触发，也能带来极大的破坏。

12.1.2.3 软件测试

测试并评估安全关键软件的可信赖性通常非常困难。安全关键软件对于失效率的要求非常高，例如 DO - 178C 要求 A 级软件的失效率不高于 10^{-9}/h。这个指标无法通过统计测试方式进行评估和预测。因此，测试覆盖分析成为达到这个目标的唯一手段，DO - 178C 要求 A 级软件的 MC/DC 覆盖达到 100%。

12.2 安全关键软件开发过程

安全关键软件的生存周期与其他软件的生存周期基本相同，软件的安全性体现在各生存周期过程内部。

但是，如何确定一个软件是安全关键软件呢？安全关键软件开发的起点是系统安全性分析。安全关键软件的开发必须置于系统上下文中考虑。首先，识别系统危险是整个系统安全生存周期的第一步。通过各种领域安全知识、经验教训，以及系统的危险识别技术，可以确定系统面临的所有危险。其次，根据系统功能和系统安全设计确定各系统组件的安全功能，即分析哪些功能可能导致危险，哪些组件采取何种措施降低、防御或者消除危险。

如果确定某一功能或者组件由软件实现，那么该组件就可能是安全关键软件，因此进入安全关键软件开发生存周期。进入安全关键软件生存周期的前提条件是软件组件基本功能已经确定，分配给该组件的安全约束条件已经确定。从系统进入到软件生存周期的主要输入包括：

1）分配给软件的系统需求；

2）系统安全目标；

3）软件级别；

4）系统描述和硬件定义；

5）设计约束；

6）软件过程执行的系统验证活动定义；

7）系统执行的软件验证活动的定义和证据；

8）数据可接受性证据。

在上述的输入中，第一个是软件的功能需求，第二个是软件安全需求的来源，第三个是软件安全强度的要求，其余的输入根据软件所执行功能明确规定。

软件安全过程与软件开发过程紧密耦合，对软件开发过程活动进一步增强。软件安全过程主要涉及软件安全计划、软件安全关键功能识别和描述、危险分析以及安全确认和验证。图 12-3 简单地描述了软件安全过程。虽然该过程按照先后顺序线性排列，但是在实际执行过程中存在多个粒度的迭代。在每个活动阶段中应当跟踪是否有新的危险被引入，某些危险是否已经被消除等。

图 12-3　软件安全过程

12.2.1　软件安全计划

在计划阶段，软件承制单位需开发软件安全计划。该计划对软件的安全需求、安全开发、安全验证等工作进行初步评估，明确相应措施。此外，在软件计划阶段必须确定安全关键软件及其安全关键等级，然后确定符合安全目标的安全措施和验证措施。

软件安全计划的主要用途是确保软件安全目标明确、软件安全途径正确、软件安全活动全面可行，同时也便于软件研制过程对软件安全活动进行跟踪和评估，最终确保软件的安全性得到保障。

软件安全计划是系统安全计划在软件研制过程中的细化和延伸。在系统安全计划中，应该进行早期的危险识别，确定危险控制措施。系统层面识别出的危险以及危险控制措施是软件安全的主要输入，也是确定软件安全目标、确定软件安全途径、制订软件安全活动和过程的主要依据。因此，制订软件安全计划将以系统安全计划作为重要的输入和参考。系统安全计划描述识别、评估、控制危险，以及降低风险所需执行的任务和活动。在系统安全计划中，通常也包括软件部分任务的描述。该描述包括可能的软件安全分析活动，如软件失效模式与影响分析、软件故障树分析。另外，系统安全计划还需要明确是否将软件纳入到系统安全分析活动中，例如初步危险分析中是否包含软件。

软件安全计划的内容可以在软件开发计划中描述。软件开发计划描述了开发安全关键软件所需的活动、方法和标准，这有助于降低软件风险、保障软件的完整性。软件安全计划通常包括管理和工程两方面内容。

12.2.1.1　软件安全管理方面

软件安全管理涉及以下内容：

1）软件安全规划的目的、范围、目标，以及需要完成的任务；

2）组织机构及其职责；

3）计划和里程碑；

4）与软件设计、开发、测试、实现和维护相关的人员培训需求；

5）对于预开发软件使用的策略和流程；

6）合同管理；

7）项目中核准使用的工具，包括编译器、计算机辅助工程产品、编辑器、路径分析器、仿真器、自动测试装备等；

8）设计、编码和安全标准，以及具体的指导文档；

9）通用安全需求以及需求管理方法。

12.2.1.2　软件安全工程方面

软件安全工程涉及以下内容：

1）识别安全关键计算机系统功能的方法；

2）执行软件和计算机系统危险分析的方法，它被用于生成软件安全需求；

3）安全关键软件和计算机系统的确认和验证途径，通常包括测试、分析和审查；

4）软件配置管理；

5）软件质量保证；

6）安装流程；

7）维护活动；

8）异常报告、跟踪、根源分析、纠正活动流程等；

9）培训需求。

12.2.2　系统/分系统分析与设计

系统分析与设计、分系统分析与设计阶段从系统细化到软件配置项，涵盖软件配置项需求分析之前的工作，包括系统/分系统初步危险分析、软件危险分析、软件安全关键等级确定。

12.2.2.1　安全关键系统和软件的识别与描述

一旦完成软件安全计划，那么下一步就是根据计划确定由计算机系统和软件实现的安全关键功能。完成这项任务需要经过以下步骤：

1）识别出安全关键的系统功能；

2）识别出安全关键的分系统功能；

3）识别出由计算机和软件实现的安全关键功能；

4）对每个安全关键功能进行描述。

当一个软件是系统的一部分，其功能是命令、控制或者监控系统的安全关键功能时，就需要采取特殊的措施来理解和减轻安全风险。这些功能对于安全运行是必不可少的，因此必须识别出这些功能，有助于安排安全工作的优先级、集中资源使用、裁减开发活动。

在识别出系统的安全关键功能之后，需要进一步将分配给计算机系统实现的安全功能识别出来。一般而言，安全关键的计算机系统功能可以用以下方法去识别：

1）传输安全关键数据的功能，例如利用计算机系统来传递时间关键数据或者危险条件数据；

2）用于检测安全关键计算机硬件或者软件故障的软件；

3）对安全关键故障检测进行响应的软件；

4）飞行安全系统中使用的软件；

5）与安全关键计算机系统功能关联的处理器中断处理软件；

6）计算安全关键数据的软件；

7）访问安全关键数据的软件。

从软件安全实现的角度看，对安全关键功能进行准确、详细的描述有利于软件安全需求的制定。安全关键功能的描述至少应当包括以下信息：

1）软件与其他系统之间的接口；

2）显示数据总线、硬件接口、数据流、电源系统、每个安全关键软件和计算系统功能的流程图或者图表；

3）软件设计逻辑图；

4）用户接口方式；

5）用户手册和文档。

在此阶段，安全关键功能描述的是最顶层的、一般的需求。安全关键功能的识别来源于已知的安全关键功能知识、设计标准、安全标准、危险报告、其他相似软件系统的报告、其他工程或者项目中的经验教训等。因此，这个阶段识别出的安全关键功能并没有与每个具体的危险直接关联起来，后续必须进行细致的危险分析。

12.2.2.2 初步危险分析

初步危险分析 (Preliminary Hazard Analysis，PHA) 能够得到产生危险的原因，作为系统和软件安全需求分析的输入。初步危险分析是特定系统安全性需求的第一个来源，在生存周期过程中不断更新。所有识别为潜在危险原因、影响因素、控制、转移的软件，必须确保对硬件、软件或者人员控制都是安全的，或者采用严格的软件质量保证、分析和测试。另外，还应该追踪系统需求，保证从系统需求而来的软件需求包含必要的安全需求。

整个系统的初步风险分析开始时是硬件驱动的，考虑执行机构、最终作用、能源、可能产生的危险。对于识别的危险，初步危险分析记录危险的原因和候选控制方法。很多关键功能与系统控制相关。这些控制功能覆盖操作、监测和系统安全评估，必须考虑每个分系统的硬件、软件和操作。为了保证功能安全性的覆盖，可以将系统功能分为必须执行的功能和禁止执行的功能，分别进行分析。

初步危险分析的过程如下：

1）系统和安全专家检查系统概念和需求，识别系统危险类别，考虑的内容包括电源来源、化学物质使用、机械结构、时间约束等。表 12-1 给出了一个通用危险类别参考，需要不断地思考和补充。

2）识别危险原因。常见的危险原因包括冲突、污染、侵蚀、爆炸、火灾、温度极限、辐射、伤病或者能力丢失。

3）针对每个危险原因识别至少一个危险控制措施。PHA 阶段如果不给出控制方法，在后续的系统开发过程可能会变为需求。每个控制方法必须是"实际特征"，通常是硬件或软件的设计特征，也可能是过程序列，但必须是可验证的。

4）针对每个危险控制原因识别至少一个验证方法。验证方法可以是分析、测试、演示或者检查。

表 12 - 1　通用危险检查表

通用危险类别	危险	软件控制示例
污染/侵蚀	化学分裂 化学置换/组合 潮湿 氧化 有机物（霉菌、细菌等） 微粒 无机物（包括石棉）	从硬件传感器（气相色谱仪、粒子探测器等）接收数据。如果数据超过规定限值，激活警告和报警指示装置，并/或自动切断来源或启动风机
电力释放/电击	外部电击 内部电击 静态放电 电晕 短路	当通道门打开的时候避免上电
环境/天气	雾 闪电 降雨（雾、雨、雪、雨夹雪、冰雹） 沙/尘 真空 风 极端温度	接收硬件设备传感器（特定检测器、风速计等）数据，如果超过规定限值，发送命令关闭对应硬件
燃烧/爆炸	化学变化（放热、吸热） 有压力和点火源时的燃料和氧化剂 压力释放/内塞 高热源	监控温度，如果温度超过规定限值，激活灭火系统
冲击/碰撞	加速度（包括重力） 分离装置 机械振动/冲击 流星/陨石 移动/旋转装置	监控旋转装置的位置。将位置保持在规定的界限内，如果超过界限则停止运动

续表

通用危险类别	危险	软件控制示例
失去宜居环境	污染 高压 低氧 低压 有毒 低温 高温	从读取硬件设备的传感器中获取数据，发送命令来操作合理序列的阀门操作
病理/生理/心理	加速/冲击/震动 气压（高、低、快速变化） 潮湿 疾病 噪声 困倦，缺少睡眠 可见度（眩目、表面水汽） 温度 超负荷工作量	监控压力和变化率，控制压力系统从而保证变化在规定限值内
辐射	EMI 离子辐射（包括氡） 非离子辐射（激光等）	从硬件设备的传感器接收数据，当达到操作时间限值时关闭高增益天线
极端温度	高 低 变化	监控温度，当温度超过限值时声音报警

PHA 中最好分析清楚为什么会发生危险，并检查危险发生的后果。PHA 产生的一个重要内容是初步危险列表，列表中的每个危险有一个对应的危险报告。危险报告的内容包括：

1）危险描述；

2）安全性需求，可以是系统级的硬件或软件需求，通过识别软件危险控制，可以进一步分解到软件功能；

3）危险原因，可以是硬件或者软件的缺陷，软件原因包括无法检测到问题，无法执行功能，在错误的时间、以错误的顺序或者在错误的状态执行功能，执行错误功能，执行功能不完整，无法传递信息或消息；

4）危险控制，控制危险原因的设计特征，与安全需求相关，例如，如果要求独立和容错，危险控制描述如何满足这些要求；

5）危险检测方法，即检测危险条件的方法；

6）安全验证方法，包括分析、测试、演示或检查；

7）验证状态，识别各个验证的计划、实际开始、完成时间，以及该项是否关闭。

危险控制措施对应的需求的优先次序如下：

1）最小危险设计。首先在设计上消除危险，若不能消除已识别的危险，应通过设计方案的选择将危险减少到用户规定的可接受水平。

2）采用安全装置。采用永久性的、自动的或其他安全防护装置，可能时，应规定对安全装置作定期功能检查。

3）采用报警装置。采用报警装置检测出危险状况，并向有关人员发出适当的报警信号。报警信号应明显，尽量减少人员对信号作出错误反应的可能性，并应在同类系统内标准化。

4）制定专用规程和进行培训。对于高级别的危险绝不能仅仅使用报警、注意事项或者其他形式的提醒作为唯一减少危险的方法。

12.2.2.3　软件危险分析

在完成系统层危险分析之后，针对软件的危险分析有助于软件安全需求的确定。软件危险分析的主要目的是分析出哪些软件功能可能导致危险、软件出现故障后产生的潜在影响、与软件失效相关的危险减轻措施等。典型的软件危险分析方法是软件故障树分析、软件失效模式与影响分析。但是，由于软件的复杂性，在进行上述分析时无法讨论发生故障的概率。

软件危险分析应当关注多个错误条件，这些错误条件是软件问题的根源。典型的软件错误条件如表 12-2 所示。

表 12 - 2　典型的软件错误

错误条件		例子
计算或者算术错误	不正确的算法	需求错误或者对编码错误产生的计算，导致结果不正确
	计算溢出（上溢或下溢）	算法的数值表示超出整数的表示范围
数据错误	数据不正确	传输错误、数据类型或者数值不正确导致输入数据不正确
	输入数据黏滞	传感器或者激励器固定读取到 0、1 或者其他值
	数据量过大	输入数据的速率大于软件的处理能力
逻辑错误	不正确或者非预期命令	软件接收到错误命令无法继续运行
	发送命令失效	命令发送中遗漏了对某个例程的调用
	命令顺序错误	功能模块以错误的命令顺序执行，导致输入和输出错误
	时序不正确	操作人员中断有严格定时要求的过程，导致后续操作的时序错误
接口错误	消息不正确、不清晰或缺失	通过接口传递的消息可能不正确或者不清晰，导致操作人员作出错误的决策
	接口设计或布局不合理	图形用户接口不清晰导致操作人员决策困难
	无法安全地启动或者退出处理	自动例程启动后，操作人员无法启动或者停止飞行安全测试程序

12.2.2.4　安全危险减轻措施

对于系统面临的安全危险，必须采取一定的措施来消除、减轻或者控制危险的发生。对于航天型号软件而言，需综合考虑安全危险减轻措施的效果、成本及可行性等因素，为每个识别出来的危险分别制订相应的危险减轻方案。可以参考以下软件安全危险减轻的候选措施。

（1）软件故障检测

软件故障检测是在软件中内置一定的检查和测试技术，确保软件处于安全状态或者没有进入错误状态。软件故障检测的前提是明确定义软件的安全状态或者识别出软件的不安全条件，从而在恰当的位置测试软件所处的状态或者拥有的条件。根据故障检测的依据不同，软件故障检测可以分为误用检测和异常检测。对于安全状态明确的软件，软件故障检测设计仅需检查软件是否处于安全状态；只要软件处于非安全状态，它将触发报警机制。对于安全状态并不明确，而故障类型明确的软件直接检查故障，只要没有触发故障就认为软件处于安全状态。

软件故障检测措施内置于软件内部，设计和实现时必须全面考虑。首先，由于软件故障检测机制将改变软件的控制流，对软件行为具有一定的影响。其次，软件故障检测机制可能会依赖软件状态，尤其是软件状态改变的历史信息，因此会导致软件执行时间和空间开销增加。最后，软件安全状态描述和故障描述必须明确、准确。

（2）软件故障隔离

软件故障隔离措施的主要目的是防止软件的错误扩散和传递，防止小问题变成大问题。软件故障隔离并不需要检测软件是否进入到不安全状态。它的主要思想是确保软件构件之间的影响最低，构件之间通过明确定义的、可验证的方式通信。从隔离的维度上看，隔离技术分为时间隔离和空间隔离。从隔离实现措施上看，可以是逻辑隔离，也可以是物理隔离。

软件故障隔离需要在软件之外增加逻辑或者物理隔离措施，并且在软件构件的接口上增加检查机制。虽然这对软件有一定的影响，但是影响程度相对较小，并且与软件结构化、模块化要求一致。这是安全关键软件设计推荐的措施之一。

软件故障隔离的基本要求是确保由软件实现的安全关键功能与非安全关键功能之间的隔离，并且对安全关键功能的输入数据进行检查，使得任意一个功能不正常的软件构件都不会调用到安全关键软件模块。

（3）软件故障容忍

软件故障容忍的主要目的是确保软件系统在出现故障的情况下

仍然能够完成既定的任务。与故障检测不同，它并不检查软件是否发生故障，而是确保系统功能正确地被实现。故障容忍的基本原理是冗余：空间冗余或者时间冗余。软件故障容忍的主要方法是同一个功能由不同的人员或者方法实现。

现行的故障容忍技术有恢复块技术和 N 版本编程技术。恢复块技术利用不同的方式实现同一个功能，并且这些功能版本顺序执行；如果第一个版本功能出现故障，那么继续执行后续版本。N 版本编程技术也是利用不同的编程技术、人员，甚至算法实现同一个功能，这些不同的软件版本同时执行，最后在所有版本运行的结果上进行投票，选择出正确的结果。

软件故障容忍技术具有较大的性能开销和开发成本，常用于安全关键等级比较高的控制系统中。此外，考虑到成本和实现难度，软件故障容忍技术通常与硬件故障容忍技术相结合，典型的故障容忍结构是多机冗余结构。

（4）实时硬件和软件故障恢复

故障恢复是软件系统已经失效的情况下采取的一种应急措施，也就是说故障隔离和故障容忍措施已经无法发挥作用时，必须快速地使得系统重新进入到安全运行状态。

航天型号软件研制过程中，针对软件故障设立多个层次的恢复技术，包括全系统冷启动或者热启动、软件配置项冷启动或者热启动、软件模块热启动、异常处理等。

（5）内存管理方法

动态内存使用可能会对安全关键软件带来较多的不确定问题。一般而言，内存管理模式不属于应用程序开发考虑的范畴。但是，对于安全关键系统，动态内存使用涉及内存管理方面的问题，内存余量、内存碎片等都可能带来不确定性。

航天型号软件研制过程中，对内存使用提出了一系列的要求：

1）安全关键的控制软件尽可能不使用动态内存；

2）不使用虚拟内存机制；

3) 如果出现内存使用违例，那么将系统快速置于一个安全状态。

（6）任务优先级模式

每个任务要确定一个明确的优先级，任务优先级设定的依据是任务的安全关键等级及其定时要求。系统应确定一个根据优先级级别的任务调度机制，确保各软件配置项能够按照正确的顺序执行。

另外，系统也应当存在一个机制来检测和防止软件任务执行顺序紊乱，优先级翻转是典型的任务执行顺序紊乱。

（7）防御编程技术

防御编程技术是一种实现层面的措施，它主要验证软件功能模块的前后条件是否满足。从编程角度看，典型的防御编程技术包括，变量边界值检查、变量越界处理、防止进入安全关键循环、使用有界时间需求等。

（8）看门狗定时器

看门狗定时器是航天型号常用的一种安全机制，它的主要目的是防止整个系统进入异常状态而无法自行恢复。看门狗定时器是软件系统之外的硬件装置，它以特定的周期执行某种操作，不会对正常的软件流程产生大的影响。如果软件系统进入到错误状态，那么该操作无法成功执行，从而检测到整个系统处于错误状态。

（9）校验和

校验和是检测数据完整性的最为有效的措施。目前有大量的校验和算法，简单的算法如异或算法，复杂的算法包括 SHA - 1 和 MD5 等 Hash 算法。它的主要用途是检查软件构件之间的数据传输错误、长期存储的数据错误、软件非法修改等。

校验和机制需要额外的计算来处理数据。复杂的校验值计算算法可能需要较大的计算量。校验和的使用及算法选择需要考虑处理能力限制。

（10）奇偶校验

奇偶校验是计算机系统中常见的数据完整性检查机制。相对于校验和，奇偶校验开销较小。它主要利用额外的一个二进制位来标示其他位的校验值。奇偶校验通常用于通信系统或者内存系统中，由于其简单性，通常利用硬件机制来执行检查。

（11）中断调度

中断机制是计算机系统运行的主要驱动，它使得计算机能够并发执行多个任务。但是，中断机制具有较强的实时性和异步性。为了确保系统的行为是确定的，必须为每个中断明确定义优先级、设置中断处理例程。

（12）硬件冗余

对于一些非常关键的功能，可以增加一个硬件功能模块作为备份，以确保软件功能失效时，可以使用硬件手段完成该功能。

12.2.2.5　危险分析的输出

软件危险分析的主要目的是定义软件的安全需求。危险分析所产生的需求可能无法追溯到系统层的需求，但是必须体现在设计层的安全需求中，最终被实现到系统中。危险分析所产生的安全需求主要是基于减轻危险所采取的安全措施得到的。

12.2.2.6　软件安全关键等级确定

软件安全关键等级与后续采取的安全性相关技术和管理手段的强弱相关。软件安全关键等级的确定既要考虑危险的严重程度、危险发生的概率，也要考虑软件对危险的控制程度以及控制的复杂性和实时性等。软件安全关键等级的确定过程按以下步骤进行。

（1）确定系统层的所有潜在危险

系统初步危险分析是在系统中各层次开展危险分析的前提和基础。通过系统的初步危险分析，可以得到系统所有的潜在危险，包括危险的原因以及针对危险原因的危险控制等。没有系统初步危险分析就无法开展软件系统危险分析，也就难以合理、准确地确定软件的安全关键等级。

（2）分析并确定每一种潜在危险的严重等级和发生的可能性

危险的严重等级定义为 4 级，即灾难的、严重的、一般的、可忽略的，如表 12 - 3 所示。

表 12 - 3　危险的严重等级定义

危险严重等级	定义描述
灾难的	航天员死亡；系统报废；基本任务失败
严重的	航天员严重伤害；系统严重损坏；基本任务的主要部分未完成
一般的	航天员轻度伤害；系统轻度损坏；对完成任务有轻度影响
可忽略的	轻于轻度的人员伤害或系统损坏；执行任务中有障碍，但不影响完成任务

危险发生的可能性定义为 5 级：非常可能、很可能、可能、不太可能、不可能，参见表 12 - 4。其中，P 是危险发生的概率。不同系统对于概率范围的定义可能不同，主要来自经验值。

表 12 - 4　危险发生的可能性定义

发生的可能性定义	定义描述
非常可能	危险将频繁发生；$P > 10^{-1}$
很可能	在某一项的生命期中危险将发生数次；$1 \times 10^{-2} < P \leqslant 1 \times 10^{-1}$
可能	在某一项的生命期中某时候危险很可能发生；$1 \times 10^{-3} < P \leqslant 1 \times 10^{-2}$
不太可能	在某一项的生命期中危险发生的可能性很小；$1 \times 10^{-4} < P \leqslant 1 \times 10^{-3}$
不可能	危险几乎不可能发生；$P \leqslant 10^{-4}$

（3）确定系统风险指标

根据（2）中确定的每种危险的严重等级及其发生的可能性，确定每种危险的系统风险指标，如表 12 - 5 所示。其中，"1"为最高系统风险，"7"为最低系统风险。

表 12 - 5　系统风险指标

危险严重等级	发生可能性				
	非常可能	很可能	可能	不太可能	不可能
灾难的	1	1	2	3	4
严重的	1	2	3	4	5
一般的	2	3	4	5	6
可忽略的	3	4	5	6	7

　　在确定资源分配和考虑能否接受某种风险时，系统风险指标是一个重要依据。对于航天工程，最高风险的危险（系统风险指标为1）在系统分析与设计中是不允许存在的。系统风险指标为"1"时应进行重新设计以消除或降低危险发生的概率或严重等级。系统风险指标"6"和"7"可以不考虑进行安全性工作。系统风险指标"5"要求最少的安全分析或控制。对于系统风险指标"2"、"3"和"4"，所要求的安全分析工作随着系统风险指标的增高而增加。

　　（4）确定每个软件的控制类别

　　在系统危险分析的基础上开展软件系统的危险分析，将与软件相关的危险标识出来。对于这些标识出来的软件要逐一确定该软件的控制类别。软件的控制类别与软件对系统的控制程度、控制的复杂性和实时性等有关。

　　软件的控制类别定义为4类，详细定义参见表12-6。每个软件控制类别有3种描述，它们之间是"或"的关系，即只要符合一种，就可以确定软件属于该类别。

表 12 - 6　软件的控制类别定义

软件控制类别		描　　述
I 类	1	软件对危险进行部分或全部的自主控制
	2	包含多个子系统、交互作用的并行处理器或多个接口的复杂系统
	3	有一些或全部安全关键功能是时间关键的

续表

软件控制类别		描　　述
II 类	1	控制危险，但是其他安全系统可以进行部分缓解； 检测危险，需要采取安全措施时通知操作员
	2	包含少量子系统和/或一些接口的中等复杂系统，无并行处理
	3	有一些危险控制动作可能是时间关键的，具有临界时间要求，但是不会超过合适的操作员所需要的时间或自动系统响应的时间
III 类	1	若软件发生故障，则有一个或若干个缓解系统防止危险发生 提供冗余的安全关键信息资源
	2	稍微复杂的系统，仅包含有限数目的接口
	3	缓解系统能在任何临界时间内进行响应
IV 类	1	对危险无控制 不为操作员提供安全关键数据
	2	仅有 2~3 个子系统的简单系统，仅包含少量接口
	3	没有临界时间要求

（5）确定每个软件的安全关键等级

根据每个软件的控制类别和系统风险指标确定其安全关键等级。软件安全关键等级的详细定义如表 12-7 所示。对软件安全关键等级的确定应仔细分析，如果某个软件有多个等级，则按其中最高的等级确定。

表 12-7　软件安全关键等级

软件控制类别	系统风险指标			
	2	3	4	5
I	A	B	C	D
II	B	C	D	D
III	C	D	D	D
IV	D	D	D	D

12.2.3 软件安全性需求开发

软件需求阶段的主要目的是将系统生存周期过程中分配给软件的需求进行求精，产生详细的软件需求的过程。

作为安全关键软件，软件需求阶段必须执行软件安全需求分析，产生独立的软件安全需求，并且确保安全需求的正确性、一致性和完备性。新派生的安全需求将被提交到系统上下文中进行分析，从而确保新的安全需求不会违背整个系统的安全目标。安全性需求必须在软件需求文档中进行标识；并明确记录与每一项软件安全性需求相关的有效、无效的状态或模式，与之相关的硬件、软件及操作者的约束和条件。

12.2.3.1 软件安全性需求分析方法

软件安全性需求的来源通常分为通用的和项目相关的。通用的软件安全性需求来自以往项目的经验总结和最佳实践，为开发者提供有价值的安全性需求来源。分析人员可以参看表 12 - 1 所示的通用危险检查单，应结合给定系统充分考虑潜在的危险、原因和控制。

项目相关需求可以从以下几方面进行分析。

（1）软件安全性需求向下流动分析

一般的安全性需求是用推理方法得到的。软件需求分析时可以采用自上而下的分析方法，将系统级安全需求流入分系统、软件配置项，也可以从自底向上分析中得出的系统安全性需求，再将这些系统安全性需求向下流动穿越所有受影响的子系统。对软件安全性需求向下流动的分析一般采用检查单和安全性需求追踪矩阵方法进行。

（2）时间、吞吐量和空间分析

嵌入式系统通常有程序设计约束，典型的约束包括最大执行时间、最大内存使用、最大存储规模以及 I/O 数据速率等。时间、吞吐量和空间分析是对相关的需求进行评价，确定要求的适当性和可行性，还要评价在每种情况下（包括最坏场景）是否已分配了足够的资源保证满足约束。如 I/O 通道是否充塞了太多的出错消息而过载，使得安全关键功能不能正常运行。具体包括以下几个方面。

（a）内存大小与可用性

评估软件占用的内存大小，包括要存储在内存中的代码的规模、存储数据所需额外空间、用于存储临时和最终计算结果的堆的规模。

应仔细考虑在安全关键代码中使用内存分配。动态内存分配可能因为没有释放所分配的内存、重复释放分配内存、缓冲区溢出等产生问题，而且动态分配数据结构时，常常不能对它们进行静态分析以验证数组、字符串等有没有越界。

（b）I/O 通道利用率和可用性

I/O 通道应包括内部硬件（传感器）、进程间通信（消息）以及外部通信（数据输出、命令和遥测接口），应观察 I/O 通道的输入数据量和输出数据量，检查数据采集和安全关键数据可用性之间的资源冲突。在失效事件中，I/O 通道可能被出错消息过载，并且这些重要消息可能丢失或被改写。

（c）执行时间与 CPU 负载和利用率

对 CPU 负载的时间变化进行研究，并确定产生峰负荷的环境，考虑高负荷条件下的执行时间是否可接受。分析执行时间时要考虑多任务处理的时间影响，比如消息传递延迟或由于另一任务的使用而不能访问某一需要的资源；还要考虑代码是从 RAM 还是从 ROM 开始执行，ROM 的访问速度比 RAM 稍慢。

（d）采样速率和物理参数的变更速率

采样速率的选择应考虑噪声水平和控制系统的物理参数的预期变化。测量非关键信号时，采样速率应至少是最大预期信号频率的两倍以避免混淆。对于关键信号，以及用于闭环控制的参数，通常认为采样速率必须高出很多。一般应采用比系统特征频率至少高出 10 倍的采样速率。

（e）程序存储空间和可执行代码规模

对驻留于某设备（EPROM、闪存等）的可执行软件的规模进行估计，包括操作系统和应用软件。

（f）要存储的数据量和可用容量

分析可能生成的科学、事务或其他数据的大小以及可用的存储空间。如果数据将被传送到地面然后从存储介质上删除，那么应分析以确定存储空间满的频率有多大，存储空间满的时候如何处理，以免造成数据丢失或覆盖。

（3）独立性分析

安全关键功能应独立于非关键的功能。独立性分析标识出影响故障容器区完整性的区域，并标识出安全关键部件和其他软件部件之间的相互依赖性。

分析时，将安全关键功能映射到软件部件，然后把软件部件映射到硬件宿主和故障容器区。应对每一个安全关键部件的所有输入和输出进行审查，考虑全局或共享变量，以及直接传递参数，分析其运行时可能包含的"副作用"。如果非安全关键的软件部件修改一个安全关键的软件部件，不管是通过侵害某一故障容器区直接修改，还是通过共享存储区间接修改，该非安全关键的软件部件就变成了安全关键软件部件。

（4）设计逻辑分析

设计逻辑分析是对软件设计的方程式、算法和控制逻辑进行评价。设计逻辑分析应对每一个软件部件的安全关键区域进行检查，将设计描述和逻辑流进行比较，并标出差异之处。

严格的设计逻辑分析应使用形式化方法。如果形式化方法成本太高，而软件成本较低或安全关键性较低，形式化方法就不合适，可以采用人工审查的方式，审查的逻辑包括失效检测和诊断、冗余管理、可变的警告限值和禁止的逻辑条件等。

（5）设计数据分析

设计数据分析是对软件设计中每一数据项的描述和预期用途进行评价，确保数据结构和预期用途不违反安全性需求。设计数据分析方法是将设计逻辑中每一数据项的描述和使用进行比较。

在安全关键区域内的中断和它们对数据的影响必须受到特别关注，应验证中断和中断处理程序不改变其他例行程序所用的关键数据项。

另外，对每一数据项的完整性应基于它的环境和宿主进行评价。共享内存和动态内存分配影响数据完整性，还应保护数据项避免被未授权的应用程序重写。电磁干扰和辐射对存储器的影响等应进行分析。

（6）设计接口分析

设计接口分析用于验证软件部件与系统其他部件的接口设计。接口可以是与其他软件部件的接口，或与硬件、操作人员的接口。分析中应验证软件部件接口设计的正确性，特别注意控制和数据链接。接口需求和设计文档是评价接口的依据。分析的接口特性应包括进程间的通信方法、数据编码、出错校验和同步，考虑校验和、CRC 和纠错代码的合法性和有效性，所实现的出错校验和纠正的完善性等。

接口方面的问题示例如下：

1）发送者发送了 8 位的字，最高位是奇偶校验位，但是接收者认为最低位是奇偶校验位；

2）发送者以 10 Hz 发送更新，但是接收者仅以 1 Hz 接收更新；

3）发送者用来指示它的当前状态的消息没有被接收过程理解；

4）接口死锁，阻碍数据传递；

5）用户从错误的地址读取数据；

6）数据按大端（big endian）次序存放，而使用者认为是小端（little endian）次序；

7）在编程语言中，数据类型定义不严格，定义者与使用者理解的数据类型不同。

12.2.3.2　软件故障树分析

故障树分析技术是一种"自上而下"的分析方法，是贝尔实验室在 1960 年开发的，最初用于导弹系统的安全性分析。波音公司认识到了故障树分析技术的能力，将其应用与整个民兵导弹武器系统的定量安全性分析，该技术随后逐步进入航空、核工业等领域。现在，它已成为使用最广泛的危险分析技术之一。软件故障树分析是从硬件故障树分析技术扩展到软件领域的一种方法。

软件故障树分析可以在软件开发的不同阶段进行。在软件开发早期，可以用于确定软件安全性需求，随着软件研制过程的深入，可以对软件故障树加以扩充、展开，直至最底层的软件单元。软件故障树分析从系统不期望发生的事件，特别是对人员和设备的安全产生重大影响的事件开始，向下逐步追查导致顶事件发生的原因。需求阶段在使用故障树分析之前，"树"的顶部必须是已知的，初步危险分析或软件子系统危险分析成为主要的危险来源。

软件故障树分析过程如图 12 - 4 所示，基本上分为故障树建立和故障树分析两大阶段，有些分析人员可能会组合或扩展其中的某些步骤，但基本工作内容是必须遵循的。本节先介绍故障树的表示和基本概念，然后详细分析每个步骤的内容和方法。

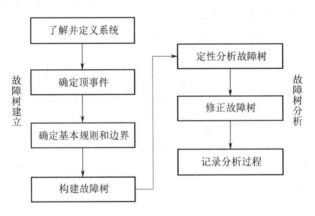

图 12-4　软件故障树分析的工作步骤

软件故障树使用的符号包括事件符号和逻辑门符号两类。事件符号表示故障事件，逻辑门符号表示故障事件之间的逻辑关系，分别如表 12 - 8 和表 12 - 9 所示。表 12 - 8 说明了故障树中出现的基本事件、未展开事件、正常事件、条件、转移的标准符号和定义。节点文本框是记录文字的空间，最早的故障树分析技术中，文字直接标注在事件符号内，随着计算机图形化的使用，矩形用作所有节点的标识，将其置于事件符号上方记录文字。

表 12 - 8　事件符号

符号	类型	描述
▭	节点文本框	表示故障节点的文本内容，内容写在框内，节点符号位于框下方
◯	基本事件	即底事件，表示基本失效，对于故障树的基本事件不必再深作深入分析
◇	未展开事件	外部原因引发的失效或者由当前信息不足，需要时可进一步细化的失效
⌂	正常事件	系统正常运行时期望发生的事件
◯	条件	条件限制或概率
In △ △—Out	转移	表示树的一个分支或子树在其他地方绘制，由入（In）和出（Out）符号标识

故障树的逻辑构成是通过门实现的，门事件符号、定义和概率计算公式如表 12 - 9 所示。

表 12 - 9　逻辑门符号

符号	门类型	描述
G ⌒ A B	与门	只有所有的输入同时发生，输出才发生。$P = P_A + P_B - P_A P_B$

续表

符号	门类型	描述
G A　B	或门	至少有一个输入发生，则输出发生。$P = (P_A P_B)/N!$，已知 $\lambda_A \approx \lambda_B$ 且 $N = $ 门输入数
G A　B	优先与门	只有所有输入同时发生，且 A 必须在 B 之前发生，输出才发生，优先次序的说明包含在条件符号中
G A　B	异或门	输入发生但不同时发生时，输出才发生，异或说明包含在条件符号中。$P = P_A + P_B - 2(P_A P_B)$
G Y A	禁止门	只有输入发生且满足附加条件时输出才发生。$P = P_A \cdot P_Y = P_A P_Y$

在故障树分析中，还会涉及以下基本概念：

1）割集，引起顶事件发生的基本事件。

2）最小割集，引起顶事件发生的最小数量的事件组成的割集，即不包含任何冗余因素的割集。如果去掉最小割集中的任何事件或条件，就不再成为割集。

3）割集阶数，割集中的元素的数量。一阶割集就是单点失效。

4）关键路径，导致顶事件发生的具有最大发生概率的割集。

（1）了解并定义系统

分析人员首先要获取系统当前设计信息，了解系统的设计与使用。

（2）确定顶事件

分析人员需确定问题，并正确的描述顶事件。在初步软件故障树分析时，初步软件危险分析的结果是顶事件的主要来源，还可以参考规格说明书、标准等文档中提出的要求，或者根据已有经验、归零分析、典型案例中记录的问题等。后续研发过程分析中，上层故障树中的未展开事件可以作为顶事件。

（3）确定基本规则和边界

结合工程实践，确定构建故障树的基本规则，例如：每个故障节点都要有完整的信息，包括节点类型、节点名称和说明文本；每个节点有唯一的标识名称；门节点间必须有文本框，门与门不能直接连接等，规范故障树的表示，为分析人员定义共用的表达、沟通方式。

（4）构建故障树

故障树的构建是一个迭代的过程，采用演绎推理的方法，从一般问题推出具体原因。演绎分析是从确定系统的故障流或故障与正常事件间的因果关系开始的，包括确定门节点类型以及输入。故障流是连接系统、子系统直到软件配置项、部件、单元的事件流。

故障树的构建从系统正常事件和故障事件的识别开始，直到所有事件都确定为可识别的基本软硬件故障或人为差错为止，即得到故障树的基本事件。分析人员可以采用以下 3 种方法辅助分析并构建故障树。

（a）I-N-S 方法

该方法回答"事件发生的直接的（I）、必要的（N）、充分的（S）原因是什么？"。这个问题能够帮助分析人员减少遗漏，提醒分析人员仅包含最充分和必要的原因。

（b）SS-SC 方法

该方法区分"系统状态（SS）"和"部件状态（SC）"。如果故障由部件失效引起，则为 SC 故障事件，有一个包含 P-S-C 输入的或门；如果故障不是由部件失效引起的，则为 SS 故障事件，需要使用 I-N-S 方法进一步研究。

（c）P-S-C方法

该方法回答"引发事件的原因是原发（P）、诱发（S）还是指令（C）?"。该方法体现了故障事件发生的3种方式：原发、诱发或者命令路径故障。原发失效是元素固有的失效，诱发失效是外部原因导致的失效，指令失效是预期的事件链发生失效。如果同时出现了P-S-C中的两项或两项以上，则确定使用或门。

对故障树的每个逻辑门，都要提出以上三组问题，通过回答这些问题可以得到门节点的输入事件和事件间的逻辑关系。在此过程，要保证没有遗漏可能的故障事件、没有重复、逻辑没有跳跃。

（5）定性分析故障树

从故障树进行定性分析的第一步是计算割集，得出引发失效的事件集。如何计算割集呢？常用的方法是MOCUS（Method of Obtaining Cutsets）算法，通过自上而下的门替换方法，从故障树中找出割集，基本步骤如下：

1）给所有的门节点和事件节点命名或编号；

2）将最顶上的门列举在矩阵的第一行；

3）用如下标记法，将门替换为它的输入："与门"用其输入的组合代替，每个输入用逗号分开；"或门"用其输入进行字符替换，每个输入都重新起一行生成一个表项；

4）沿着故障树向下，迭代用每个门的输入替代门自身；

5）当矩阵中只剩下基本输入对时，替换过程就完成了，即生成所有割集的列表；

6）用布尔代数运算，删除列表中的非最小割集和重复割集，生成最小割集。

故障树中简化割集的布尔规则如图12-5所示。

$$a+a=a \qquad a+ab=a$$
$$a \cdot a=a \qquad a(a+b)=a$$

图12-5　简化割集的布尔规则

按照上述步骤计算图 12 - 6 的割集，过程如表 12 - 10 所示。第 5 步得到的列计算出了该故障树的全部割集，第 6 步得出最小割集。

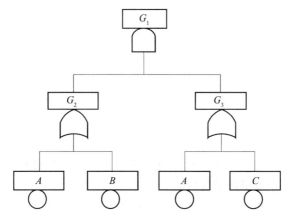

图 12 - 6　故障树示例

表 12 - 10　MOCUS 计算步骤

步骤	1	2	3	4	5	6
节 点 表 示	G_1	G_2 , G_3	A , G_3	A , A	A	A
				A , C	A , C	
			B , G_3	B , A	A , B	
				B , C	B , C	B , C

还可以采用自底而上的算法计算故障树割集。仍采用图 12 - 6 的示例，计算过程如图 12 - 7 所示。

$$G_2 = A + B$$
$$G_3 = A + C$$
$$G_1 = G_1 \cdot G_2 = (A + B)(A + C)$$
$$= AA + AC + BA + BC$$
$$= A + AC + AB + BC$$
$$= A + BC$$

图 12 - 7　自底向上算法

当计算出软件故障树的最小割集后，可以对其进行定性分析，将结果应用于指导故障诊断或指出改进系统的方向。首先根据最小割集包含的底事件数目（阶数）排序，在各底事件发生概率比较小、差别不大的条件下，按以下原则比较：

1）阶数越小的割集越重要。低阶割集表明高的安全脆弱性，一阶割集也就是单点故障，有导致最大风险的趋势。

2）低阶最小割集所包含的底事件比高阶最小割集中的底事件重要。位于高阶割集中，往往发生概率低。

3）在不同最小割集中重复出现次数越多的底事件越重要。分析人员须评价这类事件对故障树分析的总体风险，所有割集聚在一起可能达到一个不可接受的值。

故障发生的概率可以通过自底向上逐个计算门节点概率的方法得出。计算出每个故障事件的概率后，可以根据概率计算重要度，包括割集重要度（割集概率与顶事件概率的比率）、每个事件对顶事件的贡献重要度（包含特定事件的最小割集概率之和与顶事件概率的比率）等。

（6）修正故障树

根据分析结果，检查故障树模型是否正确、完整，并准确地反映了系统设计，必要时进行系统设计更改，修正故障树。

（7）记录分析过程

最后，将整个分析过程记录在分析报告中，提供给用户或相关人员参考。

12.2.3.3　软件失效模式与影响分析

软件失效模式与影响分析首先要理解系统定义，列出典型的失效模式，然后开展失效原因、失效影响与严重性分析，提出改进措施。

（1）系统定义

首先对分析对象进行层次划分，确定约定层次。基本思路是将被分析的"实体"分解为单独的"项"。约定层次是通过自上而下分解得到的，而确定约定层次后的分析是自下而上进行的。系统可以分为软件配置项、硬件配置项、软/硬件接口，如图 12-8，软件配置项又可以进一步分为软件部件、软件单元。应注意在软件产品中，某些单元是重复使用的，或者是外购商业软件，应该在约定层次中对其进行标注。

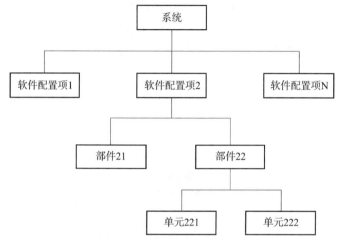

图 12-8　软件约定层次图

确定约定层次后，每个项应单独进行软件失效模式与影响分析。约定层次定义的深度会影响软件失效模式与影响分析的工作量和难度。在定义软件约定层次时，应根据实际需要，重点考虑关键、重要功能的软件部件或者模块。

（2）软件失效模式分析

软件失效模式是软件失效的表现形式，应针对每个被分析的软件单元，找出其所有可能的失效模式。

按照 GB/T 11457—2006 的定义，软件失效是指软件出现了以下状态：

1）功能部件执行其功能的能力丧失；

2）系统和系统部件丧失了在规定的限度内执行所要求功能的能力；

3）程序操作背离了程序的要求。

软件失效比硬件失效模式略微抽象，关键是要考虑每个功能各种可能的不良状态，如功能无法执行、错误执行、提前执行、提供了错误或误导信息、停止或崩溃、响应过慢、失效时无法保证安全等，包括（但不限于）表 12-11 所示内容。

表 12-11　软件失效模式分类及典型示例

类别		失效模式示例
软件通用失效模式		运行时不符合要求 输入不符合要求 输出不符合要求
软件详细 失效模式	输入故障	未收到输入 收到错误输入 收到的数据有偏差（轻微、中度、严重） 收到的参数不完整
	输出故障	输出结果错误（缺失或者多余等） 输出数据精度偏差（轻微、中度、严重） 输出参数不完整 输出格式错误或不符合要求
	程序故障	程序无法启动 程序运行中非正常中断 程序运行无法终止（死循环等） 程序不能退出 程序运行超时 程序运行对其他单元或环境产生有害影响
	未满足功能和 性能要求故障	不能满足运行时间要求 不能满足数据处理量的要求 不能满足用户数的要求
	其他	程序运行改变了系统配置要求 人为操作错误 接口故障 操作系统错误 硬件错误 维护不合理/错误

（3）软件失效原因分析

针对每个软件的失效模式分析其所有可能的原因。软件失效原因往往是软件研制过程的缺陷引起的。软件失效原因按缺陷分类及典型的示例如表 12 - 12 所示。

表 12 - 12　软件失效原因分类与示例

软件缺陷类型	详细的软件缺陷
需求缺陷	软件需求不正确 需求不完整 需求文档有误
功能性能缺陷	功能或性能规定有误 异常处理不当
软件结构缺陷	程序控制或控制顺序有误 处理过程有误
数据缺陷	数据定义或数据结构有误 数据存储或者操作有误 数据范围不正确
编码缺陷	编码有误 违背编码规范或要求 语法错或数据名错 变量使用错误
软硬件接口缺陷	软件内部接口、外部接口有误 软件时间或者数据带宽等不匹配 I/O 时序错误导致数据丢失

（4）软件失效影响及严重性分析

软件失效影响分析了软件失效对软硬件综合系统的功能影响，可以分为直接影响和最终影响。直接影响是指接近分析项的低层次影响；最终影响是对系统的高层次影响。严重性从严酷度和可能性两方面，对危险的潜在影响进行事故风险的定性度量，可以采用表 12 - 5 所示的系统风险指标，也有些标准对软件失效影响的严重性制定了评分准则，如表 12 - 13 所示。

表 12 - 13　软件失效影响的评分准则

发生可能性	影响的程度	评分等级
极高且无警告	影响系统运行安全性，或不符合国家安全规定，且不能发出警告	10
极高但有警告	影响系统的安全习惯，或不符合安全规定，但能发出警告	9
非常高	影响系统丧失主要功能而不能运行	8
高	系统仍能运行，但能力降级，用户不满意	7
中等	系统仍能运行，但丧失使用的方便性	6
低	系统能够运行，但影响使用的方便性	5
较低	影响较轻	4
非常次要	影响轻微	3
极次要	影响极小	2
无	无影响	1

（5）提出改进措施

分析消除或者降低潜在失效模式影响后果的分析方法。

（6）编写软件失效模式与影响分析报告

不同组织、项目提出了多种失效模式与影响分析表格形式（参见表 12 - 14），但在某个项目的生存周期内表格应保持一致，确保与安全性相关的信息都包含在表格中。通过失效分析，还可以得出关键项清单（Critical Item List，CIL），列出所确定的系统关键项目。

表 12 - 14　失效模式与影响分析表格示例

失效模式与影响分析										
系统		子系统							模式/阶段	
单元	功能	失效模式	失效原因	直接影响	系统影响	检测方法	现有控制措施	严重性	改进措施	备注

12.2.4　软件安全性设计

该阶段开展软件设计阶段的软件安全性分析、设计和验证工作。分析工作包括利用更多的设计信息对前一阶段已开展的软件安全性分析工作进行更新，从而发现新的危险，通过对部件/单元进行关键性分析以明确软件安全性关键部件/单元，提供给后续设计工作，从而加强该部件/单元的安全性设计。设计工作主要是根据软件安全性设计准则开展软件概要设计和详细设计，特别是对于分析出的安全性关键模块，利用各种容失效设计以保证其安全性。验证工作主要采用独立性分析、追踪性分析等方法来确保软件安全性需求正确和全面地在设计中落实。

软件安全性设计可以考虑以下几个方面。

12.2.4.1　最小危险设计

安全关键系统软件设计的一个重要方面是：最小危险设计。如果可能，通过设计消除识别的危险或者减小危险发生的概率或严重程度，可以采用的方法如下：

1）降低软件和接口的复杂度；

2）用户安全设计替代用户友好设计；

3）开发和集成过程中的可测性设计；

4）给高风险的内容更多设计资源。

12.2.4.2　围绕故障和失效的设计

设计阶段的主要安全目标是定义实现要求的故障和失效容限。故障传播是软件错误从一个部件到另一个部件的层叠传递。为了防止软件故障传播，安全关键部件必须与非安全关键部件完全独立，必须在其内部检测错误，并且不允许错误传播。另外，接收组件应能够捕获错误。

软件的必须执行功能通过独立的并行冗余实现失效容忍。要实现真正独立的并行冗余，必须在每个并行路径执行不同的软件。对于两个独立的并行流，单一失效不会使两个都失效，对于三个并行流，任意两个失效不会使所有三个失效。

软件的禁止执行功能通过独立的多序列约束实现失效容忍，约束由运行不同软件的不同的处理器控制。对于两重约束，任何单个失效、操作错误、事件或环境不会引发两个约束失效。对于独立的三序列约束，任意两个失效、操作错误、事件或者环境不会引发三个约束失效。

容错设计方法如下。

（1）"阴影"技术

对于连续变化的安全关键参数，一个非常有用的冗余技术是"阴影"技术。高层进程实现适当的冗余，能够仿真底层进程，预测期望的性能，从而判断底层进程是否发生失效，在发现失效时切换底层进程。

（2）自测

有时故障检测与恢复可以基于底层处理器的自测实现，底层处理器向高层处理器报告其状态。高层处理器将报告失效状态的处理器换出。

（3）多数投票

有些冗余机制是基于多数投票实现的。当要诊断的失效比较复杂时可以采用此技术。多数投票要实现比失效容限更高的冗余：三选二实现单一失效容忍；五选三实现双失效容忍。

（4）N 版本编程

N 版本编程是实现失效容忍的一个方法。多个独立的软件版本同时运行，如果所有结论都相同，进程正常运行，如果有不同，通过投票方法决定正确结论。

（5）故障容器区

建立故障容器区（Fault Containment Regions，FCR）可以防止软件故障传播，例如防火墙或者"来源"检查，实现了故障区的隔离，防止故障传播。

（6）冗余软件结构

冗余软件结构采用的是不同的代码版本。与 N 版本编程不同，其版本不需要执行相同的操作。例如主要的软件是高性能版本，满足功能和性能需求，如果高性能版本有问题，提供一个高保证（或者高安全）版本。

（7）恢复块

该技术使用多软件版本查找并恢复缺陷，将块的输出与接受测试比较，如果失效，使用另一个版本。如果所有版本都未通过接受测试，要决定失效安全的处理。

（8）自保护-自检查组件

组件实现自保护和自检查。自保护组件不允许其他组件破坏，否则向调用它的组件返回错误指示；自检查组件检查自身错误，并尝试恢复。

12.2.4.3　商业货架软件和重用软件的选择

在设计的早期阶段，有时甚至在需求定义阶段，就需对商业货架软件和重用软件做出选择。

在决定使用商业货架软件或对以前类似项目中的软件进行重用前，需要考虑许多问题。商业货架软件具有较为划算的成本-效益比，却不得不考虑使用时会产生的额外分析、测试、黏合代码开发和其他活动，这可能比内部开发软件更昂贵。

12.2.4.4　语言、开发工具和操作系统的选择

在软件设计阶段，需要对开发过程中所使用的语言、创建软件使用的工具以及运行的操作系统进行选择。选择的结果对软件安全性具有影响，例如有的操作系统会比其他产品更安全，有些开发工具更容易查出编码错误。

在选择编程语言时，需要考虑很多重要因素，例如内存占用情况、候选语言算法的执行速度等。是否有支持指定处理器、编程语言的编译器、集成开发环境等工具，是否存在已接受过培训并有一

定经验的开发工程师等因素也很重要。然而，当开发安全关键应用或程序时，编程语言的安全性需要具有较高优先级。

安全的编程语言从源代码到目标代码的编译过程都可以被严格地验证，应考虑编译器是否通过认证？代码编辑器是否能够通过突出显示帮助发现问题？编译器是否将已发出的警告视为错误？是否有调试器支持设置断点和查看汇编代码？

12.2.4.5　防御性程序设计

防御性程序设计是用来防止缺陷成为故障的方法、技术、算法的集合。缺陷可能存在于软件（如逻辑错误）、系统其他程序（如发送无效消息）、硬件错误（如传感器返回错误值）及操作错误（如输错命令）中。防御性程序设计考虑系统可能出现的各种问题，从而设计出妥善处理各种系统环境的软件。

在程序设计初期就应尽早考虑处理缺陷、错误及故障的应对策略。例如，是否检测每个功能（方法）的输入变量，或者当函数调用时是否对将传递的变量进行检测？是否允许部分故障存在，故障可能导致的失效结果发生时能否做出处理？无论选择哪种策略，一致性是很重要的。所有的功能、方法、模块、单元等都应使用相同的策略。

12.2.4.6　控制软件复杂性

软件复杂性对代码的安全性、可理解性、可靠性和可维护性均具有影响，而对复杂度高的数据和命令进行彻底测试往往是很困难的，甚至是不可能完成的。测试过程中未被想到或者未测试到的路径，为软件以意外方式执行留下了隐患。因此，应进行软件复杂性评估，控制软件复杂性。

软件复杂性评估需使用的资料包括软件详细设计、高级语言描述、源代码或伪代码，以及复杂性自动测量工具。

在进行复杂性评估时，建议注意以下方面：

1）使用一种或多种估计工具来设计产品，如 McCabe 或 Halstead。建议采用自动工具运行软件设计、伪代码或原型代码。如果没有自动工具支持，则应对详细设计与深层嵌套区域的代码的关键部分进行检查。

2）复杂度限制是强制性的，对软件开发各阶段进行复杂度限制有助于减少软件缺陷。尽管有些软件开发实践中成功使用了 15 级复杂度，McCabe 推荐复杂度限制在 10 级。一个开发团队只有在具有丰富经验、愿意对更多复杂模块进行额外测试的基础上，才可以将复杂度限制设为 10 级以上。

3）复杂性包含多模块或多类，且接口的复杂性是必须考虑的一个方面。随着模块数量的增加，接口数量也会相应增加，软件中其他的因素也可能增加其复杂性。例如，采用全局数据时，软件任何部分对全局数据的操作都可能产生相互影响。

4）降低软件复杂性是一项复杂的任务，需要平衡模块、接口、通信等不同类型的复杂性。通常，减少一个领域的复杂性将增加另一个领域的复杂性。项目团队须作出正确的权衡。

12.2.5　软件安全性实现

该阶段主要包括软件安全性需求的实现和代码安全性分析验证两项工作。前面软件安全性分析和设计阶段中的各种防止危险的措施在软件实现阶段才真正落实，并要采用恰当编码标准以保证安全性。代码安全性分析验证是针对代码，对其逻辑、接口、数据、规模、复杂性、资源使用情况等进行深入、细致的分析，以验证代码的安全性。

12.2.6　软件安全性测试

软件安全性测试的重点是验证所有安全性需求都正确实现，确定软件安全性薄弱环节，发现在极端条件及异常情况下产生导致安全问题的软件失效，为软件安全性需求的完善提供依据。除了正常条件的测试，应该测试单个或者多个错误输入不会造成软件处于非安全状态。软件安全性测试不是重复常规测试，而是对常规测试的补充。

软件安全测试可以包含在其他测试（单元、集成或者系统）中，也可以是单独的测试。IEEE 1228—1994 的软件安全计划中要求进行以下安全测试：

1）计算机软件单元级测试，证明关键软件元素正确执行；

2）接口测试，证明关键计算机软件单元按照预期执行；

3）计算机软件配置项测试，证明一个或多个系统部件正确执行；

4）系统级测试，证明整个系统的软件性能；

5）压力测试，证明软件在异常环境不会引发危险，如非预期输入值或者超负载条件；

6）回归测试，证明软件更改没有引入新的危险条件。

12.2.7　软件运行维护

软件维护的目的包括修正缺陷（已知或者在操作中发现），增加或者删除功能，适应硬件更改、耗尽或失效，适应软件其他部件的更改。

由于航天型号软件可能长期运行，必须考虑可维护性设计，在软件运行阶段必须进行严格的配置管理控制。提出的软件更改必须经过变更控制委员会审批，审批的更改必须重复所有的软件生存周期研发和分析活动，回归测试要包含所有安全关键测试用例以及新功能的测试。飞行期间的安全异常以及问题与失效报告分析能使软件更安全。

软件变更影响分析决定如果实施提出的软件更改，软件、文档和其他软件产品的哪些部分会受到影响，知道更改的影响，减少副作用的发生。分析的结果用于制订修改计划，实施修改并且跟踪。变更影响分析从软件生存周期对象开始，包括规格说明、设计文档、源代码，产生的结果是在更改过程中关注的项目列表。

典型的变更影响分析技术包括：

1）使用交叉引用列表查看哪些项目引用修改项的变量或过程；

2）使用程序片段决定影响给定变量的值的程序；

3）浏览相关文件中的内容；

4）使用追踪关系识别更改相关的软件产品；

5）使用配置管理系统跟踪和查找更改；

6）咨询设计和规格说明决定更改的范围。

代码的依赖性分析是变更影响分析的一种类型，提供代码依赖性信息的分析包括程序片段、数据流分析、控制流分析、测试覆盖率分析、交叉引用和追踪矩阵等。很多软件能够自动生成代码依赖信息或者辅助信息。

决定变更影响程度的包括更改的数量以及风险。没有特殊的技术支持这项工作。通常，以下类型的更改更容易产生意想不到的作用或者很大的风险：

1）更改影响很大的模块；

2）更改影响接口，尤其是系统的底层接口；

3）对需求的更改；

4）对底层模块、类或者其他组件的更改。

12.2.8　软件安全性追踪分析及软件变更安全性分析

面向全过程的软件安全性相关工作主要包括软件安全性追踪分析及软件变更安全性分析。软件安全追踪分析通常使用追踪性矩阵将危险联系到软件开发过程的各阶段产品，并通过分析，确保所有安全性需求都得到了实现和充分的验证；软件安全性变更分析通常采用变更影响分析等方法，分析需求、设计和运行环境等的变更是否发生了新的危险，或对已经消除的危险、尚存的危险、安全性设计等产生影响。变更分析的结果可能会导致新一轮的安全性设计和验证工作。很多软件安全性问题都是由于变更产生的，因而对软件变更安全性分析应该高度重视。

12.3　软件可靠性设计和测试验证

软件可靠性是系统可靠性的重要组成部分，是面向用户的质量特性，但是又是通过过程来保证的。对软件可靠性提出定量指标必不可少，面向过程的评价和度量对于保证最终产品的可靠性非常重要。

12.3.1　软件可靠性分配与预计

可靠性分配的目的是将软件系统的可靠性指标，转换为每个模块的可靠性指标。软件可靠性分配常用方法有快速分配法、等值分配法、基于操作剖面的分配法、基于运行关键度的分配法、基于复杂度的分配法，以及基于失效率的分配法等。

（1）快速分配法

快速分配法适合具有旧软件系统或旧模块，其结构与新开发的软件系统类似的情形。如果有类似可以借鉴的系统，并且已收集了旧系统或旧模块的可靠性数据，而且符合以下情形，就可以借鉴已有的可靠性数据实现可靠性分配：

1）新旧软件的结构相同、可靠性要求不同；

2）新旧软件的结构相同，但部分模块的可靠性需要改进；

3）新软件在旧软件的基础上增加模块。

对于新开发的软件系统，如果没有相应的参考数据，该方法无法应用。

（2）等值分配法

等值分配法适用于不需要精确分配各模块可靠性的软件系统。该方法假设各模块的条件相同，方法简单，能较快实现软件可靠性的分配，适用于概要设计阶段。不足之处在于没有考虑各模块间的差异性，如安全关键等级、复杂度等的不同，只是单纯地平均分配，对于那些需要精确分配各个模块可靠性的指标的系统无法采用。

（3）基于操作剖面的分配法

该方法适用于已知软件详细使用情况、操作剖面较易获得的软件系统，理论直观，分配方法简单，易于操作。但是操作剖面在设计早期通常不易获取，而且该方法未考虑到软件本身的特性对可靠性分配的影响，所给出的模块可靠度常常偏低。

（4）基于运行关键度的分配法

该方法适用于已知软件失效对系统所产生影响的软件系统。当软件系统中每个软件配置项的关键度为已知时，就可以用该技术为每个软件配置项的失效率分配适当的权值。

（5）基于复杂度的分配法

该方法适用于已知软件配置项复杂度的软件系统，可以从软件详细设计阶段开始使用。复杂度形式包括 McCabe 圈复杂度、软件产品功能点、软件产品特征点。失效率规定值的分配与复杂度成线性关系。不足之处在于复杂软件结构所建立的软件可靠性分配模型求解困难。

（6）基于失效率的分配法

基于失效率的分配法通过建立合适的软件可靠性模型对软件系统在交付时的效率进行估计，然后根据估计出的结果将失效率指标按一定的比率分配到各个模块中。该方法理论简单直观，求解计算也较简单，不需要清楚的了解软件内部结构，适用于软件开发中后期可靠性增长阶段。缺点是该方法依赖于可靠性预测模型，且需要在系统测试阶段得到模块的运行时间和概率，分配时机偏晚。

在实际应用中，具体选择哪种或哪几种方法进行软件可靠性优化分配，要根据所开发软件程序的类别、用途及运行环境、资源约束、开发周期、有无相似系统可供参考等诸多条件，权衡利弊进行选择。

软件可靠性分配方法的选择过程如图 12-9，其流程为：

1）获取软件系统的可靠性目标值；

2）确定软件系统的体系结构和模块数目；

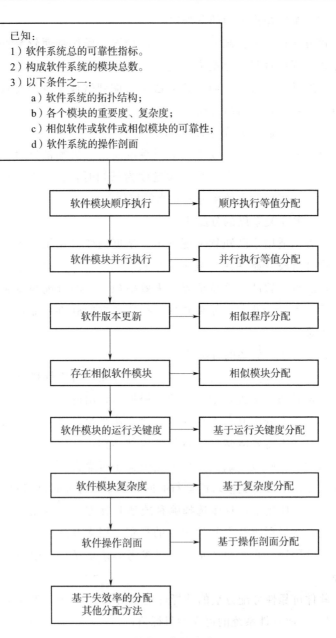

图 12 - 9 软件可靠性分配过程

3）根据构成软件系统的模块是否顺利执行，是否并行执行，是否存在版本更新，是否具有相似模块以及能否得到模块的运行关键度、复杂度、软件的操作剖面等，确定相应的软件可靠性分配方法；

4）当系统的结构不是简单的串联或者并联，没有相似模块信息，而且也无法确定软件的操作剖面、模块的运行关键度、复杂度时，可考虑用基于失效率的分配方法或其他方法。

除了可靠性分配，软件开发早期阶段进行软件可靠性预计可以对软件开发生存周期的缺陷分布进行预测，为更早采取纠正措施、提高软件开发的质量提供必要的信息。早期可靠性预计的方法有 IEEE 1633 标准中推荐的开发过程预计模型（DPPM）和软件缺陷早期预测（SWEEP）。

12.3.2　软件可靠性设计

提高软件可靠性有两种途径：一是避免引入缺陷；二是万一引入了缺陷，避免因缺陷导致失效。第一种体现了软件可靠性设计的避错思想，第二种就是容错设计。

软件设计过程、开发方法和工具的使用，对提高软件的质量和可靠性起到了不可估量的作用。软件避错设计时，除了遵循软件开发过程，采用合适的软件开发方法和工具外，还应该贯彻避错设计原理，包括简单原理、同型原理、对称原理、线型原理、易证原理和安全原理，采用模块独立与信息隐藏、健壮性设计、形式化方法等。

12.3.2.1　模块独立与信息隐藏

模块化是把软件划分为一组具有相对独立功能的部件，每个部件成为一个模块。保持"功能独立"可以降低开发、测试、维护等阶段的代价。而划分和组织模块的重要准则就是"模块独立"和"信息隐藏"。

独立性是指软件系统中每个模块只涉及软件要求的具体的子功能而与软件系统中其他的模块的接口是简单的。模块设计追求强内聚，弱耦合。而为了尽量避免某个模块的行为去干扰同一系统中其他模块，在设计模块时就要注意信息隐藏。信息隐藏可通过接口实现。信息隐藏的优点在于大多数数据和过程对于软件的其他部分而言是隐蔽的。如果在测试期间和以后的软件维护期间需要修改软件，在修改期间由于疏忽而引入的错误就不太可能传播到软件的其他部分，从而提高了软件的质量。

12.3.2.2　健壮性设计

健壮性是软件需求中一种非功能性需求。软件的健壮性设计以满足顾客需求作为开发设计的依据和目标，进行可靠性策划，实施并行工程，注重软件的顶层体系结构设计和总体方案的优化，强调通过优化设计寻求最佳的参数匹配方案，以改进和增强软件可靠性。

提高软件健壮性的主要措施有：

1）检查输入数据的数据类型，采用穷举列表，操作提示等措施防止错误操作；

2）模块调用时检查参数的合法性，控制故障蔓延；

3）进行简化设计，降低模块之间的耦合度和软件的复杂性，实现信息隐藏。

12.3.2.3　形式化方法

形式方法是建立在严格数学基础上的软件开发方法。研究内容包括形式化规约（也称形式化规范或形式化描述）和形式化验证。

形式化规约主要分为两类方法：一类是面向模型的方法，也称为系统建模，通过构造系统的计算模型来刻画系统的不同行为特征；另一类是面向性质的方法，也称为性质描述，通过定义系统必须满足的一些性质来描述一个系统。

形式化验证与形式化规约之间具有紧密的联系，形式化验证就是验证已有的程序（系统），是否满足其规约的要求。传统的验证方法包括模拟和测试，都是通过实验的方法进行查错。而目前常见的验证方法主要分为演绎验证和模型检测两类。

12.3.3 软件可靠性分析

软件可靠性分析方法有软件失效模式与影响分析、软件故障树分析、将两者相结合的综合分析、事件树分析，以及 Petri 网分析等方法。

失效模式与影响分析是一种传统的可靠性、安全性分析方法，根据分析阶段与对象的不同，采用的分析方法也不同。通常有系统级失效模式与影响分析和详细级失效模式与影响分析。系统级失效模式与影响分析的主要分析对象是软件需求分析阶段的软件功能或设计阶段的软件部件，用于发现软件需求或体系结构等存在的缺陷。详细级失效模式与影响分析的主要分析对象是已经编码实现的软件单元或由伪码描述的单元，通过分析输入变量和算法的失效模式，推导出对输出变量产生的影响。由于详细级软件失效模式与影响分析极其繁琐，因此适用于如内存、通信、处理结果等缺乏硬件保护的安全关键系统。

软件故障树是一种自顶向下的软件可靠性分析方法，可以弥补失效模式与影响分析单因素失效分析的缺陷，利用图形化的方式直观地表达各种失效原因的逻辑关系。软件故障树的分析结果可以在软件生存周期的不同阶段使用：

1）软件开发过程的早期，可以用来指导软件的需求和设计，通过建立软件故障树，进行定性、定量分析，找出顶事件发生的关键因素，采取措施加以避免，降低顶事件发生的概率，提高软件的安全可靠性。

2）软件测试阶段，可用来确定软件测试的重点，并指导测试用例的设计。

3）软件系统交付后，可利用软件故障树对使用过程中遇到的失效事件进行故障定位。

软件失效模式与影响分析和软件故障树分析两种技术在单独应用进行软件可靠性分析时各有其不足：软件失效模式与影响分析是

一种自底向上的单因素失效分析方法，无法完善的表达失效原因之间的各种逻辑关系；软件故障树分析是一种自顶而下依照树状结构倒推故障原因的方法，顶事件的选取可能会遗漏潜在的顶层失效事件，有时候这种影响是关键的。两种技术各自的优点正好弥补了对方的不足。将两种技术综合应用于工程实践中，可以起到优势互补的作用，保证分析结果的完备性与表达方式的直观性。分析方法可分为正向综合分析和逆向综合分析两类：当关注分析的完整性，可选择正向综合分析，如果只关注顶层的影响软件可靠性安全性的关键事件，可选择逆向综合分析。

事件树分析法是一种时序逻辑的事故分析方法，按照事故发展的时间顺序，由初因事件开始分析，推测可能的后果，以此来识别危险源。该方法不仅能够定性的分析事件的动态变化过程，识别事故连锁，并制定预防事故的改进措施，而且能够定量计算出后果事件的发生概率。分析过程中需进行的步骤包括建立事件树、定性分析事件树、定量分析事件树。

Petri 网是一种系统描述和模拟的数学和图形分析工具，具有直观、形象等优点，又具有许多优良的数学性质。可以较好地描述复杂系统中常见的同步、并发、分布、冲突、资源共享等现象，已被广泛应用于分布式系统、信息系统、离散时间系统和柔性制造系统等领域。近年来被应用于软件系统的可靠性分析中，包括正向分析法和逆向分析法两种：正向分析法由系统的初始状态出发，向前分析其发展路径上是否可能达到危险状态；逆向分析法先确定系统的危险状态，再由危险状态向后分析其来路上是否存在使其发生的条件。

12.3.4　软件可靠性测试

软件可靠性测试是为了保证和验证软件的可靠性而进行的测试，是随机测试的一种，其主要特征是按照用户实际使用软件的方式测试软件，是评估软件可靠性水平及验证软件产品是否达到可靠性要求的一种有效途径。与其他类型的软件测试相比，可靠性测试可以采用与其他方法相同的测试环境和测试结果分析方法，但是必须使用专用的软件测试数据生成方法和软件可靠性评估技术，在测试数据中体现出软件需求以及用户对软件的使用情况，在评估中体现出软件可靠性测试的定量化度量。

软件可靠性测试分为可靠性增长测试、可靠性验证测试，如果没有可靠性指标要求而需要评估当前的可靠性水平，还有软件可靠性摸底测试。

12.3.4.1　可靠性增长测试

可靠性增长测试的目的是有效地发现程序中影响可靠性的缺陷，通过排除这些缺陷实现软件可靠性增长。软件可靠性测试一般在系统测试的末期进行，通常在完成编码、单元测试、集成测试以及常规系统测试后，如果有可靠性要求，再进行可靠性增长测试。可靠性增长测试是费时、费力的工作，一般适用于有可靠性定量要求、而且可能会影响系统安全和任务完成的关键软件。可靠性增长测试分为以下阶段。

（1）测试策划阶段

定义失效和可靠性目标，主要输出可靠性增长测试计划。

（2）测试设计和实现阶段

主要工作包括构造操作剖面和建立测试环境，以及在此基础上生成测试用例。构造操作剖面是软件可靠性测试过程中的一项关键技术，也是软件可靠性测试区别于其他类型软件测试方法的关键环节，需要描述软件的使用方式，包括接收怎样的输入、输入的分布、输入之间的关系等，然后根据剖面随机抽样生成测试数据。操作剖面构造方法有 Musa 剖面、Markov 使用剖面等。该阶段主要输出是软件可靠性增长测试说明，包含测试用例集。对于较复杂的软件，随机抽样产生的测试数据通常不含测试预期结果，可以在抽样生成的基础上，人工添加测试。由于操作剖面是软件可靠性测试的关键环节，通常在操作剖面构建后要进行严格的评审。

（3）可靠性增长测试执行阶段

执行测试用例，收集失效数据要进行可靠性评估。收集失效数据是采用模型进行软件可靠性评估的基础，失效数据收集的完整、准确、及时与否对可靠性评估结果的可信度至关重要。常用的模型有失效计数数据和失效时间数据。测试结果的分析和处理主要包括两部分：一是针对发现的软件失效，分析失效带来的影响，从而排除缺陷，并进行回归测试；一是分析失效数据的趋势，选择出软件可靠性模型进行评估分析。该阶段的主要输出是可靠性执行记录，问题报告，以及失效数据分析和处理的记录。

（4）软件可靠性测试总结

对测试过程和数据进行总结，主要输出软件可靠性增长测试报告。

12.3.4.2　可靠性验证测试

可靠性验证测试是为了验证在给定的置信水平下，软件当前可靠性水平是否满足用户的要求而进行的测试。软件可靠性验证测试是一种统计试验，测试前应该选定可靠性统计测试方案，确定可靠性统计参数：检验下限、检验上限、鉴别比、生产方风险、使用方风险、判决为通过的失效数、判别为不失效的失效数。

12.3.4.3　可靠性摸底测试

软件可靠性摸底测试主要针对没有明确提出软件可靠性指标，却希望通过可靠性测试确定软件的可靠性水平而进行的测试。摸底测试的时间和用例的数量由测试的资源决定，测试的时间越长，用例数量越多，摸底评估出的置信水平相对就越高。

12.3.5　软件可靠性评估

软件可靠性评估中，可靠性评估模型是定量评估的基础。软件可靠性评估模型是随机过程的一种表示形式，通过这种表示，可以将软件可靠性或与软件可靠性相关的量，如平均失效时间、失效率等，表示成时间与产品的特性或者开发过程的函数。软件可靠性评估模型将软件失效过程的一般形式规定为多个因素（例如缺陷引入、缺陷移除和运行环境等）的函数或数学表达式。IEEE 1633 推荐了常用的评估模型，如指数 NHPP 模型、非指数 NHPP 模型、贝叶斯模型等。

12.3.5.1　指数 NHPP 模型

呈指数分布的 NHPP 模型的典型代表包括 Jelinski-Moranda 模型、Schneidewind 模型、通用指数模型、Shooman 模型、Musa 基本模型等。该类模型认为累积缺陷数是一个独立增量过程，其服从泊松分布，并利用指数分布来描述缺陷的增长趋势。

（1）Jelinski-Moranda 模型

该模型是最早建立的软件可靠性模型之一，曾用于麦克唐奈道格拉斯海军工程中。该模型以一种简便和合乎直觉的方式表明如何根据软件缺陷的线路历程来预计引发出后来的多种变形，对软件可靠性定量分析技术的建立和发展做出了重要的贡献，是软件可靠性研究领域的第一个里程碑。

（2）Schneidewind 模型

该模型的基本思想是：当前错误率能够比许久以前观测的错误率更好地建立当前的可靠性模型。Schneidewind 使用了 3 类模型，把时间函数看成重要数据。所用的数据是每单位时间的错误数，其中所有的周期长度相同。

12.3.5.2　非指数 NHPP 模型

非指数分布的 NHPP 模型的代表包括 Musa&Okumoto 对数泊松执行时间模型、Duane 模型、Brooks Yamada 的 S 型模型和 Motley 二项式和泊松模型等。该模型认为积累缺陷数是一个独立增量过程，其服从泊松分布，并利用非指数分布来描述缺陷的增长。相对于之后的缺陷排除，早期的缺陷排除对失效强度有更大的影响。

（1）Musa&Okumoto 对数泊松执行时间模型

该模型是失效强度函数随失效发生而指数递减的非均匀泊松过程。指数率递减反映了以下观点：早期发现的缺陷比晚期发现的缺陷对失效强度函数的减小作用大。

（2）Duane 模型

该模型假设单位事件发生的失效数服从 NHPP 过程，一般用于测试的后期和运行阶段。

12.3.5.3　贝叶斯模型

贝叶斯方法认为，如果一个程序不被使用的软件代码中包含许多缺陷，那么这种软件所表现出的可靠度可能要比经常使用的代码中包含一个缺陷的软件高，代表模型有 Littlewood-Verrall 模型（简称 L‑V 模型），也是 IEEE 1633 中推荐的用于匹配数据的初选贝叶斯模型。该模型认为可以根据历史数据或专家经验对模型中的参数有一些认识，即可以通过先验分布来考虑先验知识与参数之间的关系，从而获得更为准确的评价结果。

L‑V 模型是模拟软件失效过程的双随机性质。当软件失效并试图修复时需考虑不确定性的两个基本来源。首先软件运行环境的特征有不确定性；其次，不确定性的第二个来源与试图排除因其失效的错误有关。模型的假设包括：

1）软件在失效数据采集过程中的运行方式与要进行预计的方式相似：测试环境能够代表运行环境；

2）失效间隔事件都是条件独立的指数随机变量，即失效过程是随机的；

3）修复过程包含不确定性，相继修复之后的失效率能看成一个独立随机变量序列。

第 13 章　软件项目管理与计划

通常软件项目管理的第一步是制订项目计划。虽然航天型号软件研制过程中计划阶段没有明确列出，但是在需求分析阶段中包含了制订软件项目计划的工作。软件项目计划在航天型号研制中起到了重要的作用，是确保整个项目的进度、成本、质量按照预期执行，开展度量分析以及控制和改进的基准。

13.1　概述

在软件开发项目运作过程中，计划编制是最复杂的阶段。许多人对计划编制工作都抱有消极的态度，因为编制的计划常常没有用于促进实际行动。然而，软件项目计划的主要目的就是指导项目的具体实施。为了制订一个具有现实性和实用性的软件项目计划，需要对软件的开发周期、项目规模、成本等进行分析。

软件项目计划是有条不紊开展软件项目管理活动的基础，是跟踪、监督、评审计划执行情况的依据，为软件工程的运作和软件项目活动的管理提供一个合理的基础。软件项目计划也起到对软件项目估算的作用，对软件工作产品的规模（或者规模的变更）、软件项目的工作量、成本和关键资源等都应该按照一定规则进行估算，并且将估计结果文档化。软件项目计划贯穿整个软件生存周期过程，包括立项、评审、开发、成本估算和控制等，是软件项目成功的关键与基石。

航天型号软件研发过程制订的软件项目计划一般应包括软件开发计划、软件配置管理计划、软件质量保证计划、软件安全计划等，软件配置管理计划、软件质量保证计划、软件安全计划可以合并在软件开发计划中，应该涵盖软件工程过程要求的活动、评审等，对软件开发进度、资源、里程碑、配置管理、风险管理、安全工作等进行策划。软件配置管理计划、软件质量保证计划、软件安全计划在本书"配置管理"、"软件质量保证"、"软件安全可靠性"章节分别进行了介绍。本章从开发管理角度，综合的介绍软件项目管理和软件开发计划。

13.2　软件项目管理过程

软件项目管理的对象是软件工程项目，涉及的范围覆盖了整个软件工程过程。软件项目管理中，重要的是人、问题和过程。

人是最重要的管理对象，软件项目参与人员包括管理者、开发人员、测试人员等，项目负责人的目标就是使参与项目的人员高效地合作。

问题是指软件工程的目的和范围。根据目的和范围，选择可能的方案，定义技术规范。没有这些信息，就不能进行合理的成本估算、有效地风险评估，也不能对项目进行适当的划分，无法安排进度。因此，定义软件的问题是在软件工程的第一阶段开始的，直到软件需求分析完成。这也就是本书第 5 章介绍的航天软件研制过程中，将软件开发计划的制订划分在软件需求阶段的原因。

对过程来说，就是制订软件开发计划，包括选择合适的过程模型，制订开发过程的阶段，如里程碑、交付物和质量保证点等。

综上，为了使软件项目成功，必须对软件项目的工作范围、可能遇到的风险、需要的资源（人、软/硬件）、要实现的任务、里程碑、花费的工作量（成本），以及进度等进行规范、科学的管理，具体包括以下内容。

13.2.1　启动软件项目

在确定项目的目标和范围后，就能够启动软件项目，进行项目任务分解、成本估算和进度安排。

13.2.2　成本估算

软件开发计划中必须对需要的人力、项目持续时间、成本作出估算。估算大多是经验值，也有一些成本估算模型可以参考。

13.2.3　风险分析

软件项目的风险分析能够考虑项目中存在的不确定性，尽早进行防范。风险分析实际上就是贯穿在软件工程中的一系列风险管理步骤，包括风险识别、风险估算、风险评价、风险监控和应对。

13.2.4　进度安排

进度安排是针对项目目标进行任务拆分，建立任务之间的联系，估算各个任务的工作量，分配人力和其他资源，制订进度时序。另外，还要建立任务的里程碑。

13.2.5　追踪和控制

软件开发计划制订后，项目人员要负责对项目实施情况进行追踪和控制。如果任务实际完成日期滞后于进度安排，应该进行风险分析，及时进行纠正或改进，解决已经暴露的问题，控制软件开发过程。

13.3　软件开发计划的实现过程

软件开发计划作为项目管理最重要的依据，是保证软件开发活动成功的关键。具体来讲，体现在以下方面：

1) 使软件项目的开发建立在可靠的基础之上，并将计划文档化，由开发人员遵循，并据此跟踪检查计划的执行情况；

2) 确定软件项目开发活动的承诺，使软件开发工作有序而协调地开展，以便根据软件计划的资源、约束和能力逐步履行承诺；

3) 明确与软件项目相关的组织和个人的承诺,将责任落实到组织和个人,从组织管理上保证项目开发的成功。

通常软件开发计划可以有多种实现过程,在此分析其中最常用的一种。这种实现过程把软件开发计划分为 6 个阶段。

13.3.1　计划初始阶段

首先确定一位软件项目负责人,然后由软件项目负责人检查项目的工作描述,明确初始需求,对成本、资源和时空需求进行初步估计,指明项目的初始风险和限制,收集初始的计划数据,成立计划组并指定项目计划负责人。

13.3.2　制订软件开发计划

软件项目计划组检查软件开发计划的案例,选择制订计划的样板,分析案例存在的问题,提出修改意见,把软件开发计划样板改造成适合本项目的软件开发计划,提交软件开发计划。

13.3.3　对软件开发计划进行审查和批准

项目计划负责人与项目的风险承担者一起,对软件开发计划的草稿进行严格的技术检查,对查出的问题提交解决办法,并将软件开发计划作一体化的修改更新,为软件开发计划确定正式的承诺,提交基本软件开发计划和最终软件开发计划的文档检查报告。对软件开发计划制订过程中出现的需求改变或者是新的过程,编写报告并提交给软件工程过程组。

13.3.4　实施软件开发计划

项目人员执行软件开发计划规定的任务,开展相应的活动。在这个过程中,要执行软件质量保证,检查软件质量报告。同时进行项目跟踪和监控,确保计划的完成。

13.3.5 软件开发过程的度量和评价

在实施过程中根据开发人员提出的意见,找出计划和执行情况的差距,找出造成差距的原因,对过程提出修改意见,估计改进后的效果,为重新制订软件开发计划提供根据。

13.3.6 修改软件开发计划

分析过程改进后的影响,决定是否需要对软件开发计划进行修改,提交软件开发计划的问题报告和修改意见。软件开发计划的成熟度是在计划的制订与执行过程中,通过不断总结经验逐步提高的。

13.4 软件开发成本估算

软件开发成本是指软件开发过程所花费的工作量及相应的代价,主要是人的劳动的消耗,从软件计划、需求分析、设计、实现、测试到维护整个过程花费的人工代价。

软件成本建模技术研究始于 20 世纪 60 年代末。根据是否采用了参数化的方法估算软件成本,可以把软件成本估算模型分为基于参数模型的软件成本估算及非参数化的软件成本估算两大类,如表 13-1 所示。然而,随着软件系统规模的不断增大,其复杂性也在持续增长,如何准确地预测和评估软件开发成本仍无法很好的解决。

表 13-1 软件成本估算方法

软件成本估算模型分类名称	相关模型举例
	COCOMO II 模型
基于参数化模型的软件成本估算	Putnam 模型
	功能点分析法
	专家估算
非参数化的软件成本估算	类比估算
	回归分析法

13.4.1　基于参数化模型的软件成本估算

软件成本估算模型中表示软件规模有两种方法，即代码行数与软件功能点数。COCOMO II、Putnam 模型采用代码行数表示。代码行数获取简单，具有客观性，但是依赖于编程语言，受编码水平和风格的影响，在项目初期难以有效估计。功能点表示法与需求直接相关，不受语言和实现的影响，在需求阶段就可以使用，缺点是需要专门的需求研究，具有一定的主观性。

13.4.1.1　COCOMO II 模型

COCOMO II 模型由应用组合模型、早期设计模型、后体系结构模型 3 个子模型组成。COCOMO II 使用人月来度量软件开发工作量。工作量 P_M 评估的基本模型为：

$$P_M = AS^B \prod_{i=1}^{N} M_i \qquad (13-1)$$

式中　S ——估算的软件功能单元的代码行数（以千行为单位），通过模块功能结构分解和专家法估计，或者使用功能点数转化为代码行数；

　　　B ——反映项目的规模经济性，当 $B > 1$ 时所需工作量的增加速度大于软件规模（S）的增加速度，体现出规模非经济性；反之，当 $B < 1$ 时则表示规模经济性。

　　　M_i ——成本驱动因子，根据软件工程理论的发展和外部环境的变化，COCOMO II 进一步改进了原有的成本驱动属性，对不同的生存周期阶段模型使用了不同的因子集合。

　　　A ——常数，通常取值为 2.94。

COCOMO II 使用 5 个规模因子 W_i，采用式（13-2）计算指数 B，即

$$B = 0.91 + 0.01 \sum W_i \qquad (13-2)$$

5 个规模度因子根据其重要性和价值，在 6 个级别上取值，从极低到极高，如表 13 - 2 所示。

表 13 - 2　规模因子取值表

规模度因子 W_i	说明	等级					
		极低	低	正常	高	非常高	极高
PREC	开发前例	6.20	4.96	3.72	2.48	1.24	0.00
FLEX	开发灵活性	5.07	4.05	3.04	2.03	1.01	0.00
RESL	体系结构和风险控制	7.07	5.65	4.24	2.83	1.41	0.00
TEAM	项目组成员合作程度	5.48	4.38	3.29	2.19	1.10	0.00
PMAT	过程成熟度	7.80	6.24	4.68	3.12	1.56	0.00

（1）应用组合模型

应用组合模型是指通过原型来解决人机交互、系统接口、技术成熟度等具有潜在高风险的内容，通过计算屏幕、报表、第三代语言模块的对象点来评估软件成本。

（2）早期设计模型

早期设计模型用于支持确立软件体系结构的生存周期阶段，包括功能点和 7 个成本驱动因子（M_i），用该 7 个成本驱动因子来调整计算公式，如表 13 - 3 所示。

表 13 - 3　成本驱动因子

成本因子	说明	成本因子	说明
PCPX	可靠性与复杂度	PREX	个人经验
RUSE	可再用性要求	FCIL	开发工具和外部环境
PDIF	计算机开发硬件限制	SCED	进度要求
PERS	个人能力		

（3）后体系结构模型

后体系结构模型是在项目开发之后，在对软件系统有了进一步了解的基础上，通过源代码或功能点数来计算软件工作量和进度，并使用 17 个成本驱动因子（M_i）进行成本估算，如表 13 - 4 所示。

表 13 - 4　后体系结构模型成本驱动因子

成本因子		说明	成本因子		说明
产品属性	RBLY	软件可靠性	人员属性	ACAP	分析员能力
	DATA	数据级大小		AEXP	应用经验
	DOCU	文档要求		PCAP	程序员能力
	CPLX	产品复杂度		PEXP	计算机平台经验
	RUSE	可再用性		LTEX	语言和工具经验
				PCON	人员稳定性
计算机属性	TIME	执行时间限制	项目属性	TOOL	使用的软件工具
	STOR	主存限制		SCED	进度要求
	PVOL	平台易变性		SITE	多地点开发

13.4.1.2　Putnam 模型

Putnam 模型是 1978 年由 Putnam 提出的一种动态多变量成本估算模型。该模型的基础是假定在软件开发的整个生存期中，工作量有特定的分布。它把项目的资源需求当作时间的函数。软件工作量估算的经验公式为：

$$L = C_k K^{\frac{1}{3}} t_d^{\frac{4}{3}} \qquad (13 - 3)$$

式中　L ——源代码行数（以 LOC 计）；

　　　K ——整个开发过程所花费的工作量（以人年计）；

　　　t_d ——开发持续时间（以年计）；

　　　C_k ——技术状态常数，反映开发约束，取值因开发环境而异，参见表 13 - 5。

表 13 - 5　技术状态常数取值

C_k 的典型值	开发环境	开发环境举例
2000	差	没有系统的开发方法，缺乏文档和复审
8000	好	有合适的系统的开发方法，有充分的文档和复审
11000	优	有自动的开发工具和技术

13.4.1.3 功能点分析法

功能点分析法是 IBM 的 Allen Albercht 于 1979 年提出的，在软件行业的应用与实践已超过 30 年。

该方法以系统所提供的功能作为基本度量单位。输出的结果可以分为两类：

1）未调整的软件功能点数，仅考虑软件需求的功能点数；

2）调整的软件功能点数，考虑软件特征和复杂度的功能点数。

ISO 组织委托 ISO/IEC JTC 1（信息技术）的软件与系统工程委员会制定了 ISO 14143 标准以及 6 个子标准，规范了功能点分析方法的概念定义、一致性评价、验证、参考模型、应用领域确定、使用指南。典型的功能点分析方法如下。

（1）MarkII

Symnos 为毕马威咨询公司工作期间提出了 MarkII 功能点操作方法，被英国政府所采纳，目前该标准由英国软件行业协会维护。MarkII 应用于为客户定制的应用系统（例如 ERP、CRM 系统的实施）、批处理应用或实时应用系统。

（2）COSMIC

该标准是通用软件度量国际联盟于 1999 年提出的，2003 年成为 ISO 标准，对于实时类软件、嵌入式软件有更好的适用性，同时对典型的信息系统也具有良好的适用性。

（3）NESMA

该标准由荷兰软件度量协会提出，与 IFPUG 类似，只是具体的概念定义有略微差别。

（4）FISMA

该标准是芬兰软件度量行业协会于 1997 年提出的，突出了"服务"概念，不再强调"功能"概念。

（5）IFPUG

该标准是国际功能点用户组于 1984 年提出的技术标准。其他标准都借鉴了该标准。

下面介绍功能点分析的主要元素。

(1) 内部逻辑文件 (ILF)

内部逻辑文件是一组用户可识别的、逻辑上相关的数据或控制信息。它驻留在应用程序边界之内，通过外部接口维护，具体的维护包括增加、修改、删除。

(2) 外部接口文件 (EIF)

外部接口文件是一组用户可识别的逻辑上相关的数据，是在应用边界之外被控制或引用的。

(3) 外部输入 (EI)

外部输入是一个基本过程，处理来自于应用边界之外的数据或者控制信息。数据可以来自于屏幕输入、文件、磁盘、网络接口，也可以来自于其他应用程序。外部输入的主要作用是维护一个或者多个内部接口文件，修改系统的行为，存储和计算的值为外部输入数据元素。

(4) 外部输出 (EO)

外部输出是一个基本过程，将派生数据或者控制信息发送到应用程序边界之外。它的基本用途是将信息呈现给用户，或者输出到文件中。外部输出是除了提取之外的其他逻辑处理，如数学演算、派生数据生成。

(5) 外部查询 (EQ)

外部查询是一个基本过程，包含数据和输出构件，查询的结果可能来源于一个或者多个内部逻辑文件和外部接口文件，最终的查询结果需要传送到应用边界之外。外部查询与外部输出的区别在于，外部查询不包含数学公式或计算，以及衍生数据的生成。

具体的功能点估算步骤本书不再展开叙述，可以查看上述相关标准。按照 NESMA，需求模糊时，可采用式 (13-4) 计算功能规模 (G)，即

$$G = 35Q_{ILF} + 15Q_{EIF} \tag{13-4}$$

需求明确时，可采用式 (13-5) 计算功能规模，即

$$G = 10Q_{ILF} + 7Q_{EIF} + 4Q_{EI} + 5Q_{EO} + 4Q_{EQ} \tag{13-5}$$

式中　Q_{ILF}——内部逻辑文件的数量；

　　　Q_{EIF}——外部接口文件的数量；

　　　Q_{EI}——外部输入的数量；

　　　Q_{EO}——外部输出的数量；

　　　Q_{EQ}——外部查询的数量。

13.4.2　非参数化的软件成本估算

13.4.2.1　专家估算

专家估算（Delphi）方法是兰德公司在 20 世纪 40 年代末，为预测未来事件而开发的一种模型。首先，每个专家在不与其他人讨论的前提下，对某个问题给出自己的初步匿名评定。第一轮评定的结果收集、整理之后，返回给每个专家进行第二轮评定。这次专家们仍面对同一评定对象，所不同的是他们会知道第一轮总的匿名评定情况。第二轮的结果通常可以把评定结论缩小到一个小范围，得到一个合理的中间范围取值。

13.4.2.2　类比估算

类比估算是基于实例推理（Case Based Reasoning，CBR）的一种形式，即通过对一个或多个已完成的项目与新的类似项目的对比来预测当前项目的成本与进度。

类比估算要解决的主要问题是：

1）如何描述实例特征，即如何从相关项目特征中抽取出最具代表性的特征；

2）通过选取合适的相似度/相异度的表达式，评价相似程度；

3）如何用相似的项目数据得到最终估算值。特征量的选取是一个决定哪些信息可用的实际问题，通常会征求专家意见以找出有助于确认出最相似实例的特征。当选取的特征不够全面时，所用的解决方法也是使用专家意见。

13.4.2.3　回归分析

在对软件项目进行估算时，通常情况下能得到相关软件组织或软件产品的某些历史数据。充分利用这些历史数据对预测与估算未来状况是很有帮助的。回归分析，就是这样一种相当常用与有效的数据驱动方法。OLS 回归是最传统的回归方法，假定了将一个依赖变量与一个或多个独立变量相关联的函数形式。

对于 OLS 回归，首先要指定一个模型（以表现依赖变量与独立变量之间的关联形式），然后将数据与这个指定的模型相配合，试图使得方差的总和最小。通常，一个使用 OLS 方法的回归函数可表示为：

$$y_i = A_1 + A_2 X_{i2} + \cdots + A_k X_{ik} + u_i \qquad (13-6)$$

式中　X_{i2},X_{ik} ——对第 i 次观测值的回归变量；

A_2,A_k ——响应系数；

A_1 ——截距系数；

y_i ——对第 i 次观测值的响应变量；

u_i ——随机误差。

令 r_i 表示对于第 i 次观测值的实际观测结果 y'_i 与预计结果 y_i 的差值，则 r_i^2 就是平方误差。OLS 方法要做的就是估算出响应系数和截距参数，使得误差的总和达到最小化，即 $\min \sum (y'_i - y_i)^2$。

13.5　进度安排

软件开发项目的进度安排有两种方式：

1）系统最终交付日期已经确定，软件开发必须在规定期限内完成；

2）系统最终交付日期只确定了大致的年限，最终交付日期由软件开发部门确定。

对于第一种情形，只能从交付日期开始往前推，安排软件开发周期中的每个阶段的工作。如果时间太紧，就要增加资源。第二种可以对项目进行细致的分析，合理利用资源，根据工作确定交付日期。

13.5.1　制订开发进度计划

在制订软件的开发进度计划时，有一种常用来估计在整个定义与开发阶段工作量分配的简单方案，称为 40 - 20 - 40 规则。该规则表明在软件开发过程中，编码的工作量仅占 20%，编码前的工作量占 40%，编码后的工作量占 40%。该规则过于简单，只能是一个粗略的指导。

对实际开发的软件项目进行统计，发现花费在计划阶段的工作量很少超过总工作量的 2%～3%。需求分析可能占项目总工作量的 10%～25%。花费在分析或者原型上面的工作量应当随项目规模和复杂性成比例地增加。

通常用于软件设计的工作量在 20%～25% 之间，而用在设计评审与反复修改的时间也必须考虑在内。由于软件设计已经投入了工作量，编码用总工作量的 15%～20% 就可以完成。测试和调试约占总工作量的 30%～40%。航天安全关键等级高的软件，测试工作量可能达到其余阶段的 3～5 倍。

在制订进度计划时，可以参照表 13 - 6 所示的进度分配百分比表，按照比例确定每一阶段所需的开发时间，然后在每个阶段进行任务分解，对每个任务再进行工作量和开发时间的分配。

表 13 - 6　进度分配百分比表

阶段	需求分析	设计	编码与单元测试	集成与测试
占开发时间的百分比	10～30	17～27	25～60	16～28

13.5.2　进度安排的图形方法

在具体表示项目进度时，有很多方法。常用的有表格法和图形法。采用图示的方式比使用语言表述在表现各项任务之间进度的相互依赖关系上更清楚。在图示法中，必须明确标明各个任务的计划开始时间和完成时间、各个任务完成的标志、任务参与的人数、任务所需的物理资源和数据资源、各个任务与工作量之间的衔接情况。

甘特图是常用的多任务安排工具。用水平线段表示任务的工作阶段，垂直线段表示当前的执行情况，线段的起点和终点分别对应任务的开工时间和完成时间，线段的长度表示完成任务所需的时间。

在甘特图中，任务完成的标准是应交付的文档与通过的评审。因此，文档编制与评审是软件开发进度的里程碑。有成熟的软件工具可以用来绘制甘特图，制订进度安排表。

在安排软件进度时，必须处理好进度与质量的关系。在软件开发实践中常常在进度压力下，以牺牲产品的质量为代价。

13.5.3　追踪与控制

计划是项目执行的"标尺"，计划执行不力，项目失败的可能性非常大。软件项目管理的一项重要工作就是在项目实施过程中进行追踪，对过程进行严格控制。可以采用以下方式进行追踪：

1）定期举行项目状态会议，在会上，每一位项目成员报告进展和问题；

2）评价所产生的所有评审结果；

3）度量项目任务的实际执行时间；

4）非正式地与开发人员交谈，以得到对问题的客观评价。

追踪过程中，管理人员还应该对项目资源、问题等进行控制，解决遇到的问题，调整资源部署或者进度。

13.6　风险管理

风险是关系到未来的可能发生的事情，具有不确定性。但是风险会导致软件项目失败。风险管理包括以下主要内容。

13.6.1　风险识别

从宏观上看，可以将风险分为项目风险、技术风险和商业风险。项目风险包括潜在的预算、进度、人员、需求方面的问题，以及它们对软件项目的影响。技术风险包括潜在的设计、实现、接口、检验和维护方面的问题。此外，规格说明的多义性、技术上的不确定、不成熟等也是风险因素。商业风险主要来自所构置的货架软件的销售商方面。

风险识别就是识别以上类型的项目相关的特定风险。通常建议使用"风险项目检查表"，列出每个风险相关的提问，通过假设分析给出答案。这样有助于帮助制订计划的人员识别风险。

13.6.2　风险估算

风险估算也称为风险预测。可以从风险发生的可能性和概率角度评估风险。通常，项目计划人员与管理人员、技术人员一起，进行 4 种风险估算活动：

1）建立一个尺度或标准表示一个风险的可能性。尺度可以用布尔值、定性或定量的方式定义。例如使用定量的概率尺度，划分为极罕见、罕见、一般、可能、极可能。

2）描述风险的结果，即风险出现时可能的问题。

3）估计风险对项目和产品的影响，根据风险的结果和风险的严重性、影响时间对风险进行加权，确定影响程度。

4）确定风险估计的正确性。

13.6.3　风险评价

风险评价是进一步检验风险评估得到的估计的准确性，尝试对已暴露的风险进行优先级排序，制定控制或者消除风险的方法。

风险评价过程采用的技术是定义风险参照水准。例如对于成本超支、进度延期、性能降低，制定不同的阈值作为风险参照水准，表示不同等级的风险程度，并制定相应的措施。

13.6.4　风险监控与应对

风险分析的目的是为了建立处理风险的策略。风险应对就是利用某些技术避开或者转移风险。软件实施过程要进行风险监控，风险监控的目标是：

1）判断一个预测的风险是否发生了；

2）确保针对某个风险制定的风险消除步骤正在合理地实施；

3）收集可用于将来的风险分析的信息。

第 14 章　配置管理

配置管理是通过技术或行政手段对产品及其开发过程和生存周期进行控制、规范的一系列措施。航天型号软件研制过程中，通过配置管理提升软件开发和维护过程的完整性，避免遗漏和版本的篡改。各研制单位要成立配置控制委员会，承担修改、控制、评审及记录的职责，依据软件安全关键等级、规模对产品进行严格的配置管理。配置管理审查是航天型号软件技术状态评估的一项重要内容，对软件质量保证起重要作用。

14.1　概述

软件配置管理是标识和确定系统中软件配置管理项的过程，在整个软件生存周期内控制这些软件配置管理项的投放和更动，记录并报告配置的状态和更动要求，验证配置的完整性和正确性。软件配置管理是软件工程的重要组成部分，配置管理工作做得好，就可以减少或避免软件发生混乱，提高开发效率，加速项目完成，保证软件开发工程能在规定的时间内保质、保量完成。

在 IEEE-729 标准中，对软件配置管理描述如下：

1）标识，标识产品的结构、产品的构件及其类型，为其分配唯一的标识符，并以某种形式提供对它们的存取；

2）控制，通过建立产品基线，控制软件产品的发布和在整个软件生存周期中对软件产品的修改；

3）状态统计，记录并报告构件和修改请求的状态，并收集关于产品构件的重要统计信息；

4）审核和复审，确认产品的完整性并维护构件间的一致性，即确保产品是一个严格定义的构件集合；

5）生产，对产品的生产进行优化管理，解决最新发布的产品将由哪些版本的文件和工具来生成的问题。

软件配置管理是用于所有软件开发项目的最佳工程实践。航天型号软件项目不论大小都应该实施软件配置管理，但所管理的软件实体的多少，实施控制的方式和投入人力多少则与软件项目的规模大小、等级、复杂程度以及风险大小有关。安全关键级别高的软件配置项，配置管理必须严格控制。

配置管理的目的是利用配置标识、配置控制、配置状态记录和配置审核建立和维护工作产品的完整性。软件配置管理包括在给定时间点上及时地标识软件的配置，系统地控制配置的更改，并在整个软件生存周期中维护配置的完整性和可跟踪性。为了有效地实施软件的配置管理，应建立一个配置管理系统。软件配置管理系统应满足下列要求：

1）应包含软件配置管理项，在软件生存周期内所产生的各种管理文档和技术文档、源码列表及其可执行码，以及运行所需的各种数据都可以构建软件配置管理项；

2）能够对所有的软件配置管理项进行唯一标识；

3）能够对所有的软件版本进行唯一标识；

4）软件配置管理项应保持正确性、完备性和可追踪性，明确具体措施；

5）任何软件配置管理项都应做到"文实相符、文文一致"；

6）系统应在其所属的各级中建立配置管理库；

7）确保软件配置管理项在各级的受控库/产品库中状态的一致性；

8）各系统、分系统应明确规定所管的软件实体的清单、入库控制办法和审批手续、出库条件及其必备的手续，以及变更控制办法和审批手续。

14.1.1　术语和定义

14.1.1.1　软件配置

软件配置是软件产品在不同时期的组合，该组合随着开发工作的进展而不断变化。软件产品包括程序、文档、数据。在软件开发过程中，还同时生成过程文档和各种质量、过程记录以及环境。所有这些项组成了软件过程中生成的全部信息，称为软件配置，所有这些项简称软件配置项。

14.1.1.2　软件配置管理项

软件配置管理项是置于配置控制之下的软件配置项的有关软件成分，包括各类管理文档、技术文档、源码列表及其可执行码、运行所需的系统软件和支持软件，以及各种数据。在软件生存周期内所产生的各种管理文档和技术文档、源码列表及其可执行码，以及运行所需的各种数据均构成软件配置管理项。软件配置管理项是软件的真正实质性材料，应保持正确性、完备性和可追踪性。

14.1.1.3　基线

基线在配置管理项生存周期的某一特定时间内，正式指定或固定下来的一组配置标识文件。基线加上根据这些基线批准同意的更动构成了当前配置标识。确定基线的目的是便于配置管理，使开发和维护过程受控，使后续的开发工作有一个正确的一致的依据。

根据软件项目的规模和安全关键等级确定基线，一般软件开发阶段包含 5 个基线，即功能基线、分配基线、开发基线、实现基线和产品基线，它们与开发阶段的关系如图 14 - 1 所示。

航天型号软件的配置管理至少应有以下 3 种基线：

1）功能基线，由交办方和承制方签字同意的软件任务书，经过评审和批准，建立起功能基线。

2）分配基线，软件需求分析阶段结束时，软件需求规格说明经过正式评审和批准，建立起分配基线。

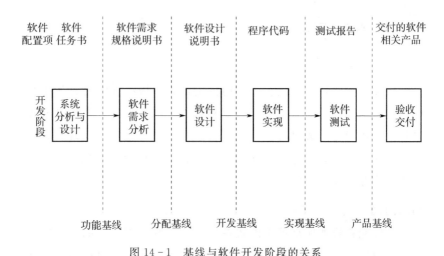

图 14-1　基线与软件开发阶段的关系

3）产品基线，系统集成与系统测试完成，可用于交付的软件相关产品经过评审和批准，建立起产品基线。

随着管理水平的提高，可适当的增加基线。例如，在软件设计完成后建立设计基线；在编码完成后建立实现基线等。

14.1.2　配置管理库

在软件开发过程中，须建立配置管理库（即"三库"）：开发库、受控库、产品库。3 个库有不同的受控级别以达到更有效的控制。系统、分系统、子系统、项目开发组各层的各类库存放哪些软件成分，各系统应视开发软件的实际情况而定。

14.1.2.1　开发库

开发库是供开发使用的配置库，可仅设置在开发组内，并由其维护。在软件生存周期的某一阶段，开发库存放与该阶段软件开发工作有关的信息。通常，该库所存放的各种信息在该阶段经常处于动态变化之中。

14.1.2.2　受控库

受控库通常可在项目开发组、子系统、分系统层上分别设立并维护。该库中所存放的各种信息应是经审查或评审，并履行一定手续得到确认的，且此后处于"冻结"状态的阶段产品。

14.1.2.3　产品库

通常，产品库可在分（子）系统和系统层上分别设立并维护。该库是在软件生存周期的软件确认测试阶段结束后，存放最终产品、等待交付客户或作为产品复用资源的库。

14.1.3　配置管理的组织和职责

为了更好的实施软件配置管理，航天型号软件研制单位应建立软件配置管理小组（SCMG）和软件配置控制委员会（SCCB），并根据组织的大小、任务的多少、软件的规模以及安全关键等级确定相应的人员和职责。

14.1.3.1　软件配置管理小组

软件研制单位应建立相应的 SCMG 或指定一名配置管理员。通常，该小组或人员可隶属于质量管理部门或情报资料档案部门；各项目组应指定专人处理软件配置管理事务；各级 SCMG 相互间构成层次关系，分别负责管理各自的受控库和产品库，开发库通常可由各项目组自行管理。

（1）人员

1）各级 SCMG 应由一名组长和至少一名配置管理员组成；

2）SCMG 的组长应由管理层人员担任；

3）SCMG 的成员应尽可能是专职的。

（2）职责

1）制订软件配置管理计划，规划整个软件生存周期中的软件配置管理活动；

2）确定并执行软件开发过程中要用到的与软件配置管理有关的标准、规程和约定；

3）选择并使用合适的软件配置管理工具，对每个软件配置管理项按其特性进行标识；

4）对于每个基线，指明应交付的文档和程序、与每个基线有关的评审和审批事项以及验收标准；

5）制定并执行所有软件代码和文档的管理规程，实施配置的审核及控制；

6）制定并执行配置状态记录和报告规程，实施配置状态报告，收集、维护、保存软件配置管理文档；

7）实施配置的检查和审核；

8）规定对分承制方进行控制的管理规程，实施对分承制方的控制，以便使分承制方交付的软件能够满足规定的软件配置管理要求；

9）贮存、处理和交付所控制的文档、代码和介质；

10）开列发放清单并及时按发放清单向有关人员发放配置状态报告，特别是某些配置管理项发生变更时应发放。

14.1.3.2 软件配置控制委员会

软件研制单位应建立相应的 SCCB，组成人数可视实际情况而定；各 SCCB 应在项目实施的全过程履行其职责。

（1）人员

1）SCCB 组长应由系统/分系统技术负责人或软件负责人担任；

2）SCCB 成员由 SCMG 组长、软件任务提出方人员、软件开发方人员、质量管理人员、同行专家等相关人员组成。

（2）职责

1）批准软件基线的建立和软件配置项标识；

2）代表开发方和所有可能由于软件基线更改而受影响的各方的利益；

3）评审并批准对软件基线的变更，批准从软件基线生成产品。

14.2　配置管理流程

软件配置管理是对软件生存周期过程中的各种阶段产品和最终

产品演化和变更的管理，对软件质量管理起重要的支持作用。

软件配置管理是采用技术手段和行政手段进行管理和监督的一套规范化方法，对配置项的功能特性和物理特性加以标识，并将其文档化；控制配置项的变更；报告变更进行的情况和变更实施的状态并验证与规定需求的一致性。

软件配置管理主要活动包括制订配置管理计划、建立配置管理系统、创建和发布基线、跟踪与控制变更、配置记录和报告、配置审核和软件产品库控制。软件配置管理的流程如图 14-2 所示。

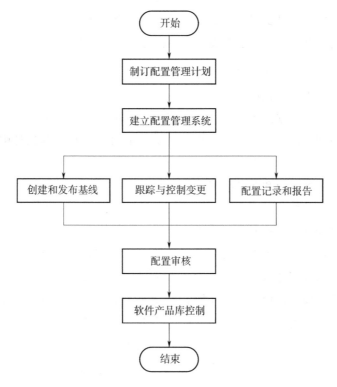

图 14-2　配置管理流程

14.2.1　制订配置管理计划

配置管理计划由配置管理员根据项目计划制订，主要内容是确定配置管理策略，制定变更控制策略，编写配置管理计划，评审配置管理计划。制订配置管理计划的过程包括以下主要工作流程。

14.2.1.1　确定人员和职责

在项目早期协调会中，明确本项目的 SCCB 的主席和成员，并确定项目的配置管理员。配置管理员与项目经理进行充分协商，进行前期配置管理活动，包括项目准备、审批流程、项目配置管理库的策划，并确定在配置管理过程中各类人员的职责。

14.2.1.2　识别配置项和标识配置项

（1）识别配置项

各系统根据工程实际、软件等级以及项目规模大小沿整个软件生存周期确定若干基线，亦即确定具体的时机和相应的软件配置管理项。在软件的开发流程中把所有加以控制的配置项根据控制级别分为基线配置项和非基线配置项两类。

基线配置项包括任务书、方案、用户需求、软件需求规格说明书、设计文档（概要设计、详细设计）、源代码、可执行代码、测试用例（集成测试用例、系统测试用例）、测试报告、用户手册等。

非基线配置项包括各类计划（软件开发计划、配置管理计划、软件质量保证计划、测试计划等）、过程描述、规程、开发环境（如编译器、开发工具、外来文件）、各类报告、会议纪要等。

所有配置项的操作权限应由配置管理员严格管理，基本原则是：基线配置项向软件开发人员开放读取权限；非基线配置项向 SCCB 及相关人员开放。所有识别出来的配置项列表放入配置管理计划中。

（2）标识配置项

把已经识别的配置项，按照配置项标识规则进行标识，配置项标识的具体要求如下：

1）为每个软件配置管理项赋予唯一的标识符；

2）要确定全部的文档格式、内容及控制机构，以便在配置各层次中追溯；

3）用一种编号法提供软件配置管理项的信息，以便对全部产品文档和介质指定合适的标识号；

4）标识方式要有利于软件配置管理项的状态控制，便于增删和修改。

在软件开发生存周期中，软件配置管理项标识应包括文档标识、程序标识和数据标识等。

14.2.1.3　确定需建立的基线

基线的设置应当与软件开发人员协商并履行一定的审批手续。沿整个软件生存周期，基线设置应尽可能后延，不宜过早，也不宜过多。对每个基线指明：应进入配置受控的每个配置管理项；在该基线上完成的评审事项；该基线完成的标准以及审批手续。

14.2.1.4　制订基线库备份计划

制订基线库备份计划需要确定备份对象、（时间）频率、备份介质、备份保存时间以及备份有效性的验证，可以添加到配置管理计划中。

14.2.1.5　编制配置管理计划

软件配置管理计划用于指导项目整个生存周期内配置管理工作，编写的依据为软件研制任务书和软件开发计划，编写时机不迟于软件需求分析阶段。软件配置管理计划由配置管理员编写。

（1）确定配置库的结构和权限

确定配置管理的软硬件资源，根据本单位配置库管理规定，确定项目的配置库结构及其权限划分。

（2）制订配置管理进度计划

分解配置管理过程的所有活动并制订进度计划，进度计划需要描述的主要内容有：活动、计划执行日期、预计工时、备注。事件触发式的活动可在备注中说明，不必填写日期；周期性的活动需填写具体周期。

（3）估计配置管理计划的工作量

计划工作量，主要填写每阶段的配置管理工作量。

（4）确定配置项受控时机、基线、变更策略

规定配置项的入受控库的时机、每个基线建立的时机和准则以及变更后配置项的审批流程。

（5）确定报告机制

根据项目情况约定配置报告的填写和报告的时机、执行人、通知对象。配置报告包括配置项状态报告、基线状态报告，配置管理阶段报告等。

14.2.1.6　评审配置管理计划

质量保证工程师首先审核配置管理计划，待审核通过后可提交评审。软件开发组、配置管理组、质量保证组、SCCB 成员等相关人员参加评审，评审通过后，由项目配置管理组组织实施。配置管理计划可与项目开发计划、质量保证计划一同评审、审批。

14.2.1.7　管理和控制

将批准后的配置管理计划提交到项目的受控库中，如有任何变更需要履行正规的变更审批手续。

14.2.2　建立配置管理系统

配置管理系统划分为开发库、受控库和产品库 3 个区域，可以使用工具建立配置管理系统。建立配置管理系统包括建立配置管理库、分配使用权限、通知相关人员以及维护配置管理库等主要工作流程。

14.2.2.1　建立配置管理库

所有的软件项目都应建立开发库、受控库和产品库这样的"三库"管理机制。配置管理系统中各控制级别之间共享和传递配置管理项。作为受控的软件配置管理项应存入受控库；当且仅当满足要求需作为产品交付给用户使用的软件配置管理项应从受控库转入产品库。

14.2.2.2　分配使用权限

在配置管理工具上建立一个配置管理环境，配置管理员为项目建立开发库、受控库的目录结构，给相关人员分配访问权限。配置管理员必须对配置库访问权限实施控制，确保只有被授权的人员才有权访问相应的配置库。

14.2.2.3　通知相关人员

配置管理员建立配置管理库并分配使用权限后，将项目组成员的访问权限以电子邮件的方式或会议等方式告知相关人员。

14.2.2.4　备份配置管理库

配置管理员进行定期（或事件驱动）备份，一般的备份策略有时间周期性备份和事件驱动备份。受控库采用周期加事件驱动备份，在每月或项目完成后进行备份。备份类型可分为常规备份和灾难备份。要求备份库与"三库"物理隔离，满足可追溯性和可恢复性。项目结束后，项目的"三库"冻结。备份工作开始前和完成后，均应通知配置库的使用人员。

14.2.3　创建和发布基线

基线是一组经过正式评审批准的工作产品，并且只有通过控制变更过程才可以修改它们。交付给客户的基线通常称为"一个发布"，作为内部使用的一个基线通常称为"一个构造"。

基线的创建和发布，需通过以下步骤进行操作：

1）基线建立前，基线所包含的配置项已经全部入受控库受控。

2）发布申请，申请人提交发布清单给配置管理员并取得 SCCB 的授权，发布申请包含产品发布的时间，版本及所含配置项等信息。

3）创建基线，配置管理员在获得被批准的申请后，创建基线。产品集成人员根据集成策略基于基线构建产品。

4）基线审核，配置管理员参照发布申请信息对发布对象进行检查，检查发现的问题需与相关人员沟通并记录处理结果。各基线所产生的阶段产品，入库前需经配置管理员的审核和检查，确认合格后才能入库。对文档需验证其是否经过标检、是否符合相应文档的编制规范、是否有评审结论、审批手续是否齐备。对程序需验证是否有质量保证人员的检查报告和相应的签署、是否有相应阶段的测试报告、测试用例和测试规程等。

5）通知发布，配置管理员将基线发布结果通知给相关人员（邮件或书面方式），通知内容包括发布的基线名称、所含配置项及版本、基线标识、存放位置等信息，并附上基线状态报告。

14.2.4　跟踪与控制变更

在软件生存周期中，对已进入受控库或产品库的任意软件配置项的任何更改都应履行正规的审批手续。当变更产品库中的产品时，应将此产品从产品库撤出，移到受控库。变更完成并经审批同意后才可进入产品库交付使用。软件配置管理项跟踪与控制变更的流程如图 14-3 所示。

14.2.4.1　发现问题

配置管理项发生的问题一般分为软件需求、软件设计、程序、文档中的错误，及软件需要优化改进的问题。

14.2.4.2　填写问题报告单

需要修改某一配置管理项时，通常应由相关人员申报问题报告单。例如，在需求出现问题时，需要由"需求工程师"填写并申报问题报告单。问题报告单中应详细地说明问题的症状、运行环境、产生问题的条件、预计影响范围，包括修改可能涉及的配置管理项和开发进度的影响。若是测试中发现的问题，应附上测试结果清单。

14.2.4.3　分析问题

问题分析人员针对问题进行深入分析，弄清问题产生的原因，确定问题类型。如果是程序的问题，应复现故障，找出故障发生的位置等。为了在软件配置管理项在发生变更时能正确、快速地确定

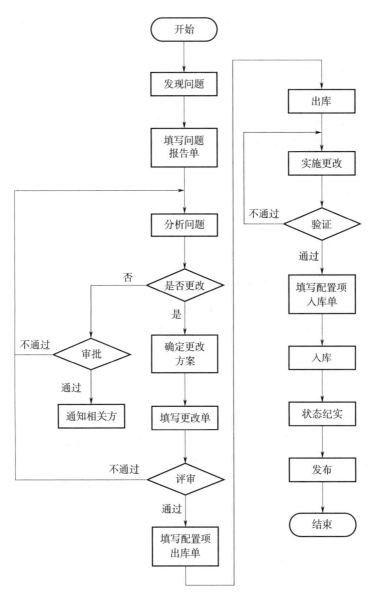

图 14-3 配置项变更流程

此变更的影响域，软件配置管理员应与软件开发人员协同建立"软件配置管理项关系矩阵"。分析问题以后确定问题是否需要更改，若分析后确定不更改，需要提交 SCCB 审批，审批通过后通知有关人员，若审批未通过则需要重新分析问题。

14.2.4.4　确定更改方案并填写更改单

软件配置管理员应协同"软件问题报告"申报人员一起提出"软件变更报告"，详细说明欲修改的软件配置管理项的现行配置状态，变更的必要性和可行性，预想的更动策略等。

14.2.4.5　评审

问题单和更改单一起提交 SCCB 进行评审。在评审时，要应用需求跟踪矩阵，找出需求变化的范围，并确定以下内容：

1）更改的必要性；

2）更改方案的正确性和可行性；

3）更改牵涉的哪些文档和程序需要修改；

4）更改配置管理项时，应进行更改影响域分析；

5）确定回归测试的范围；

6）在程序中是否还存在类似的缺陷；

7）更改后该如何升级版本。

评审结果可能是通过、不通过或延期更改，将评审结论通报给受其影响的所有人。若评审结果是通过，则依据评审意见修改问题报告单和更改单，并通报使用待处理的更改影响的配置管理项人员；若评审结果是不通过，则通报相关人员并重新分析问题；若评审结果是延期更改，则要求申请者重新考虑更改申请。

14.2.4.6　填写配置项出库单

更改单批准通过后，更改实施人员应填写出库申请单，提交 SCCB 审批。

14.2.4.7　出库

SCCB 审批通过后，软件配置管理员收到审批通过的出库申请单后，办理出库手续。该配置管理项一旦出库，便处于锁定状态，限制或禁止其他人使用，需要时，应通知相关人员。

14.2.4.8 实施更改

更改实施人员按批准的问题单和更改单对配置管理项实施更改。

14.2.4.9 验证

对更改结果进行验证，若是验证通过，则进行入库单的填写；若是验证不通过，则需重新实施更改。

14.2.4.10 填写配置项入库单

更改完成并验证通过后，更改实施人员应填写入库申请单，提交 SCCB 审批。将更改后的配置管理项提交给软件配置管理员。

14.2.4.11 状态纪实

软件配置管理员履行入库手续并建立新版本的基线。更改后的配置管理项入库后，便应解锁，可提供使用。将更改后的配置管理项通知或分发给作者和有关人员。同时记录基线状态。

14.2.4.12 发布

软件配置管理员需将发布的基线移到受控库中，标识基线，并进行版本标识。基线发布时，将通过批准的发布清单通知相关人员。

14.2.5 配置记录和报告

配置状态记录和报告通常称为配置状态纪实，一般包括记录标识、跟踪更改、报告状态纪实等 3 个方面。

14.2.5.1 记录标识

配置管理员需详细记录配置管理行动，以便掌握每个配置项的标识和状态，并且能维护每次改进时的版本和状态，能够恢复以前的版本，具有版本的可追溯性。

14.2.5.2 跟踪更改

配置管理员需跟踪、记录并报告更改申请和批准申请的状态，并检查是否已经执行了批准的更改，确保受到影响的个人和小组能够访问和了解这些配置项的配置状态，并说明最新的基线版本。

14.2.5.3　报告状态纪实

配置管理员在基线发布或配置项变更时，总结配置管理活动，统计配置变更率，当变更超出阈值时，须分析原因并制订相应措施，生成项目软件配置状态阶段报告并发布。在项目结项时，总结配置管理活动，统计配置管理数据，生成项目软件配置状态总结报告，并向所有受影响的相关人员发布。

配置状态报告的内容包括软件产品结构、更改申请的状态、批准的更改和基线版本、发布的表示、最新的基线版本和过去的基线版本清单、配置管理项更改情况的统计。

14.2.6　配置审核

在软件生存周期中，软件配置管理员要经常进行配置审核工作。所有纳入基线中的配置管理项必须执行审核，配置审核在基线建立、更改时以及软件产品交付之前进行，审核时应该进行配置管理项的一致性、正确性、完备性、有效性和可追踪性检查，保证配置管理项正确反映需求，"文实相符、文文一致"，对前一基线相应项可追踪。对于以磁介质保存的软件配置管理项应以主、副双份记录保存在不同的地方，并且定期（例如每半年一次）进行检查和复制，为防止丢失和损坏，应定期备份归档。

配置审核的类型包括功能配置审核、物理配置审核和配置管理审核。

14.2.6.1　功能配置审核

功能配置审核的目的是验证软件配置项的所有功能特征是否已达到其功能基线文档中所规定的需求，且操作和支持文档是否完备和满意。

14.2.6.2　物理配置审核

物理配置审核的目的是验证构造软件配置项是否符合定义它的

技术文档，并保证软件交付版本中已进行了所有已批准的更改，所有要求的软件项目、数据、工作规程和文档都包括在其中。

14.2.6.3　配置管理审核

组织级软件配置管理员周期（如每季度）审核项目配置管理活动，检查项目级软件配置管理员是否按照配置管理过程实施配置管理活动，并进行项目产品的审核。

14.2.6.4　审核结果

在审核完成后，软件配置管理员编写配置审核报告，提交给SCCB审批。软件配置管理员向受影响的相关人员提交正式的配置审核报告。

对于不符合项需进行处理，项目级软件配置管理员进行消除不符合项的跟踪验证。对于项目中无法解决的问题，项目级软件配置管理员应向上一级寻求解决方式。

14.3　技术状态控制

配置的软件工程术语，在硬件范畴内，通常又翻译成"技术状态"。软件配置管理也可以理解为软件的技术状态管理。技术状态控制是指在整个技术状态管理过程中利用配置标识、配置控制、配置状态纪实、配置审核建立和维护工作产品的完整性的软件配置工作。航天型号软件研制过程的每个阶段对技术状态管理都有一定的要求和工作。

14.3.1　系统级分析与设计

软件研制过程的系统级分析与设计的工作在系统、分系统总体单位进行。系统分析与设计通过分析工程总体对本系统的任务要求，进行系统分析与设计中与软件有关的设计工作，编写软件系统设计方案，提出各分系统软件研制要求，下达分系统任务书。分系统分析与设计是根据分系统任务书和分系统的接口控制文件，进行分系统内的软件分析与设计，编写软件设计说明，针对每个软件配置项提出软件研制任务书。系统/分系统分析与设计的产物纳入各自负责单位的配置管理，经过评审和批准的软件研制任务书进入承制方的受控库，建立软件功能基线。

14.3.2　软件需求分析

软件承制单位以软件研制任务书为输入开始软件研制工作。在需求分析之前，软件承制单位要策划本项目的软件配置管理工作，写入软件开发计划。软件开发计划中应给出阶段评审和配置管理的计划，并明确负责人员，计划应满足软件研制任务书的进度要求和其他要求。

需求阶段根据软件研制任务书，确定被开发软件的功能、性能、接口、可靠性、安全性、安全保密性以及运行环境要求，编写软件需求规格说明书、软件开发计划和软件质量保证计划，以及软件配置项测试计划。评审通过后将经过评审和批准的软件需求规格说明进入受控库，建立软件分配基线；软件开发计划、软件质量保证计划进入受控库。

14.3.3　软件设计

软件设计阶段可细分为软件概要设计和软件详细设计。软件概要设计根据软件需求规格说明，设计软件的总体结构，划分并定义部件，以及各部件的数据接口、控制接口，设计全局数据库和数据结构，编写软件概要设计说明和软件集成测试计划。软件概要设计说明进入受控库；软件接口需求和设计说明（如果有）进入受控库；数据库设计说明（如果有）进入受控库。

软件详细设计对概要设计中产生的部件进行细化设计，划分并定义软件单元，设计单元的内部细节，包括程序模型算法和数据结构，为编写源代码提供必要的说明。编写软件详细设计说明和软件单元测试计划。软件详细设计说明进入受控库。

14.3.4 软件实现

软件实现阶段根据详细设计说明，进行软件编程、调试、开展静态分析、代码审查和单元测试，验证软件单元与设计说明的一致性。通过单元测试的软件源程序进入受控库；软件单元测试计划、单元测试说明和单元测试报告进入受控库；单元测试辅助程序进入受控库。

14.3.5 软件测试

软件测试可细分为软件集成测试和软件配置项测试。软件集成测试将软件单元集成为软件部件直至软件配置项，检查单元之间、部件之间的接口和工作的协调性。软件集成测试计划、集成测试说明和集成测试报告进入受控库；集成测试辅助程序进入受控库。

软件配置项测试根据软件需求规格说明中定义的全部需求及软件配置项测试计划，对软件配置项进行测试。软件测试就绪评审前，软件配置项测试计划进入受控库，软件配置项测试说明（含测试辅助程序）进入受控库；软件配置项测试通过后，软件配置项测试报告进入受控库，通过软件配置项测试的软件进入产品库。

系统测试阶段包括软件系统测试和系统试验验证两部分工作。软件系统测试的任务是将系统中各个软件配置项集成在一起，考核各软件配置项之间是否协调正确工作，是否符合软件系统设计说明或软件系统设计方案的要求。软件系统测试大纲（计划）、软件系统测试细则（说明）和软件系统测试报告进入受控库。

系统试验验证的任务是将分系统或系统中的软件配置项和硬件配置项集成在一起，验证是否协调正确的工作，是否达到系统任务规定的要求。系统试验验证，由分系统和系统总体主持，应分别编写相应的系统试验大纲、系统试验细则和系统试验报告，这些文档纳入总体单位的配置管理。对试验验证发现的问题，如果需要软件修改，修改后需再次通过以前的测试，是否增加新的用例视修改情况而定，配置管理遵循测试阶段的管理要求。

14.3.6　验收交付

验收交付前，承制方应根据软件研制任务书对软件配置项研制过程中形成的程序、文档等进行整理，编写软件版本说明文档和软件研制总结报告。交办方根据软件研制任务书对软件配置项研制过程中形成的程序、文档、测试结果等进行检查确认。软件是否按技术规范要求进行是配置管理验收的内容之一。

14.3.7　运行维护

运行维护阶段要严格控制软件技术状态变化。软件需要进行更改性维护和改善性维护时，要进行安全性分析和影响域分析，经评审后重新进行相关阶段的安全性和可靠性工作，并在更改后进行回归测试。设备软件在轨运行期间，根据设计计划、新增任务、排除故障等需求对可维护软件进行更改维护。软件维护阶段应按照各阶段要求进行配置管理，并生成配置状态管理报告。

14.4　配置管理工具

配置管理工作可以靠人工建库的方式进行管理，也就是档案管理，以纸质文件的形式进行保存，但当管理的文档比较繁琐且经常变更时，很难及时找出所需要的配置项，也很难确定何时何人更改了哪一个配置项，很容易出现问题。因此，为了严格、有效地实施软件配置管理，有必要使用软件配置管理工具，以满足软件的质量要求。

14.4.1　常用配置管理工具

配置管理工具支持配置管理活动，具有用户管理、权限控制、配置标志、版本管理、基线管理、并行开发控制、配置审核、状态报告、备份与恢复等主要功能。

14.4.1.1　ClearCase

ClearCase 是应用面最广的企业级、跨平台配置管理工具之一，支持版本控制、工作空间管理、构建管理等，而且开发人员无需针对其改变其现有的工作环境、工具和工作方式。缺点是价格昂贵，在国内应用群体有限。

（1）版本控制

ClearCase 不仅可以对文件、目录、链接进行版本控制，同时还提供版本分支和归档功能，支持并行开发。

（2）开发空间管理

ClearCase 可以为开发人员提供私人存储区，同时可以实现成员之间的信息共享，从而为每个开发人员提供一致、灵活、可重用的工作空间。

（3）构建管理

构建管理既可以使用定制脚本，也可以使用本机提供的 make 程序。

14.4.1.2　CVS

CVS 是开源软件，由于其简单易用、功能强大、跨平台、支持并发版本控制，在全球中小型企业得到了广泛使用。缺点是缺少相应的技术支持，许多问题解决需要自己寻找资料并阅读源代码。

14.4.1.3　SVN

SVN 是一个开源的版本控制软件，采用分支管理、集中式管理的方式。它的设计目标就是取代 CVS。所有开发者在开始新一天工作之前必须从服务器获取代码，然后开发，最后解决冲突、提交。所有的版本信息都放在服务器上，脱离了服务器开发者基本上无法工作。

14.4.1.4　Git

Git 是一个开源的分布式版本控制系统，能够有效地处理从很小到非常大的项目版本管理。分布式与集中式的最大区别在于开发者可以提交到本地，每个开发者机器上都是一个完整的数据库。

从一般开发者角度看，Git 有以下功能：

1）从服务器上克隆数据库到单机；

2）在自己的机器上建立分支、修改代码、提交代码、合并分支；

3）生成补丁并把补丁发送给主开发者；

4）查看主开发者的反馈，解决开发者之间的冲突。

Git 适用于分布式开发，强调个体，公共服务器压力和数据量都不会太大，速度快而且灵活，但是代码保密性差，一旦开发者把整个库克隆下来就可以完全公开所有代码和版本信息。

14.4.2 选型与使用注意事项

使用配置管理工具时要注意，工具仅仅提供一个平台，工具应配合软件要求的质量。应当要根据单位或系统的实际情况选择一款适合的配置管理工具，不仅要考虑成本、了解工具的稳定性和应用环境、厂商的支持能力，还要考虑选用工具是否符合已制定的规程，也可以根据工具的使用来调整现有的规程。配置管理工具也必须纳入软件配置管理。

第15章　软件质量保证

质量保证通过在项目整个生存周期，向项目组成员和管理部门提供对过程及其工作产品的客观评价，以支持交付高质量的产品和服务。航天型号软件研制中，各级都要组建相应的质量保证机构，在软件研制过程中狠抓软件状态，明确软件研制质量保证流程等工作，加强软件研制质量。

15.1　概述

质量是产品的生命线，保证软件产品的质量是软件产品生产过程的关键。GB/T 11457 对软件的质量定义为：

1）软件产品能满足给定需要的性质和特性的总体，例如，应符合规格声明；

2）软件具有所期望的各种属性的组合程度；

3）顾客或用户认为软件满足其综合期望的程度；

4）确定软件在使用中将满足顾客预期要求的程度。

从 1968 年软件工程的概念诞生起，计算机科学工作者试图通过软件理论的发展解决软件危机。直到 20 世纪 80 年代，思路才发生了根本性的转变。在 1987 年美国国防部报告中，认为软件开发过程管理是影响软件生产和质量的最关键问题，并明确了通过对过程的控制提高产品质量和生产率。航天型号软件研制过程中软件质量保证是必不可少的。在航天型号软件工程各过程标准中，都对每个阶段的质量保证工作做出了明确规定。

软件质量保证是一个复杂的系统，采用一定的技术、方法和工具来处理和调整软件产品满足需求时的相互关系，以确保软件产品满足或超过在该产品的开发过程中所规定的标准。IEEE - 729 中质量保证的定义归纳为："质量保证是为了确保项目或产品符合基本技术需求，而必须采取的有计划的、系统的全部动作的模式"。

15.2　质量保证组织机构

软件质量保证的客观性是通过构建组织机构的独立性和衡量标准的统一性来实现的，质量保证机构和人员应独立于软件研制项目组。

软件质量保证工程师的主要工作目标是保证过程和产品相对于标准的符合性，能够从独立、客观的角度将项目工程活动过程及其产品的实况反映给项目组及各级管理者，让管理者及时了解过程及产品与标准之间的偏差，及时纠正。

软件质量保证工程师的主要作用如下：

1）帮助产品研发部门和项目组选择合适的过程描述、标准和规则，遵循裁剪指南，定义项目过程；

2）按计划进行质量保证活动（如评审、检查等），客观评价项目组实际执行过程及其工作产品相对于适用过程、标准和规程的符合性和不符合性；

3）分析不符合项及质量趋势，向项目组和上级管理者报告检查结果和发现的问题，跟踪问题的最终解决。

15.3　质量保证流程

质量保证活动贯穿项目生存周期的全过程，其目的有二：

1）客观评价项目组执行的过程及工作产品或服务相对于适用的过程描述、标准和规程的不符合性；

2）客观分析不符合项，跟踪不符合项直到解决。

软件质量保证过程包括制订质量保证计划，按照计划执行质量保证活动，客观验证软件过程和工作产品相对于标准、规程和需求之间的遵从性，以及不符合项的报告、解决、跟踪直至关闭。质量保证计划随着软件开发计划的变更及时更新维护，项目管理者定期监督、检查质量保证活动。

在项目研发过程中，质量保证相关的活动及过程如图 15 - 1所示。

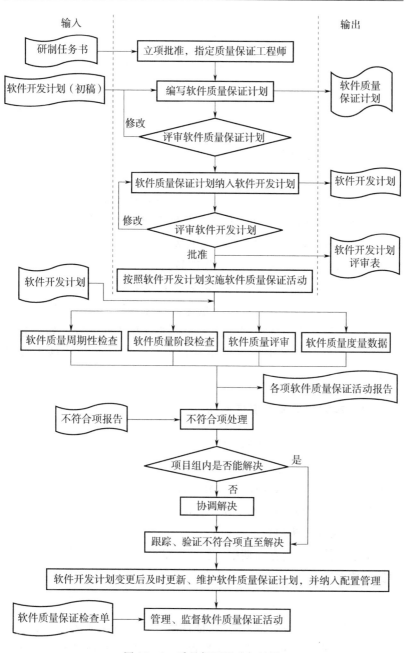

图 15-1 质量保证活动与过程

15.3.1 制订软件质量保证计划

软件项目启动后，质量保证机构应该为软件研制项目指定质量保证工程师，并在规定的时间内在软件开发计划初稿的基础上，编制软件质量保证计划。质量保证计划的主要内容应包括：

1）软件质量保证的目的、范围、工作职责和权限；

2）项目研制过程中的软件质量保证资源（人员、培训、设备和工具等）；

3）软件质量保证各项活动的活动内容和时间表；

4）确定本项目软件质量保证人员向上级报告的途径、与项目组或个人通报方式，确定须进行的过程检查、过程检查表内容及依据的标准，确定质量保证活动的工作产品。

在项目计划阶段，根据细化的软件开发计划，质量保证人员调整质量保证计划，完成后提交质量保证经理审核，审核通过后并入软件开发计划，作为软件开发计划的一部分与软件开发计划一起提交评审，评审通过后形成的评审文档和质量保证计划应纳入配置管理。

15.3.2 实施软件质量保证活动

软件质量保证人员按照软件质量保证计划完成以下工作内容：

1）进行例行软件过程和产品检查；

2）按计划进行软件过程/工作产品审核；

3）协助组织并参与项目评审会议；

4）收集和分析项目度量数据。

整个软件研制生存周期中，软件质量保证人员需完成3类文档，即例行软件质量保证报告、不符合项报告和软件质量审核报告。

15.3.2.1 质量保证例行活动

应根据软件开发计划/质量保证计划执行质量保证例行活动。在软件开发计划经过评审之前，应根据软件开发计划/质量保证计划初稿执行。应按照计划中规定的例行检查周期对软件研制工作进行例行性检查，形成软件例行检查报告。有不符合项时，则应同时编写不符合项报告，并提交项目管理者及项目成员。

例行检查完毕，收集软件质量保证活动度量数据，收集软件质量保证例行检查总人时、解决不符合项花费总人时、验证花费总人时等，并把软件质量保证例行检查报告和不符合项报告提交配置管理人员纳入配置管理。

15.3.2.2　质量保证阶段审核

阶段审核是质量保证活动的一项基本形式，实际执行时，软件质量保证阶段审核活动往往与基线审核、里程碑审核相关联，只是目的、内容有区别。各阶段质量保证工作见表 15 - 1。

表 15 - 1　各阶段的审核

时间点	计划阶段结束	设计阶段结束	集成测试结束	系统测试结束	技术归档结束
基线建立	√	√	√	√	√
基线审核	√	√	√	√	√
质量保证审核	√	√	√	√	√
里程碑审核	√	√	×	√	×

在软件研制生存周期的不同阶段的质量保证活动，有不同的重点。

（1）项目计划阶段结束时

重点包括：需求阶段的工作是否按计划进行；验证用户需求规格说明书与软件需求规格说明书是否符合模板要求；验证软件评审、需求规格说明书同行评审过程是否符合规程；软件开发是否按计划进行；软件开发计划是否符合模板要求；软件开发计划的评审是否符合规程。

（2）设计阶段结束时

重点包括：概要设计和评审是否按计划进行；概要设计说明书

是否符合模板要求，评审过程是否符合规程；详细设计和同行评审
是否按计划进行；详细设计说明书是否符合模板要求，评审过程是
否符合规程。

（3）测试阶段结束时

重点包括：测试阶段是否按照计划完成；测试计划、测试用例
说明、测试记录、测试报告是否符合模板要求；测试计划和测试用
例说明书的评审过程是否符合规程；集成测试用例和规程是否符合
模板要求；测试报告的确认/批准是否符合规程。

（4）项目总结阶段结束时

重点包括：验证最终产品生成过程是否符合规程；验证各类阶
段文档（维护手册、用户手册等）是否符合模板要求，评审过程是
否符合规程；验证项目总结报告是否符合模板要求，评审过程是否
符合规程。

（5）各阶段配置管理

重点包括：配置项的标识、状态和存放路径是否符合规程的要
求；配置状态报告是否及时；配置项的变更是否受控，变更是否留
有记录，如需求是否有变更，因变更引起的相关约定是否已经通过
协商，并按照变化后的约定进行，变更后的工作产品是否纳入配置
管理，并保留记录；软件开发计划的变更是否符合规程等；基线生
成表和审核报告是否符合模板，基线生成过程和基线审核过程是否
符合规程。

15.3.2.3　协助并参与软件评审

按照软件开发计划/质量保证计划参加项目评审会议，客观公正
地验证评审会议是否按照机构定制的规程、标准进行，将评审过程
和审核结果记录到软件质量保证例行报告中，若发现不符合项时，
应记录到不符合项报告中。具体步骤如下：

1）在评审会议之前，进行评审资料预审，检查工作产品是否符
合规程、标准或文档模板的要求，并填写预审问题清单反馈项目组。

2）参加评审会议，检查评审过程是否符合规范，如评审相关人

员是否参加，评审是否指定了主持人、记录员，主持人是否已经熟悉评审产品/过程活动的相关内容等。

3）评审会议后，检查项目评审表中的缺陷记录等是否填写正确，并确认签字。

4）在指定的复审日期检查项目评审表中的缺陷是否按时解决并经过验证人验证，确认后填写软件质量保证人员意见。

5）填写项目度量数据库中与评审相关的数据。

6）在正式评审结束后，在例行检查时对项目评审过程是否符合规范进行评价，形成质量保证例行报告，发现评审中产生的问题，持续改进评审流程。

15.3.2.4　收集和分析项目度量数据

软件质量保证人员协助制定项目的度量目标、度量数据的来源、收集频度、度量标准及所需资源等，经评审通过后，由软件质量保证人员负责实施。具体步骤如下：

1）根据软件开发计划/质量保证计划定期收集项目度量数据，填写项目度量数据库。

2）检查度量数据是否收集正确，保证数据的完整性和正确性。如发现当前度量汇总表不能完整收集项目度量数据，则填写变更申请表，提交审核。

3）软件质量保证人员按计划进行例行检查、阶段审核、不符合项报告验证等活动后，及时填写项目度量数据库中的质量保证活动度量表。

4）质量保证人员在项目评审缺陷验证解决后，填写项目度量数据库中的评审度量表。

5）质量保证人员定期或事件驱动分析度量数据，形成文档提交其他相关人员通报度量结果，以取得支持决策和采取有效的纠正措施，同时为过程持续改进提供基础。

15.3.3　不符合项处理

质量保证人员在例行检查、阶段审核或参加评审过程中发现的不符合项，需按照以下步骤进行及时处理：及时记录不符合项，并进行编号；识别不符合项的严重级别；不符合项的分类；不符合项的处理；特殊情况处理。具体的处理步骤如下：

1）质量保证人员在审核和评审结束后，及时整理形成质量保证阶段审核报告或质量保证例行报告，有不符合项时同时填写不符合项报告，提交相关人员。

2）质量保证人员协助识别不符合项报告中的不符合项，对不符合项取得共识并进行分类，并进行编号。

3）根据不同情况对不符合项进行分类处理，结果有解决、不能解决、拒绝。

4）不符合项处理。

不符合项处理过程包括：

1）根据不符合项报告，及时与项目组成员及相关人员进行分析商量，及时采取措施，确认问题的修改方式、责任人、修改完成日期和再次审核日期，记录到不符合项报告中。

2）质量保证人员进行不符合项处理跟踪、验证，确认不符合项是否已关闭。

3）一般在项目组内部进行沟通，达成一致处理意见，若在项目组内不能解决时，质量保证人员需提交上级协助解决。

4）上级收到质量保证人员提交的不符合项报告后，应及时和项目组进行沟通、协调，制订限期整改计划，并反馈给质量保证人员，质量保证人员跟踪直至不符合项得到解决。

5）收集项目度量数据，在项目数据库中的质量保证活动度量表中记录不符合项的检查、解决、验证的总工作量。

在实际开发过程中，比较常见的不符合项有：没有根据个人周期、项目周期及时更新项目进度表；没有进行需求、成本、关键计算机资源等内容的跟踪；配置项的放置、标签等没有按规程处理等；没有按计划完成工作且没有文档化陈述；没有按照计划进行评审且没有具体理由；评审没有按规范进行，或没有评审记录；没有按期举行项目例会，或没有会议记录。

15.3.4　质量保证维护

质量保证维护是对质量保证计划进行维护管理和变更控制，保持质量保证计划和软件开发计划的一致性，具体步骤如下：

1）当软件开发计划发生变更时，质量保证人员对质量计划进行相应的变更控制，保持与软件开发计划的一致；

2）质量保证计划的变更必须得到上级的确认；

3）质量保证人员需要及时通知相关人员调整并确认后的质量保证计划内容；

4）变更后的质量保证计划由质量保证人员提交配置管理人员纳入配置管理。

为了更好地开展质量保证活动，项目组应支持质量保证人员的工作，质量保证人员也要受到及时的监督，一般还应为项目组提供有关质量保证的培训，并定期检查质量保证活动。

15.4　软件评审

评审是软件质量保证最常用的一种方式。

15.4.1　评审的分类

软件评审级别从不同侧面反映了软件研制的规律性和软件的等级。评审分为内部评审和正式评审。

15.4.1.1　内部评审

内部评审由承制方和开发组自己组织。评审人员由同行专家、承制单位的软件开发组和质量控制管理人员组成，可邀请交办方和用户参加。根据软件的规模和等级组成 3～7 人的评审组进行。评审的内容可参照正式评审的内容和要求处理，评审步骤可以简化，但对软件开发的各个阶段都要进行评审。

15.4.1.2　正式评审

正式评审的目的是对需形成基线的配置项进行评审，发现和标识产品缺陷。要明确评审结果，缺陷的修改工作也需要正式验证，缺陷数据应系统地收集并纳入配置管理。软件需求、软件开发计划、软件项目验收、里程碑等重要过程及阶段均需要经过正式评审。

正式评审在内部评审的基础上进行。正式评审由主管机关或上一级工程系统组织，即按照主管机关评审系统（或总体）、系统（或总体）评审分系统、分系统评审子系统或设备的原则组织评审。正式评审应成立评审委员会和软件评审专家组进行评审。评审分专家组审查和委员会评审两步完成。软件评审专家组进行技术审查，评审委员会进行正式评审。评审委员会由交办方、承制方、用户及主管部门参加。

软件评审的内容主要分为管理评审和技术评审：

1）管理评审指在软件研制过程中对软件研制管理类产品（如软件开发计划、第三方评审计划等）和里程碑评审，从而保证软件研制工作前制订有效可行的计划，同时把握软件研制的阶段完成状态，决定是否进入下一个里程碑阶段。

2）技术评审指软件研制过程中邀请技术专家对型号软件研制过程技术类工作产品的评审，尽早的发现工作产品中的问题及缺陷，并帮助项目组及时消除问题和缺陷，从而有效地提高产品质量。

15.4.2　评审原则

在软件研制过程中为了保证软件研制过程和产品质量，在软件研制关键节点都会进行大量的评审活动，把住软件研制管理和技术的关。在评审时，需要遵循以下几条原则：

1）在软件开发计划中确定各阶段需要进行评审的工作产品及评审活动，评审需按照计划进行，并有文档化的评审记录；

2）评审前，项目组需要准备相关评审材料及相关评审标准，同时邀请相关评审人员，正式评审前还需要进行预评审；

3）不同级别和种类的评审活动需要考虑不同工作性质和级别的具体情况，选择有相关经验的人员参与；

4）评审过程中应识别并解决产品中的缺陷，在项目组和评审组之间就相关缺陷内容达成一致的意见。

15.4.3　评审计划

编制评审计划是评审工作的第一步，在制订软件开发计划时就应明确软件评审计划，并将此计划作为软件开发计划的一部分进行文档化管理。

软件评审计划需要根据制订（裁剪）的软件研制生存周期、软件开发过程，描述需要评审的工作产品、评审方式、评审时间、评审人员组成。评审过程中评审结果记录在评审记录表中，并对相应的结果做出处理。每阶段或时间驱动地比较评审计划和实施情况，并根据实际情况调整评审计划。

15.4.4　评审流程

各类评审工作均应该按计划进行，在评审管理流程中，最重要的一个环节是制订评审计划，以后的评审工作均应在该计划下执行。

为了发现问题，每次评审前必须提前准备好与待评审工作产品相关的材料，交由参加评审的人员提前阅读。对于正式评审，还需要评审人员在阅读资料时给出预审问题清单，以减少在召开评审会时的用时。评审工作具体流程如图 15-2 所示。

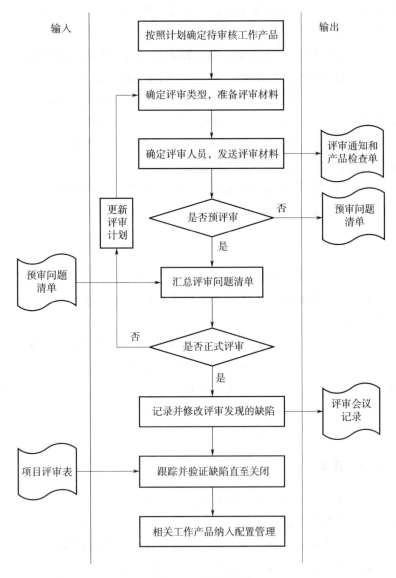

图 15 - 2　评审流程

第16章 模型驱动软件开发方法

随着计算机技术的发展，软件产业已经成为各领域的战略性、支柱性和先导性产业。航天型号中软件的应用越来越多，其规模和复杂度也日趋上升，已经成为影响航天型号产品安全可靠性的关键因素之一。因此，软件研制方法与技术的研究、探索和实践是航天软件工程化的一个持久性课题，对软件工程的发展起到积极促进作用。模型驱动软件开发技术近年来备受关注，是航天下一代安全关键软件开发的重要发展方向。

16.1 概述

软件在航天型号系统中起大脑和神经中枢的作用，其可靠性、安全性、功能和性能直接决定了系统的效能、智能化和先进程度。实践表明，我国神舟飞船、运载火箭等航天型号研制中软件配置项的数量持续成倍增长。新一代航天型号软件系统的设计要求越来越高。

以空间站为例，要求系统具备各舱段姿态和轨道控制任务，实现多舱段在轨组装后，多控制系统之间敏感器资源共享与融合、控制计算机故障诊断与重构、执行机构共用与重组等功能，同时，具有多节点同步、协作及互操作能力，实时系统结构复杂，安全可靠性要求高，设计、分析以及实现面临很大挑战。另外，处理器平台多样性、系统在轨长时间运行维护与升级等对软件的复用提出了新的要求。现阶段的软件设计方法，由于算法模型与代码实现耦合过于紧密，系统标准化、可重用性及灵活性不足，互操作设计、分析、验证困难。

如何缩短软件交付时间、提高软件开发效率和质量是航天型号软件研制亟须解决的问题。软件工程技术不断发展，从1968年提出软件工程的概念后，先后提出了结构化分析与设计、快速原型设计技术、面向对象的分析与设计技术、形式化方法等。软件开发过程采用抽象思想使得开发人员逐渐摆脱具体硬件环境的依赖，简化开发过程，提高开发效率。例如，汇编语言使得开发者不再使用复杂的机器码进行编程；应用操作系统屏蔽了硬件特性，不需要直接基于硬件编程。虽然早期的软件开发语言逐步提高抽象级别，但都是对解决方案的抽象，不是问题空间的抽象，没有通过领域相关的概念表达设计。20世纪80年代出现的CASE是通过图形化方式进行软件设计的尝试，但由于其采用通用的图形语言，难以表达复杂、广泛的应用领域需求，不可定制，而且难以实现向底层平台映射，生成的仅仅是框架代码，并没有得到广泛应用。

基于模型的软件开发是继面向对象技术后，又一次软件设计理念和方法的跨越。基于模型的软件开发思想是：将"模型"作为软件设计和开发的核心要素，通过模型清晰地刻画软件系统的功能、性能和安全性等关键特征，准确描述系统的解决方案；通过形式化方法对系统模型加以验证，以确保软件设计的正确性；通过模型驱动方法生成代码，以保证软件设计与实现的一致性。模型驱动软件开发以模型为中心，由模型转换驱动包括分析、设计和实现在内的整个软件开发过程，并由此提出模型驱动工程（Model Driven Engineering，MDE）。模型驱动工程强调针对特定领域建立元模型库，作为领域专用建模语言（Domain Specific Modeling Language，DSML），定义领域抽象概念及其关系、语义和约束，采用领域专用模型进行应用系统设计。

实时系统在操作环境中提供监测、控制或者其他安全关键功能，性能、安全可靠性等都至关重要。模型驱动方法描述实时嵌入式软件系统体系结构的3个重要组成，如图16-1所示。

1）由相互通信的任务所表示的应用软件运行时体系结构；

2）由处理器、内存以及网络互联表示的计算机体系结构；

3）与嵌入式应用交互的物理系统或环境。

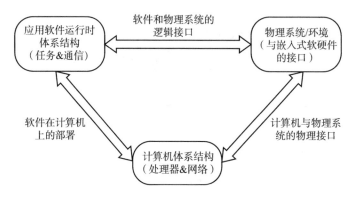

图 16-1　嵌入式软件系统体系结构的组成

除此之外，3 个组成部分之间的交互也非常重要。嵌入式应用软件和物理系统的逻辑连接表示为监测、测量、控制或者命令；计算机与物理系统之间通过传感器和执行机构连接；应用软件任务部署在计算机上利用其计算资源执行。嵌入式应用和物理系统之间的逻辑连接使设计人员保证对物理系统和行为能做出正确假设。计算机和物理系统的物理连接保证物理级交互并满足系统需求。软件在计算机硬件的部署保证资源合理共享，满足系统对性能和安全性的要求。

模型驱动工程的模型能表示上述软件和硬件资源，以及与物理系统的接口，通过注解、语法和语义规则表示系统属性，如性能、安全、可靠性等，这些可分析模型为设计评估提供了基础。如图 16-2 所示，模型驱动工程采用以结构为中心建模的方法进行分析，由体系结构模型作为唯一的信息源驱动各个维度的分析。

以体系结构为中心的建模与分析有两个显著优势。首先，任何对结构级的修改，如组件或组件间接口的增加或者替换，能够自动在分析模型中体现。其次，某个质量属性的修改对其他属性或系统的影响，通过对体系结构模型的重新评估就能得到。

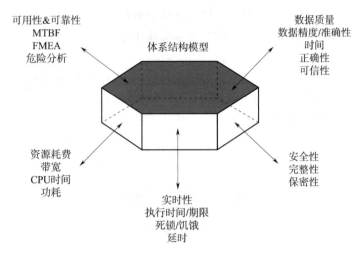

图 16 - 2　以体系结构为中心的模型驱动工程

　　模型驱动软件开发方法非常适用于复杂的大中型嵌入式实时系统，尤其是对安全可靠性、后续维护和开发过程有严格要求的系统。通过定义建模的规范和流程要求，建立模型驱动软件开发环境和模型资产重用库，可以有效地提高软件开发效率。

　　采用模型设计软件系统，可以通过执行模型对系统进行仿真。模型设计有很大灵活性，可以修改模型的结构、参数等，然后再进行仿真，优化系统设计。从模型生成代码避免了人工编写引入的人为错误，加入代码优化自动生成可以满足高安全可靠的领域要求。模型作为抽象产物，可以将运行平台相关内容与软件特征分离，提高模型复用性。另外，还可以通过对模型的验证提高软件质量。由于设计与代码生成都由开发环境自动实现，因此可以从中提取开发过程的所有信息，在硬件平台更换或者模型修改后能够快速更新。

　　模型驱动软件开发方法在欧美国家的安全关键系统大量使用。例如，航空无线电协会已将其纳入航空软件系统开发的推荐方法之一，尤其是 A 级软件的首选方法，并出台了一套针对基于模型的开发和验证标准—DO - 331。Airbus A380 研制过程中，使用该方法支

持其飞行控制系统、引擎控制系统等 14 个子系统开发，Boeing 787
研制过程中，该方法应用于着陆系统开发。NASA 研制最新的猎户
座探索飞行试验 1 号时，也采用了模型驱动方法，在 GNC 飞行软件
研制使用了 Simulink 建模、验证和自动代码生成功能，简化了开发
过程。另外，2004 年 NASA 火星探测器的 DAME 系统中使用基于
模型的开发技术，用于故障检测和系统诊断，是模型驱动开发方法
的成功典范。表 16 - 1 列出了一些典型的采用模型驱动软件开发方
法的案例应用效果。

表 16 - 1　模型驱动方法的应用与效果

公司	产品	工具	用途	效果
Airbus	A340	SCADE	70%自动飞行控制； 50%显示计算机； 40%预警计算机	缩短了研制时间
Eurocopter	EC - 155/135 自动飞行	SCADE	90%功能	研制时间缩短 50%
Lockheed Martin	DADEDC 引擎控制	ADI Beacon	无描述	减少错误； 降低成本； 研制时间缩短 50%
Schneider Electric	核能源 安全控制	SCADE	200000 行代码自 动生成	增加了复杂度； 减少了错误
US Spaceware	DCX 火箭	MATRIX	无描述	成本减少 50%～75%； 降低风险
PSA	电子管理 系统	SCADE	自动生成 50%的 代码	研制时间缩短 60%
CSEE Transport	地铁信号 系统	SCADE	80000 行 C 代码 自动生成	生产率从 20 行/天 提升到 300 行/天
Honeywell	飞行控制 系统	MATLAB Simulink	60%自动飞行控制	生产率提高 5%； 无编码错误； 得到 FAA 认证

　　鉴于模型驱动软件开发方法已经积累了丰富的成功应用经验，并且取得了显著效果，已经成为很多领域关注的新一代软件开发方法。航天型号软件研制采用模型驱动软件开发方法，将大大提高系统设计、需求分析、代码实现的效率，也有助于提升软件质量。

16.2　模型驱动架构

　　近10年来，工业界和学术界在模型驱动软件开发的标准和规范、方法研究、平台研制等方面取得了显著的成果。其中具有标志性的是国际对象管理组织（Object Management Group，OMG）在2001年7月提出的模型驱动架构（Model Driven Architecture，MDA）开发标准。

　　MDA是一种指导软件开发的方法和思想，通过一个规范族来支持，而不是具体的实现技术或者某种具体的开发工具。其目的是为模型驱动软件开发提供一套成熟的解决方案和实现标准。支持MDA开发方法的开发平台或者工具称为模型驱动环境（Model Driven Environment，MDE）。

　　MDA将软件模型分为3类，分别是计算无关模型（Computation Independent Model，CIM）、平台无关模型（Platform Independent Model，PIM）和平台相关模型（Platform Specific Model，PSM）。其中CIM是从计算无关的角度来观察一个系统，建模过程中使用的词汇来自问题领域专家所熟悉的术语，并不包含软件建模和实现技术相关的知识，又被称为领域模型。PIM描述了系统的功能和结构，但是并不包含与具体实现技术相关的细节。PSM描述了系统的实现技术，以及所有实现的细节，PSM可以被转换为具体的代码。

　　MDA主要包含以下4个规范：

　　1）元设施（Meta of Facility，MOF）。MOF提供了一个元数据的管理框架以及一组元数据服务，使得模型系统和元数据驱动系统的开发和互操作成为可能。在 MOF 中提出了 4 层模型的概念，分别是运行时层（M0 层）、模型层（M1 层）、元模型层（M2 层）和元元模型层（M3 层）。

2）UML。UML 是一种通用的建模语言，得到了主要的面向对象和组件方法的广泛支持，并且能够被应用到所有的应用领域和实现平台。目前 OMG 已经发布了 UML 的 2.0 版本。

3）元数据交换（Metadata Interchange，XMI）。XMI 定义了 XML 标记如何表示序列化的 MOF 模型，其目的是为了便于 UML 建模工具之间的数据和元数据交换，并在多层分布式环境中提供元数据存储机制。

4）公共仓库元模型（Common Warehouse Metamodel，CWM）。CWM 的主要目的是允许在分布式异构环境中对仓库工具，仓库平台和仓库元数据知识库进行仓库和业务智能元数据的交换。

除了以上 4 个规范，MDA 还有两个重要的子规范：

1）对象约束语言（Object Constraint Language，OCL）。OCL 是 UML 的一个子规范。它是一种易于使用的形式化语言，其语义等同于一阶逻辑，其目的是为了描述 UML 模型中的约束。OCL 是保证模型精确性的重要手段，被广泛用于 MOF 中的 4 层模型中，除了描述模型约束，还可以用来定义模型转换规则。

2）模型的查询、视图、转换（Query/View/Transformation，QVT）。QVT 是模型转换的标准。它定义了两种描述性的模型转换语言：关系（Relations）和核心（Core），以及两种命令式的模型转换机制：操作映射（Operational Mappings）和黑盒（Black Box）。

模型驱动软件开发流程如图 16 - 3 所示，分为 4 个阶段，即元建模、建立平台无关模型、模型转换和代码生成。模型转换和代码生成也可以统一称为模型转换或者模型映射。

元建模是利用元建模语言构造适合特定领域的专用建模语言的过程。元模型，即模型的模型，定义了模型中的内容，是模型的抽象表示。元模型定义了领域中基本概念之间的关联关系以及基本概

念的关键语义描述和约束。用户可以使用通过元模型定义的元素对
应用系统进行建模。领域专用语言是对应用领域感兴趣的内容定制
的语言，与通用语言相比应该有一定优势。领域专用语言能够裁剪
领域内不感兴趣的内容，更容易被理解并验证。领域专用语言的定
义与研制平台开发的工作量直接相关，也与软件开发效率相关，如
平台无关模型的视图数量、平台无关模型的增量构建、平台相关模
型以及平台无关模型表示需要的元模型的数量。MDA 目前提供了两
种元建模的方式，一是利用 MOF 中提供的机制构建全新的建模语
言，又称之为重型方法；二是利用 UML 语言的扩充机制来扩展
UML 使之成为一种新的建模语言，又称之为轻型方法。

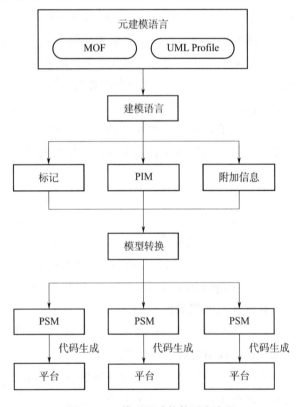

图 16-3　模型驱动软件开发流程

模型转换过程分为模型到模型的转换和模型到代码的转换。模型到模型的转换包括 PIM 到 PSM 的转换，或从一个源模型到多个目标模型的映射。代码生成是从 PSM 到代码的一种生成机制，一般会利用模板语言进行生成。在一些早期的 CASE 工具和可视化编程工具中，已经提供了代码生成的功能。MDA 中，代码生成被赋予了更广泛的含义，生成的代码不仅是简单的框架，还包含系统运行所需的其他功能。

16.3　体系结构描述语言

模型驱动开发方法的一个关键内容就是体系结构描述语言，主要包括两类：OMG 定义的 UML 系列标准和 SAE 定义的 AADL 系列标准。

UML 侧重描述系统的软件体系结构，实时性描述不足。OMG 先后定义了 UML Profile for SPT（Schedulability，Performance and Time）、UML Profile for QoS/FT（Quality of Service and Fault Tolerance）、UML Profile for MARTE（Modeling and Analysis of Real-time and Embedded System），但它们都继承了 UML 多模型多分析的方法，模型之间可能存在不一致性。

1991 年，在美国 DARPA 计划 DSSA（Domain Specific Software Architectures）项目支持下，Honeywell 实验室提出体系结构描述语言 MetaH，专用于航空电子、飞行控制等系统的体系结构描述与分析。1999 年，学术界和工业界对 MetaH 进行了大量研究与应用，如支持多处理器系统建模、Ada95 和 POSIX 中间件配置、可靠性建模等。2001 年，美国汽车工程师协会（Society of Automotive Engineers，SAE）提出基于 MetaH 定义一个航空电子体系结构描述语言标准（Architecture Analysis & Design Language，AADL），支持描述标准的航空电子控制与数据流机制及实时、容错、安全等非功能性质。

16.3.1　UML

UML 是随着面向对象方法的发展而产生的。它统一了 Booch 方法、OMT 方法和 OOSE 方法。1997 年，OMG 发布了统一建模语言 UML 1.1，然后成立任务组不断修订。2003 年 UML 获得业界认同，目前广泛采用的是 UML 2.0。

UML 的目标是为开发团队提供标准通用的设计语言开发和构建计算机应用。它提供丰富的图表示复杂软件结构。虽然图可以描述软件结构，但是 UML 没有充分定义图之间的关系，图是作为独立的实体描述软件的某个方面，并不是整体结构的一个部分。因此，图之间的一致性由设计者解决。UML 由于能够表述软件设计者设计和沟通需求而被广泛使用。

16.3.2　SysML

长期以来，系统工程师都希望寻找一种通用的建模语言。UML 作为软件工程领域的标准建模语言，已经在软件界取得了成功，为了将 UML 转换成适用于系统工程的语言，OMG 和 INCOSE 发布了 UML 向系统工程扩展的请求，并于 2003 年 5 月成立了 SysML 合作组织。该组织汇集了众多工业界、政府界以及知名工具厂商的支持，定义了一种基于 UML 的建模语言 SysML。

SysML 是基于 UML 2.0 的，在一定程度上重用了 UML 部分元模型，同时针对系统工程对 UML 进行扩展，增加了需求、块、限制之类描述系统的元素和相关图形支持。从 2004 年 1 月发布最初版本以来，SysML 一直在更新，2005 年 1 月发布了 0.9 版本，之后根据用户反馈，于 2005 年 11 月发布并向 OMG 提交了 1.0 版本。SysML 1.0a 是系统建模语言的第一个完整版本。

SysML 共定义了 3 类 9 种图形，如图 16-4 所示。这些图形中，重用 UML 2.0 的图形包括用例图、状态机图和顺序图，扩展图形包括基于 UML 类图的块定义图形、基于 UML 组合结构图的内部块

图、基于 UML 活动图的活动图和基于 UML 包图的包图，增加的图
形包括参数限制图、需求图和分配图。

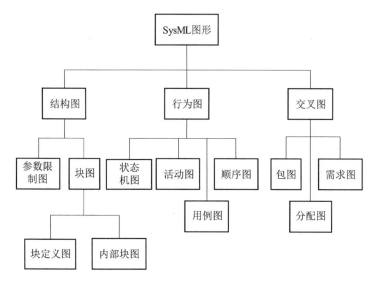

图 16-4　SysML 基本图形分类

　　块图用来描述系统结构，可以描述系统与其他系统间的连接与
数据交换，也可以以白盒视图的形式描述系统内部的具体结构块。
　　参数限制图反映系统某结构的属性值如何影响其他结构属性。
参数限制一般与块图一起使用，补充块图进行说明，它定义一个或
多个块属性应有的限制。参数限制图经常在系统分析阶段用于描述
系统性能和可靠性需求。
　　活动图描述系统的功能行为，支持活动间的控制流和对象流。
它对于系统的功能建模特别重要，集中于表现要完成的行为、其输
入和输出以及完成的次序和条件。
　　顺序图以生命线表示系统各部件，显示它们之间以及与外界交
互的消息，可用于进行复杂场景的描述，以时间次序定义块结构间
的一系列通信行为。
　　状态机图描述一个特定系统对象的所有可能状态以及由于各种

事件的触发而引发的状态之间的转移关系，描述对象在生存周期中的行为，关注系统的动态建模方面。

用例图定义用例、参与者以及它们之间的通信，从用户角度描述了系统的功能。它一般用在早期的需求分析阶段，保证能快速识别与系统交互的外界系统和用户，并进行最高层的行为描述。

需求图详细说明系统必须满足的一个能力条件，可能是系统需要执行的某个功能，也可能是系统需要实现的某个性能条件。SysML 提供了表达需求的模型，并可将需求与其他模型元素关联，提供可追溯性。

分配图在某抽象层次上将不同的元素关联起来，可以将满足某需求或执行某行为的责任分派给系统的结构元素。这里的分配是一个广泛的概念，可以是功能到部件的分配、逻辑部件到物理部件的分配、需求到部件的分配或者软件到硬件的分配等。

包图可以将建模组件分组管理，从而更加清晰明了。

16.3.3　AADL

2004 年，SAE 基于 15 年的研究和工业实践，将 AADL 作为 AS5506 标准发布，目的是提供一种标准而又足够精确的方式设计与分析嵌入式实时系统的软、硬件体系结构及功能与非功能性质，采用单一模型支持多种分析的方式，将系统设计、分析、验证、自动代码生成等关键环节融合于统一框架之下。AADL 来源于计算机语言，而不是图表示。AADL 不仅定义了软件结构的文本描述，也定义了语法和语义，因此能够通过语法和语义分析进行验证。

AADL 通过构件、连接等概念描述系统的软、硬件体系结构；通过特征、属性描述系统功能与非功能性质；通过模式变换描述运行时体系结构演化；通过用户定义属性和附件支持可扩展；对于复杂系统建模，AADL 通过包进行组织。AADL 提供了 3 种建模方式，即文本、XML 以及图形化。

16.3.3.1　构件种类

AADL 定义了 3 类构件：软件构件、执行平台构件以及系统构件。软件构件用于软件体系结构建模，包括数据（data）、线程（thread）、线程组（thread group）、进程（process）、子程序（subprogram）构件；执行平台构件用于硬件体系结构建模，包括处理器（processor）、虚拟处理器（virtual processor）、存储器（memory）、总线（bus）、虚拟总线（virtual bus）、外设（device）构件；系统构件组合所有的构件，层次化地建立系统的体系结构。

16.3.3.2　构件描述

AADL 构件被定义为两部分：类型（component type）和实现（component implementation）。每个构件拥有一个类型以及对应的 0 个、1 个或多个实现。构件类型描述对外的功能接口（如输入和输出端口等）；构件实现则描述构件的内部结构（如子构件、连接等）。

16.3.3.3　构件特征

特征（feature）是构件类型定义的一部分，用于描述构件的对外接口，主要包括端口、子程序、参数以及子构件访问 4 类。端口用于定义构件之间的数据、事件交互接口，分为数据、事件、数据事件端口。子程序用于定义子程序共享访问接口，分为子程序访问者和子程序提供者，前者表示需要访问其他构件内部的子程序，后者表示提供子程序给其他构件来访问，可以支持远程子程序调用。参数用于定义子程序被访问时输入、输出的合法数据类型。子构件访问分为数据构件访问和总线构件访问，前者用于共享数据或共享资源描述，后者用于描述硬件平台构件之间的连接。

16.3.3.4　连接、流

AADL 采用连接（connection）来描述构件之间的交互行为，与构件特征对应，AADL 支持 3 种连接方式：端口连接、参数连接及访问连接。端口连接用于描述并发执行构件之间的数据与控制交互；参数连接描述一个线程构件访问的所有子程序的参数所形成的数据流；访问连接又分为数据访问连接、总线访问连接以及子程序访问连接，分别描述数据共享、总线共享以及子程序共享。

连接是点对点的，为了简化对体系结构的分析过程，AADL 引入了流（flow）的概念，用于描述系统中信息传输的逻辑路径。流的完整描述包括流规约（flow specification）和流实现（flow implementation）。流规约在构件类型中定义，包含外部可见的源结点（flow source）、目标结点（flow sink）及路径（flow path），源结点和目标结点分别是构件的特征，路径则是构件中从一个特征到另一个特征的连接。流实现在构件实现中定义，包括构件中流路径的具体实现或整个系统的端到端流（end‑to‑end flow）定义。端到端流的描述可以用于支持端到端延迟分析和可靠性分析。

16.3.3.5　构件属性

属性（property）用于描述体系结构中的约束条件，即非功能属性约束，进而支持验证与分析系统的可靠性、安全性、可调度性等性质，如子程序的执行时间、线程的周期、数据或事件端口的等待队列协议、安全层次等。AADL 提供了标准的属性集，用户也可以根据需要定义新的属性。属性和特征的区别在于，特征主要是描述构件功能接口，而属性则是描述系统非功能性质的约束。

16.3.3.6　模式

AADL 通过模式（mode）来描述运行时体系结构的动态演化。模式就是系统或构件的操作状态，对应了系统功能行为的不同配置，模式变换体现系统体系结构的变化，能够描述体系结构重构及容错等需求。

16.3.3.7　扩展附件

当定义新的属性不能满足用户需要时，AADL 引入了附件（annex）的概念。附件有独立的语法和语义，但必须与 AADL 核心标准保持语义一致。如错误模型附件（error model annex）支持构件、连接的故障事件、故障概率等属性建模。

另外，时间正确性是实时系统重要的特征，不仅与 AADL 属性中定义的时间约束（时限、最坏执行时间等）有关，而且与调度算法、调度属性有关。AADL 支持描述周期、非周期、偶发等任务模型，支持抢占与非抢占式调度策略，支持多种固定优先级、动态优先级调度算法，如 RM（rate monotonic）、DM（deadline monotonic）、EDF（earliest deadline first）等。这些调度算法定义在处理器构件的属性中。

16. 3. 4　MARTE

为弥补 UML 在实时系统建模时的能力不足，OMG 参照 AADL，基于 UML 提出了 MARTE。MARTE 的组成结构包括基础、设计模型、分析模型 3 个部分。基础包定义了实时系统设计与分析的基本概念，如非功能属型、实现相关的概念、通用组件模型、通用资源模型。设计模型覆盖了需求、设计到实现所使用的概念，能够描述硬件和软件特性。分析模型定义了相关的注解，工具能够使用注解进行定量分析，尤其是可靠性和性能分析。

MARTE 实现了 AADL 的大部分语义，对照关系如表 16 - 2 所示。

表 16 - 2　MARTE 与 AADL 的对应关系

AADL	MARTE
Process	ComputingResource
Thread	Sw _ SchedulableResource
ThreadGroup	ThreadGroup 构造型
Data	Data 构造型
Subprogram	Subporgram 构造型
Processor	HwProcessor
Memory	HwMemory
Bus	HwBus
Device	HwDevice

16.3.5　比较分析

上述 4 种建模语言的比较如表 16 - 3 所示。其中，SysML、MARTE 都是基于 UML 扩展的，因此可以分为 UML 和 AADL 两类。

表 16 - 3　建模语言比较

比较内容	UML	SysML	MARTE	AADL
目标	功能结构描述	需求描述	定义实时行为	定义实时行为
表示	图	图	图	文本
验证	—	—	—	自动分析
应用领域	软件、业务处理等	系统工程	嵌入式实时软件系统	嵌入式实时软件系统

UML 和 AADL 都提供了扩展能力，以满足建模需求。UML 有 3 个扩展机制，即构造型（stereotypes）、标记值（tagged values）、约束（constraints）。构造型是新的模型元素，有特殊的属性，与特定的图形要素关联。标记值通过注解扩展元素的描述。约束用对象约束语言 OCL 表达，能够声明模型的语义限制，相当于编译器中语法语义分析。OCL 的规则是设计者制定的。

AADL 通过附件扩展结构增加元素的补充描述。通过附件，AADL 定义属性集扩展，类似 UML 的标记值。

UML 是软件功能建模的主要方式，AADL 则用于实时结构建模与分析。UML 主要关注 3 个功能结构方面：数据、交互和演化。数据使用类图表示，交互使用顺序图或者协作图，演化使用状态图。SysML 能够通过数学模型表示与物理世界的交互，并验证其属性。MARTE 增加了实时属性相关的建模和分析。SysML 提供两个新的图：需求图和参数图。需求图支持需求及追踪，参数图表示软件和环境的关系。MARTE 定义了多个构造型，包括软件资源模型、硬件资源模型、软件模型到硬件模型的分配 3 个方面。MARTE 集成了 AADL 在实时和硬件建模的一些经验。

AADL 关注运行时结构建模和分析。运行时结构是软件结构，通过线程、进程、处理器及其交互（数据、事件）封装，提供时间、容错、安全等质量属性。AADL 的扩展包括错误模型附件、行为附件等。错误模型附件能够对结构的错误进行状态机描述。行为附件进行功能行为描述，支持模式检查的形式化验证。

UML 和 AADL 是互相补充的，UML 关注运行时的软件功能结构，AADL 关注运行时结构。系统设计者可以发掘两者的优势。

16.4　模型驱动开发方法的关键技术

模型驱动软件开发方法的应用有很多关键技术问题，美国 CMU、MIT、UIUC、Pennsylvania 大学，法国图卢兹计算机信息研究所 IRIT、国家国立计算机及自动化研究所 INRIA，德国 RWTH Aachen 大学，意大利 Fondazione Bruno Kessler 研究中心等围绕模型驱动软件开发过程开展了深入研究与扩展，覆盖需求、设计、实现、分析验证以及后续维护升级等，如表 16 - 4 所示。

表 16 - 4　模型驱动软件开发研究内容

阶段	研究内容
需求分析	面向体系结构的需求工程方法，将软件体系结构引入需求分析阶段，研究对模型的功能规约、时序规约、安全可靠性规约的描述；需求与后续过程的模型转换、追踪
设计	建模语言语义扩展；模型的形式化语义；基于模型的结构描述；领域专用元模型定义
实现	模型转换规则与工具研究，按转换方法可以分为模型到模型的转换和模型到代码的转换
分析验证	模型的模式检查；可调度性分析；安全可靠性分析；模型到测试用例的生成
部署及后开发阶段	基于软件体系结构的软件部署；体系结构恢复与重构；实现自动演化和自适应

16.4.1　需求分析

模型驱动设计的建模一般在需求分析之后进行，为了保持需求规约与系统设计之间的一致性，可以研究基于 AADL 的需求建模。面向软件体系结构的需求工程方法可以借鉴到基于 AADL 的需求规约当中，而且 AADL V2.0 的新概念将更有助于 AADL 直接应用于需求工程。需求阶段的 AADL 研究与应用，为整个生存周期提供完整的需求和概念。研究的内容包括：

1）从需求模型到 AADL 模型的转换。由于 UML、SysML、xUML（executable UML）等描述语言已经广泛应用于需求的描述，因此结合这些描述语言的优势是必要的，从需求模型到 AADL 模型的转换就成为重要的研究内容。

2）AADL 常用于构造系统的 PSM 模型，因为 AADL 能够同时描述系统的软、硬件体系结构，两者映射即可构成 PSM 模型。同时，也可以采用 AADL 单独建立系统的软件体系结构模型，作为 AADL PIM 模型。

3）采用 AADL 与 UML 结合的方式，将 AADL 构造型标注在 UML 模型上，作为 PIM 模型。

16.4.2　面向领域的建模语言语义扩展

AADL 语言扩展及其语义的形式化目的是为了更好地支持领域描述和系统体系结构建模与分析。

16.4.2.1　AADL 语言扩展

AADL 提供两种扩展方式：引入新属性或符号以及子语言（sublanguage）扩展。前者与具体应用相关，允许用户和工具提供商为各种构件引入新的属性集或专用于特殊分析的符号，如可调度分析工具 Cheddar，通过定义新的属性集扩展 AADL 对更复杂调度算法的支持；后者则更严格，需要提议、发展以及被核准，才能成为 AADL 语言的一部分，一般以 AADL 附件的形式给出，需要提供子语言的语法和语义。

下面对 AADL 扩展附件进行概述。

（1）图形注解附件

AADL 核心标准是文本形式的，图形注解附件为 AADL 定义了一系列图形符号，构件、端口通信、数据共享访问、子程序调用、模式变换、端到端的数据流、属性、附件等元素都能用图形符号表示。但行为附件还没有图形化。

（2）元模型与交换格式附件

元模型与交换格式附件定义了 AADL 元模型以及基于 XML 的模型交互格式。元模型定义了 AADL 语言的结构，也就是 AADL 模型的对象表示。这些对象表示采用 XML 标准的交互格式保存，以支持不同工具之间的互操作性。

（3）语言兼容与应用程序接口附件

自动代码生成是模型驱动开发的关键环节之一。语言兼容与应用程序接口附件为用户提供了 AADL 到 Ada、C 语言代码的转换规则。主要涉及线程、进程、数据等软件构件以及端口通信和子程序调用。

（4）错误模型附件

该附件定义了构件和连接建立故障模型的声明规则及语义。故障模型由类型和实现两部分组成。故障类型可以声明故障状态、故障事件以及故障传播等；故障实现则定义故障状态的变迁，即构件在故障事件发生和故障传播过程中，故障状态是如何变化的。故障状态变迁本质上是一个随机自动机，附件提供属性定义故障的发生概率。错误模型附件可以与多种分析方法结合，如马尔科夫分析、依赖图、事件树分析、故障树分析、随机 Petri 网等，从而对系统的可靠性、完整性、可用性以及可维护性进行定量分析。

（5）行为附件

系统行为描述与验证是非常重要的。系统行为不仅依赖于 AADL 构件和连接所描述的静态体系结构，而且依赖于运行时环境。

因此 AADL 提供了执行模型的概念来描述运行时环境，用于管理和支持构件的执行，分为同步和异步两种，包括构件分发、同步/异步通信、调度、模式变换等行为。AADL 核心标准的默认模式为带同步通信的抢占式调度，在这种模式下，执行模型和系统体系结构的结合能够保证系统行为的可预见性。线程、子程序构件是最小的执行和调度单元，AADL 标准仅描述两者的对外功能接口，而构件内部具体执行行为无法描述。这样就导致在异步执行模型情况下，系统行为的可预见性难以保证。为了更好地分析异步模式下的系统行为，法国 IRIT 提出了行为附件，对线程和子程序构件的具体行为进行详细描述。行为附件通过状态、变迁来描述构件行为，变迁可以定义触发条件及变迁后的动作，条件和动作主要包括接收/发送数据、子程序调用、异步访问、执行时间、延迟时间等，且通过层次、并发状态来支持更复杂的行为描述。执行模型定义了行为附件何时执行、哪些数据被执行，而行为附件处于构件内部，对线程、子程序构件的执行进行更精确的描述。因此，静态体系结构、执行模型及行为附件组成一个完整的 AADL 模型。

随着 AADL 在工业界的广泛应用，对 AADL 扩展的需求会更多。在航空航天领域，ARINC653 是重要的航空电子应用软件接口标准，有研究者研究了 AADL 与 ARINC653 标准之间的结合。在自动控制领域，AADL 可以与该领域的 OSEK、AutoSAR、EAST-ADL 等标准结合。

16.4.2.2　AADL 形式语义

形式化方法能够对语义进行更精确的刻画，有助于体系结构验证与分析。体系结构、执行模型和行为描述构成一个完整的 AADL 模型，因此 AADL 语义也涉及这 3 个方面。AADL 采用混成自动机对线程、进程、处理器、虚拟处理器构件的执行状态和动作进行了语义描述，但对通信、模式变换、同步/异步访问等执行模型语义以及行为附件语义没有形式化，主要采用自然语言和例子进行解释。因此，AADL 形式语义研究主要针对后两者的内容。

目前，AADL 形式语义描述主要采用转换的方式，大致可以分为两类：采用一种具有精确语义的形式语言来定义 AADL 语义，再依据语义进行转换；直接将 AADL 模型转换到另一种形式化模型。前者称为显式描述，可以将不精确的 AADL 语义形式化，能够更完整地描述语义，这种方式类似于操作语义。后者称为隐式描述，目的是为了直接使用语义模型的现有形式化分析工具，但这种方式有不足之处：仅仅假设转换的语义是一致的，语义描述可能不够精确；模型转换是依据 AADL 已有语义，而那些用自然语言和例子给出的语义不够精确，可能导致语义转换不够完整。在显式语义描述方面，有研究者采用 UML MARTE 对同步执行模型中周期性线程之间基于数据端口的即时与延迟通信机制进行了语义描述，UML MARTE 具有显式的时间模型，能够同时描述逻辑时间和物理时间，方便定义线程的时间属性和通信协议。同时，AADL 的通信语义本质上就是实时任务的时钟约束关系，对系统调度和可调度分析有直接的影响。但 UML MARTE 难以支持形式化验证和分析。

AADL 能够描述系统功能行为、非功能属性以及运行时的体系结构动态演化，尤其是 AADL 的可扩展性，使得 AADL 建模机制越来越复杂，很多语义还需要形式化。

16.4.3 模型转换

模型转换是模型驱动软件开发方法的核心，同时也是模型验证与分析的重要基础。

模型转换关键在于转换规则及工具的研究。常见的模型转换方法按转换规则分为变量型、模式型、关系型以及逻辑型；按转换方法可以分为模型到模型的转换以及模型到代码的转换，前者包括手动转换、关系转换、图转换、结构转换、元模型转换等方法，后者则包括基于访问的转换以及基于模板的转换。

在模型转换工具方面，QVT 是由 OMG 定义的模型转换标准；ATL 是由法国 INRIA 开发的一种基于元模型转换方法的模型转换语言；Kermeta 是法国 INRIA Triskel Team 开发的模型转换语言，能够对元模型的结构、行为进行描述；GreAT 则是一种将图形转换和重写技术应用到模型转换过程中的方法。ATL 和 Kermeta 在 AADL 模型转换研究中比较常用。

16.4.4　代码生成

自动代码生成主要研究从 AADL 模型到可执行代码的生成规则、方法和工具。其优点在于：减少由手动编程所带来的错误，保证系统质量属性以及降低系统开发时间。

目前研究领域基于 AADL 模型可以生成的程序语言有 Ada、C、C++、Java - RTSJ（Real Time Specification for Java）等。同时，针对分布式嵌入式实时系统，可以生成实时中间件及其上的分布式应用代码。基于 AADL 模型的代码生成归纳为以下几类：

1）基于 AADL 各类软件构件，生成对应的源代码，如线程构件到 C 代码的转换。

2）生成符合不同领域标准的应用代码，如生成符合汽车电子控制系统标准 AutoSAR、铁路控制系统标准 EN - 50128 的 C 代码。

3）实时中间件及其上的分布式应用代码生成。Ocarina 工具支持从 AADL 模型生成运行在 PolyORB、PolyORB - HI 中间件之上的 Ada 分布式应用代码，同时支持生成 POSIX 和 RTEMS 平台上的 C 代码，其中 PolyORB 是一个通用中间件，目标是为不同分布式应用提供统一的解决方案。SPICES 项目研究从 AADL 模型到实时 CORBA 中间件及其上的 CCM 应用构件生成。

4）基于 AADL 的设备构件，研究设备驱动代码的生成技术。

5）实时操作系统的 AADL 描述，研究生成实时操作系统代码的方法。

16.4.5　基于模型的验证技术

在早期阶段进行体系结构验证与分析，能够尽早发现系统设计的潜在错误。目前，AADL 模型验证与分析主要采用仿真和形式化方法。仿真方法需要设定体系结构模型中的初始参数，通过执行体系结构模型，对每个元素的行为进行分析与评价，包括体系结构验证与分析、可调度性分析、功耗分析与优化、可靠性分析等。

AADL 应该与实时系统已有研究结合起来，以促进 AADL 的广泛使用。在形式验证方面，如基于时间自动机的验证工具 UPPAAL、基于时间 Petri 网的模型检测工具 TINA，以及可扩展的模型检测工具 BOGOR 等；在可调度分析方面，基于处理器利用率、最坏响应时间的可调度分析、基于模型检测的可调度分析以及调度分析工具 TIMES、MAST、Cheddar 等；在安全性分析方面，UML 的安全性扩展 UMLsec 及其相关工具都可以与 AADL 结合起来。同时，由于验证分析方法的多样性，应该研究可扩展的验证与分析框架，将各种方法和工具的优势集成在一起。特别是将验证与分析结果直接反馈到 AADL 模型，对系统设计的改进将有重要的作用。

16.4.6　部署与重构

随着分布式实时嵌入式系统的发展，系统的部署和配置受到重视。部署就是将分布式应用构件绑定到对应的物理硬件并准备运行，而中间件的使用有利于系统的部署；配置则是部署阶段构件及其参数的选择。基于体系结构的部署有益于以下几个方面：

1）提供高层的体系结构视图描述部署阶段的软硬件模型；

2）基于体系结构模型可以分析部署方案的质量属性，从而选择合理的部署方案；

3）通过体系结构记录系统部署的经验，以便下次复用 AADL 通过属性来描述详细的配置与部署信息。根据 AADL 体系结构模型中的配置和部署信息，可以分析与评估部署方案。

系统体系结构由于内部执行或外部环境会导致在运行时发生改变。如何在设计阶段获取体系结构这种动态性，并指导系统在运行时实施这些变化，从而达到系统的自动演化或自适应也是一项研究内容。AADL 构件定义都包括类型和实现，一个类型可以对应多个版本的运行时实现，支持多个版本之间的演化；模式变换可以方便地描述运行时体系结构变化；AADL 还提供多种机制，支持构件替换、构件递归替换以及增加新构件等变化的描述。随着系统规模的扩大，动态体系结构研究会面临更多的新问题。因此，AADL 对动态体系结构的描述机制需要进一步加强，并采用形式化方法对其语义进行精确刻画。

体系结构恢复与重构主要是针对遗留系统升级的需要，这类系统大部分没有体系结构描述或体系结构不合理。采用 AADL 对遗留系统进行体系结构重构，分析与评价系统的性质，从而达到替换一些关键构件的目的。目前基于 AADL 的体系结构恢复和重构还处于探索阶段，缺乏必要的自动重构工具和方法支持。

16.5　工具支持

由于模型驱动软件开发方法与领域有一定相关性，各领域都在积极探索与研制。目前模型驱动软件开发工具还处于百花齐放的状态，商业工具、开源工具种类较多。

16.5.1　商业工具

几大厂商都推出了支持模型驱动软件开发的工具，其中美国 MathWorks 公司的 Simulink 和法国爱斯特尔技术公司 SCADE 是 MDA 应用的代表。

16.5.1.1　Rhapsody

Telelogic 公司推出了模型驱动嵌入式软件开发集成环境 Rhapsody。它支持各种 UML 图形语言，如状态机、活动图等，支持创建领域特定的元模型，包括自定义的图以及图的要素；可以很方便地与其他软件配置工具集成，支持软件开发的整个生存周期过程；提供跨平台的高级应用程序编程接口，可以自动生成可执行代码，

从而保证模型与最终代码的一致性；支持团队合作开发；支持并行
状态、子状态、历史状态，可以设计出非常复杂的状态图，对实时
系统的多状态机处理特别有效；能够根据设计模型自动生成文档，
保证了设计模型、文档、代码的一致性。Rhapsody 采用分层结构，
可方便地支持各种实时操作系统，且具有良好的可扩展性。其中，
操作系统抽象层对所有实时操作系统进行了抽象和封装，提供对任
务、信号量、消息队列等的支持。对象执行框架对这些资源进行进
一步封装，并为上层应用程序提供更高级的统一编程接口。但是其
模型转换过程未知，且不保证满足非功能性约束。

16.5.1.2　Simulink

Simulink 是 MATLAB 中的可视化仿真工具，提供动态系统建
模、仿真和综合分析。Simulink 提供交互图形化环境和可定制模块
库，关注多领域的建模、仿真和分析，尤其是数学、统计和优化、
应用部署方面，能够生成支持 AUTOSAR 和 ASAP2 的 Verilog、
VHDL 或者 C/C++代码。

16.5.1.3　SCADE

SCADE 一个高安全应用开发环境，在开发时联合了航空电子、
汽车电子、军用飞机以及核电等领域，其核心是 LUSTER 语言，覆
盖了嵌入式开发的整个流程，在空中客车、欧洲直升机、美国太空
总署等系统中应用，可以生成 70% 以上的代码。

由于商业工具设计没有较强的领域针对性，从通用需求出发，
并且没有遵循 MDA 标准，因此难以对模型驱动软件研制全过程进
行较好的支持或者无法进行领域扩展。

16.5.2　开源工具

学术界、开源领域以及航天航空等领域在模型驱动软件开发方
法研究和项目中形成了一系列工具，使用比较广泛的包括 EMF、
OSATE、Topcased 等，有些工具支持面向领域的二次开发与定制，

为各领域研制模型驱动软件开发环境提供了很好的基础环境。

16.5.2.1　EMF

EMF（Eclipse Modeling Framework）是开源工具的实现基础。EMF 核心提供了建模的基本框架，其他项目基于 EMF 核心构建，提供了模型转换、数据库集成、图形编辑器生成等功能，还包含很多重要建模标准的实现，例如 UML2 项目基于 EMF 实现了 UML 2.x 的元模型。

目前开源网站上列出的基于 EMF 的主要插件包括 MDT（Model Development Tools）、M2T（Model to Text）、MMT（Model to Model）等类型。

16.5.2.2　OSATE

OSATE（Open Source AADL Tool Environment）是由 SEI 开发的。它是一个基于 Eclipse 平台的开源插件工具集，包含有文本解析器、AADL 产生器来支持 AADL 文本、XML 和图形 3 种视图的同步更新与转换；支持由多个文件描述的基于文本的和 XML 的 AADL 模型的解析。

其验证工具包括语法、语义检查器和多种分析器。其语法语义检查器是通过将 AADL 文本模型转换为 XML 模型，然后再作进一步检查，并产生错误报告。各种分析器功能包括资源预算和分配分析、端口连接检查、安全级别检验、流延迟分析、优先级倒置检验和应用程序绑定与调度分析。各种分析器的分析结果可反馈给开发人员。

OSATE 建模工具包括：

1）语法敏感的文本编辑器，可以高亮显示关键字，对任一建模元素，当用鼠标选中时，弹出该元素的相关解释文档；

2）AADL XML 视图浏览器和编辑器；

3）语法敏感的 AADL 对象模型编辑器，提供图形符号的拖、放和撤销功能，配有 AADL 属性浏览器；

4）错误报告显示器，根据语法语义检查结果，显示错误报告。

另外，OSATE 目前还有一种模型转换器——MetaH 生成工具，用于将 AADL 对象模型转换为 MetaH 文本模型，从而支持对现有 MetaH 技术的复用。

OSATE 涵盖了除仿真工具和自动产生器以外的所有工具类型。其已有的工具为使用 AADL 提供了强大的支持。同时，也存在一些不完善的地方，如 MetaH 生成、安全级别检验功能都有一定的局限。

基于 OSATE 提供的仿真和自动代码生成工具如下，可以以插件的形式集成到 OSATE 中。

（1）Ades 仿真工具

ADeS（Architecture Description Simulation）是由 SEI 开发的基于 Eclipse 平台，同时也是基于 OSATE 和 TOPCASED 的仿真插件。

ADeS 用于仿真由 AADL 描述的系统行为。在软件开发的每个阶段，AADL 的体系结构被逐步细化和精确化。ADeS 可以解析系统描述，并且仿真系统的全局行为。因此，ADeS 既可以用于开发初期对系统全局行为的仿真，也可以用于在开发后期，对系统精确行为进行评估。

（2）Ocarina 代码生成工具

Ocarina 是由法国 TELECOM ParisTech 采用 Ada 语言开发的一个 AADL 模型处理工具。

Ocarina 开发了 AADL 模型解析器，以支持模型的操作。其模型可采用 Cheddar 工具作进一步可调度性分析。Ocarina 采用模型转换器来支持图形的处理。它提供了一个用于图像处理的 AADL 解析器，从而利用图像处理工具的扩充能力，处理 AADL 图形视图。

在自动化生成工具方面，Ocarina 基于 Ada Ravenscar profile，开发了一个用于高集成度分布式应用程序的运行时软件。该软件继承了 PolyORB 中间件的概念，采用一个高度集成的可兼容的代码基础，支持两种目标语言的产生，即 Ada2005 和 C。目前，Ocarina 可以将 AADL 描述文件转换为运行在 PolyORB 之上的 Ada 应用程序。

（3）Cheddar 实时调度分析工具

Cheddar 是由法国 Brest 大学采用 Ada 语言开发的实时调度分析工具，用于检验实时系统中时间方面的约束。Cheddar 接受但不局限于由 AADL 描述的系统体系结构模型。

Cheddar 属于 AADL 仿真工具。其调度仿真器由两个部分组成：

1）图形编辑器，用于描述实时应用程序或系统；

2）框架，由多种典型的实时调度算法、可行性分析算法组成，它可以通过计算调度，自动查找任务约束属性，也可以不计算，直接进行可行性测试。

16.5.2.3　Topcased

Topcased 是由欧洲空客 Airbus 开发的一个基于 Eclipse 平台的软件工程工具集。

Topcased 是严格面向模型的，主要研究建模语言，包括 Ecore、UML、SAM、AADL 和 SysML。它不仅提供模型编辑器，还提供模型检验器和模型转换器，涵盖了从需求阶段到实现阶段的全部流程，其自身也是基于建模和代码生成的。另外还包括许多横向活动管理，即异常管理、版本控制和需求追踪等。

Topcased 提供了一个 AADL 图形编辑器，以支持 AADL 建模、模型转换和验证。其输入模型即 OSATE 工具提供的系统元模型，而该图形编辑器也已集成到了 OSATE 中。

除了建模与验证工具外，Topcased 项目研究了一种自动化文档生成工具，给用户提供一种简单的可定制的方式，用于创建新的文档模板，通过将文档模板与系统模型相结合，产生一个相关联的文档。

16.5.2.4　CHESS

CHESS 目前还在自行维护，没有加入正式的 Eclipse Model

Project 管理。该项目由德国、法国、意大利、西班牙等地的 18 个团队联合开发，2008 年立项，周期约为 3 年。

该项目由德国、法国、意大利、西班牙等地的 18 个团队联合开发的，基于 UML MARTE 进行建模，实现图形化建模支持、模型转换、代码生成、实时调度分析和安全可靠性验证。

UML MARTE 实现了 AADL 的大部分语义。CHESS 结合 UML MARTE、SysML、UML 定义了实时系统建模语言 CHESSML，并以 CHESSML 为核心实现了模型开发、分析、验证的支持。目前该项目实现了 Ada Ravenscar 的代码自动生成，C 语言转换正在开发中。

16.5.3　领域模型驱动开发环境研制

模型驱动与平台研究得到了欧美工业界，特别是航空航天领域（如 Airbus、Lockheed Martin、Rockwell Collins、Honeywell、Boeing、NASA 、ESA）的支持，近 10 年来通过多个项目开展模型驱动软件开发工具与环境的研制。其中比较著名的项目有以下几个。

16.5.3.1　ASSERT（2004 年至 2008 年）

ASSERT 是欧盟支持、ESA 领导的项目，有 30 多个公司和科研机构参与，目标是对采用模型驱动工程的方法对卫星系统中传统嵌入式实时系统的开发过程进行改进，每个阶段都要经过严格的证明和验证才能进入下一阶段。在系统设计阶段使用 AADL 描述所开发系统的体系结构。在该项目的支持下，法国达索公司（Dassault-Aviation）采用 AADL 对关键任务系统进行建模，并转换到时间 Petri 网模型进行行为验证，以检验 AADL 的建模能力。

16.5.3.2　TOPCASED（2005 年至 2009 年）

TOPCASED（Toolkit in Open Source for Critical Applications & Systems Development）是由空中客车公司提出并实际应用的项目，有 28 个公司和研究所参与其中，包括卫星制造商 EADS Astrium、法国太空总署等，采用模型驱动开发和形式化验证结合、多种开源工具集成的思想，提供工具集成框架，支持复杂嵌入式实时系统的设计、开发与实现，以保证系统的质量属性并降低开发时间和成本。目前支持 AADL、UML、SDL 等多种建模语言，支持 TINA、CADP、UPPAAL 等模型检测工具，支持 C、Ada、RTSJ 等语言的自动代码生成，并支持 AADL 图形化建模。基于该平台可以面向领域进行二次开发。

16.5.3.3　SPICES（2006 年至 2009 年）

SPICES（Support for Predictable Integration of Mission Critical Embedded Systems）是由欧盟支持的项目，15 个公司和科研机构参与。针对航空工业界具体应用研究模型驱动的嵌入式系统工程，提出对 AADL 语言进行扩展，以支持一些新概念和属性的描述，如功耗约束、对 ARINC653 标准的支持等，并加入了 AADL V2.0 标准；研究基于扩展 AADL 的验证和分析方法，如 AADL 行为仿真工具 Ades、Osate 和 TOPCASED 工具集成、AADL 建模工具 ADELE 等；研究综合化航空电子系统（Integrated Modular Avionics，IMA）、ARINC653 平台之上的安全关键嵌入式系统的可预见性实现；研究 AADL 自动生成到实时 CORBA 中间件之上分布式应用。研究成果应用于空中客车的下一代航空电子原型系统、法国地球观测卫星的嵌入式控制器、Thales 公司的某个航空设备等系统中。

16.5.3.4　COMPASS（2009 年至 2010 年）

COMPASS项目是 ESA 于 2009 年资助的面向太空应用的基于模型的软件开发环境，参研单位包括德国 RWTH Aachen 大学，意大利 Fondazione Bruno Kessler 研究中心以及法国 Thales Alenia Space。该项目以 AADL 为基础，通过定义一个 SLIM 中间集成语言整合多个建模和验证工具，提供模式描述、形式化分析功能；具备功能正确性、安全可靠性、性能分析能力，能够进行故障检测、识别和恢复的影响分析等。

16.6　小结

目前由于支撑模型驱动软件开发过程的工具还不太完善，各行业都在积极探索与研究针对领域的模型驱动软件开发环境，将领域工程与模型驱动开发方法相结合，可以有效地支持领域内软件产品的开发。NASA 在国际空间站的 GNC 系统尝试模型驱动开发方法的应用，发现通用的模型驱动开发平台生成的代码的质量有一些局限，与领域结合的建模方法研究是模型驱动软件开发方法的重要内容。ESA 联合工业界研制了 Topcased 基于模型的驱动开发环境，并且基于此开发环境进一步发掘在卫星等领域的应用方法。

目前虽然国外有一些开源的集成开发环境成果可以使用，但是从安全关键性角度以及适用性角度看，研制自主的模型驱动软件开发环境是实现模型驱动软件开发方法在我国航天领域推广应用的必经途径。一方面，软件开发技术与工具与安全性密切相关模型驱动软件开发环境涉及代码自动生成等过程，必须通过严格的验证；另一方面，国外的开源产品并不直接适用于我国航天嵌入式软件开发。

国外各个领域特定项目都是针对各自领域软件体系结构模型、计算模型、研制过程开发的，并且有些工具只支持模型转换的某个过程。使用已有的工具存在着以下不足：由源模型直接转换为目标模型的语义跨度过大，没有考虑航天软件实际执行环境的语义；无法直接生成我国航天实时嵌入式软件运行平台所需的目标模型代码，无法保证模型转换过程中的语义一致性。另外，由于模型驱动软件开发方法基于形式化规格与语义，操作复杂、难以理解，如果缺乏领域特性，对系统设计与开发人员提出了很高的开发环境定制要求，难以应用。我国航天模型驱动软件开发环境需要针对航天领域进行分析，建立适用于本领域软件开发的建模环境、设计、实现和验证工具支撑，并提供可视化、图形化的操作环境，简化用户的操作过程，通过丰富的后台功能支撑，建立清晰的开发过程与操作流程，这是提高工具易用性、推动应用的主要因素。

基于模型驱动软件开发无疑是未来发展方向，在新一代软件开发方法转型的关键时期，充分基于国内外已有研究成果，研究针对我国航天领域的建模、系统设计与验证方法，研制自主可控的软件集成开发环境，是支撑模型驱动软件开发技术应用的关键。

第 17 章　形式化软件开发方法

　　形式化方法借助数学的方法研究计算机科学中的有关问题，将形式化方法应用于软件开发的目的是保证软件的正确性。目前我国航天型号软件研制中形式化软件开发方法的使用并不广泛，但是由于形式化方法是保证软件正确性的一种有效途径，能够发现传统软件开发与测试中难以发现的问题。在未来航天软件工程实践中，可以结合项目特点开展形式化软件开发方法的探索和应用。

17.1　概述

　　《Encyclopedia of Software Engineering》对形式化方法定义为：
"用于开发计算机系统的形式化方法是基于数学描述系统性质的技术"，形式化软件开发方法提供了一个框架，开发者可以在该框架中以系统的方式刻画、开发和验证系统。在软件开发全过程中，凡是采用严格的数学语言，具有精确的数学语义的方法，都被称为形式化方法。形式化方法又分为形式化规格方法和形式化验证。

　　软件的形式化开发方法最早可以追溯到 20 世纪 50 年代后期对程序设计语言编译技术的研究，当时 Backus 提出了巴克斯范式（Backus Normal Form，BNF），作为描述程序设计语言语法的元语言。在 20 世纪 60 年代，面对当时出现的软件危机，Floyd、Hoare 和 Manna 等开展的程序正确性证明推动了形式化方法的发展，他们试图用数学方法证明程序的正确性，并发展成为了各种程序验证方法，但是受程序规模的限制，这些方法并未达到预期的效果。20 世纪 80 年代，形式化方法在硬件设计领域的工业应用，掀起了软件形式化开发方法的学术研究和工业应用的热潮，Pnueli 提出了反应式

系统规格和验证的时态逻辑（Temporal Logical，TL）方法，Clarke
和 Emerson 提出了有穷状态并发系统的模型检验方法。近 10 年来，
形式化方法的研究及其在工业中的应用得到了长足的发展，研究人
员建立了设计人员易于理解的规约概念和术语，以及有效应用这些
术语和概念的形式化规约方法和语言，建立了功能强大的模型检验
和定理证明技术，并开发出了与之相应的从研究原型到商品化产品
的支撑工具和环境。

　　形式化方法在国外航空航天领域软件研制中已经得到应用，大
量安全关键和重要的系统软件都采用或者被要求利用形式化方法来
保证其开发正确性。在安全领域，安全策略、模型以及软件设计需
要利用形式化方法进行描述和证明。无论是早期的 TCSEC 的 A 级
软件还是通用准则的 EAL 6 以上的软件都强制采用形式化的开发方
法。在安全关键领域，DO-178B/C 也极为推荐形式化的开发技术，
并且发布了形式化开发指南 DO-333。

　　NASA 和 ESA 建立了形式化方法研究机构研究形式化理论、技
术和工具，促进形式化技术在航天任务中使用。以 NASA 为例，首
先，以艾姆斯研究中心、约翰逊航天中心、兰利研究中心、喷气推
进实验室等组成的形式化技术和工具研究机构，对形式化的方法、
工具以及应用开展全面的研究。其次，每年定期召开 NASA 形式化
方法会议，交流和探讨 NASA 各任务中形式化方法应用的经验和教
训。最后，NASA 与各种学术机构进行深入的形式化方法的合作，
例如与斯坦福研究机构合作研制了原型验证系统 PVS。

　　NASA 在国际空间站研制过程中，制定了形式化方法使用指南。
1995 年，在 NASA 安全和任务质量办公室的组织下，针对国际空间
站软件研制需求制定了《软件和计算机系统验证的形式化方法规范
和分析手册》。该手册包括了两部分，第一部分给出了 NASA 任务
和计划中应用形式化方法的计划和技术准备等方面的指南；第二部
分给出了验证软件的需求和高层设计方面的技术和策略。

　　NASA 已经建立起了软件形式化分析验证环境。在 NASA 资助

下,各研究中心通过与学术机构联合研制了大量的形式化分析验证工具,包括 PVS、Z、VDM 等工具,并且针对航天任务的需求建立起航天应用模型库。例如,约翰逊航天中心开发了航天 PVS 定理库。

形式化方法已经成为 NASA 研制航天器关键系统和软件的重要手段,极大地提高了关键系统的安全可靠性。国际空间站的大量关键系统软件都通过形式化的验证,分析出了大量深层次的问题,这些问题难以被其他方法检测到。国际空间站工程的航天飞机飞行控制系统通过形式化验证,并发现 46 个问题。在国际空间站 FDIR 研制中,利用形式化方法分析出 12 个深度隐藏的问题,并且有 3 个重大问题。在航天飞机的 GPS 导航的需求变更分析中,利用形式化方法检测出 43 项不一致问题。在航天飞机的 3 引擎输出控制任务中,利用 Z 方法分析出 20 个潜在的问题,包括未记录假设、逻辑错误、不一致和不精确等问题。

我国航天型号软件研制过程中,基本上没有使用形式化方法,软件的分析验证主要依赖人工方式完成。即便是对系统或者整个工程具有重要影响的 A 级软件,仍然采用传统的方法研制。其质量保障主要依赖于研发流程控制和大量的测试。但是,研发流程控制与软件安全性和可靠性之间并没有直接的对应;同时,软件测试无法做到覆盖所有运行空间,从而无法提供高安全和高可靠的保证。这主要体现在对软件需求分析、软件设计分析以及软件测试的不充分等方面。软件需求分析不充分带来的软件需求错误、需求不一致、需求不完备等一直是航天型号软件研制中的重要问题;软件架构和设计决策的正确性缺乏坚实的基础;软件测试验证的充分性仍然不足。形式化方法的研究及应用对安全关键软件具有重要的意义。

17.2　形式化方法的选用原则

从形式化方法的定义来看,其频谱范围非常广泛,严格程度各不相同。因此，在选用形式化方法时，必须对形式化方法在项目中的作用进行明确定位，考虑形式化技术和策略的适用性。

17.2.1　形式化程度

根据形式化的程度，可以将形式化方法分为 3 个层次，数学定义的内容越多、自动化工具支持越好，形式化程度越高：

1）使用数学概念和符号来描述系统，但是使用非形式化的分析，没有自动化的分析验证过程。这种方式通常只是增强现有的过程，而不是对整个开发过程采用形式化方法。

2）使用明确的形式化规约语言，有一定程度的自动化分析支持。形式化规约语言的语法、输入、解释和模拟等有自动化工具支持，但是并不能进行自动化的定理证明。主要的方法包括 Larch、SDL、VDM、Z、SCR 等。

3）使用明确的形式化规约语言描述系统，并通过对应的形式化证明方法、形式化证明工作等综合的分析环境，进行形式化验证。这类工具包括 HOL、Nqthm、ACL2、EVES、PVS、B - Methods 等。

上述 3 个层次的形式化程度越来越严格。但是从软件或者系统开发的角度看，并不是越严格越好。最高层次的形式化并不是最恰当或者最具生产率的方法，必须根据项目的特征和具体要求，选择恰当的形式化程度。例如，如果一个项目仅仅打算使用形式化方法来记录新系统构件的需求，那么选用第一或者第二种程度的形式化方法即可。但是如果想要利用形式化方法来验证分布式系统的不同算法的关键属性，就必须选用第三个层次的形式化技术。

17.2.2　形式化方法的使用范围

形式化方法的使用范围通常包括时间上的范围和空间上的范围。从时间上看，形式化方法可能被应用到不同的软件开发生存周期；从空间上看，主要讨论是在整个系统还是特定的构件上使用形式化方法。综合起来，形式化方法的使用范围可以分为 3 类。

17.2.2.1　生存周期的阶段使用

一般而言，形式化方法产生最大效益的阶段是生存周期的早期。因为生存周期早期的错误可能会导致后期花费更多的资源来进行纠正，所以通过形式化方法提供足够的精确性来描述系统，能尽早发现缺陷，这是其他传统方法所不具备的。

17.2.2.2　系统构件级使用

在考虑使用形式化方法时，关键性评估、保障考虑、架构特征等都是非常关键的因素。应当综合所有这些因素来确定哪些子系统、配置项或模块应使用形式化方法来分析。由于一个大的系统由许多构件组成，每个构件都有不同的关键性，因此应当根据项目的特征来判定形式化方法使用的程度。例如一个系统架构提供关键构件的故障隔离，隔离的手段是逻辑或者物理分区。在此场景下，系统架构就是形式化方法的焦点，应当通过形式化方法来验证系统的关键属性是否得到保持。

17.2.2.3　系统功能级使用

虽然形式化方法的传统用途与"正确性证明"相关联，但是它也可以被用于验证系统最重要的属性是否成立。在某些情况下，确保一个软件不会呈现出某种负面属性或者失效，比证明它拥有某种正面属性更为重要。

17.2.3　合理的预期

在安全关键软件开发过程中，形式化方法被视为一种重要的开发手段。但是，形式化方法在安全关键软件的开发中实际发挥的作用与预期相比有较大的差距。因此，必须正确认识形式化方法能够产生的效果。

事实上，形式化方法并不是一个万能药，也没办法保证产出一个高质量的软件产品。形式化方法能产生的实际期望与以下几方面因素相关：

　　1）形式化方法在项目中的作用；

　　2）形式化方法使用的程度；

　　3）投入到形式化方法中的项目资源。

　　与标准的软件开发过程相比，如果灵活、熟练地使用形式化方法，可以较早地发现需求、设计中的错误，极大地减少错误的影响范围。如果不用形式化方法，这些问题可能到编程实现或者测试阶段才能发现。当然，其他的软件设计方法，如伪代码、数据流图、半形式化的符号也可以减少设计错误，但是形式化方法的正确使用可以发现一些深层次的问题。形式方法的一个优点是能够将焦点集中到系统必需的特征上，避免被实现方面的因素分散注意力。另外，与直接执行、原型化、仿真等技术不同，具备演绎属性的形式化方法和状态探索技术可以支持对所有行为空间的检查。

　　就一个项目而言，何种程度的使用形式化方法是需要考虑的首要问题。对这个问题具有决定性影响的是完成该形式化活动所需的资源是否具备，其中，使用形式化方法所需的技能是一个重要的考虑因素。

17.3　形式化软件开发过程

　　对于一个给定的应用，形式化方法的应用过程如下。

17.3.1　软件系统刻画阶段

　　这个阶段的主要目的是对应用以及应用领域有一个全面、透彻的了解。为了实现这个目的，需要完成以下工作：

　　1）对应用进行一个全面的研究，标记出关键的构件、子构件、结构、基础算法、基础行为、数据和控制流、运行环境等；

　　2）如果有与应用相关的工作，那么需要识别出这些工作，并且进行研究；

　　3）必要时，获取应用领域的其他知识；

4）将获取的知识集成到一个工作刻画环境中。

由于不同的参与者有不同的工作习惯，工作过程的产出形式也是多样化的。一般设计人员经常采用笔记、文档等形式的工程产出。但是为便于后续的交流和分析，应当采用一个大家公认的手段来整合所有这些知识。这一阶段的产出通常不是严格的、形式化的，但是不能低估这阶段工作的重要性，对应用的全面、深入地理解，对于选择恰当的模型、规约、确认策略等都非常重要。

17.3.2　建模阶段

这一阶段的主要工作是定义应用的数学表示，这个数学表示应既适合对应用领域的形式化，又符合对应用行为的计算和预测。应用的数学表示是后续规约和验证的基础。这一阶段需要完成以下工作：

1）对可用的数学表示方法进行评估。对于每一种数学表示方法需要评估两方面的因素：通用因素和特殊因素。通用因素包括抽象层次、一般性、表达能力、分析能力、简单性等。特殊因素包括计算模型、对时间和状态表示是隐含的还是显式的。此外，为了便于后续的分析和确认工作，是否存在自动化的工具支持也是需要考虑的因素之一。

2）选择最适合应用特点的数学表示方法。

3）对应用的关键元素以及元素之间的关系进行建模。

17.3.3　规约阶段

这一阶段的主要工作是对应用的各个相关的方面、应用的运行环境进行形式化描述，涉及以下工作：

1）选择恰当的规约策略，包括确定采用层次规约还是单层规约、结构化的规约风格还是描述性的规约风格，确定规范的过程和组织问题等。

2）根据选择的模型和规范策略，组合应用的形式化规约；

3）分析形式化规约的语法和语义正确性。

17.3.4　分析阶段

这一阶段主要是基于通过语法、语义检查的形式化规约，开展系统规约的解释、执行、关键属性证明等工作，从而检查出在需求、设计等软件开发阶段产物中存在的错误，涉及以下工作：

1）对形式化规约进行解释或者执行；

2）证明形式化规约中的关键属性和不变量；

3）必要时，确立公理的一致性；

4）如果规约采用层次结构，那么确立每层规约之间的正确性。

17.3.5　归档阶段

这一阶段主要工作是将整个形式化工作进行全面梳理，形成一套系统化的、可以直观理解的文档。其主要工作包括：

1）记录实施的各种假设；

2）激发关键的决策；

3）归档形式化工作中各类决策的原理和关键理解；

4）为每个形式化的规约、证明、结论提供解释性材料，便于理解和交流；

5）将形式化规约与需求或者高层设计之间建立起追踪关系；

6）跟踪工作的层次；

7）收集各种成效数据。

17.3.6　维护阶段

这一阶段的主要目的是根据应用、环境的变化对形式化工作进行修订，使得形式化工作能够适应软件的维护阶段需求。对于一个可用的形式化方法，这是非常关键的要求，涉及以下多方面工作：

1）根据需要，对形式化规约及其分析证明进行修正或者修改；

2）对变更的影响进行分析；

3）调整建模系统，使得其适应变更；

4）支持形式化规约和分析的可重用；

5）从形式化规约和分析证明中提炼出一般原则。

17.4　需求描述及形式化

软件需求分析是一个非常重要、繁琐的过程，包括需求获取、建模、规约、确认、追踪和重用等问题。需求的形式化表示和分析是软件需求工程的重要内容。

如果将需求看作为形式化方法的表示和验证对象，那么需求的最重要的特征包括以下几方面：

1）需求陈述的抽象层次；

2）需求被形式化地描述的程度；

3）需求被追踪到具体系统构建的程度；

4）其他额外信息的可用性，这些信息可以用于激发和澄清需求定义的原理。

17.4.1　需求捕捉的层次

在软件生存周期的早期阶段，需求应当处于一个合理的抽象层次，并且集中关注系统的基本特征，包括系统的基础行为和关键属性，只有这样才能够有效地利用形式化方法。在这个层次，不应当考虑实现或者底层细节，以免分散对系统基本功能的关注。

17.4.2　需求陈述的明确性

作为一个基本约束，需求的描述应当尽可能的完备、精确、无歧义。这似乎与前边的要求矛盾，前边要求需求必须有合理的抽象，仅提取系统的本质行为和属性。事实上，这两个要求并不矛盾。清晰性、精确性、完备性要求主要是指明确地指出潜在的假设，并且完全列举出来所有相关的情况，而不是列出底层细节和实现因素。

对于一些有歧义的需求，如果无法进一步澄清，那么就需要形式化方法的使用人员定义并且明确地记录一组运行假设，并以此为基础开展形式化规约编写和分析工作。最终，所有的运行假设和需求规范都必须经过确认。

另外，需求应当清楚地陈述系统对运行环境所作的假设，还必须明确地界定系统及其运行上下文的边界。例如，需求应当明确识别出系统度量、控制、假设的环境量，如温度、压力、用户接口假设等。

17.4.3　需求追踪性

系统层需求应当可以追踪到可识别的子系统、构件或者接口。如果需求无法追踪，那么就难以对其进行确认。这是因为系统层需求所描述的系统层行为或者属性过于宽泛，难以开展形式化分析。

17.4.4　底层原理和直观描述的可用性

需求应当包括相关的背景材料，它们可以作为需求陈述的根据，阐明需求的细节。这些材料可能不被包括到需求文档中，但是可以通过领域知识、项目人员、项目的其他产出等得到。如果需求陈述是低层的、面向实现的、不完整或者有歧义的，这些补充材料尤为重要。

事实上很难遇到一种非常适合形式化分析的需求。要进行形式化的需求分析，需要大量的转化工作。形式化方法都提供了一些技术或者工具，辅助从非形式化、半形式化的规约中提取需求，也可以帮助发现缺失的、不完整的需求。但是，需要注意的是：形式化方法不是万能的。在考虑采用形式化方法时，软件开发人员必须对需求文档的可用性、适合性进行评估。

17.5　形式化建模

在形式化方法的上下文中，"模型"一词有两种不同的用途，这两种不同的用途是相互关联的。

首先，"模型"是自然或者人造系统的一种数学表示。这与科学和工程领域中的定义是相同的。这种数学表示可以被用于预测或者计算系统的属性。

其次，模型是指一个满足一组公理的数学表示，来自形式逻辑术语。对一组公理，给出一个模型可以说明公理是一致的。

17.5.1　数学模型

在形式逻辑的语境中，"模型"一词的含义是没有任何歧义的。在非形式化的具体对象的真实世界中，"模型"一词的使用大多数情况也是没有歧义的。但是，当"模型"一词被用于表示数学对象时，可能会存在一定的混淆。当我们说一个真实的产品时，能够很快区分出模型、原型、规约和描述的区别。但是，在数学环境中，模型的定义是混淆的。Parnas 对模型的定义是"一个产品，但既不是描述也不是一个规范"。因此，在形式化上下文中，模型和规范经常被混淆，经常被合并使用。

以喷气式飞机为例说明上述的概念。一个波音 787 的模型既可能是可以飞行的，也可能是无法飞行的、仅能放在桌上的物件。一个原型是指构造的第一架 787 飞机，它具有 787 的大多数关键属性，例如能够容纳 700 名乘客。而其规约主要是抓住 787 非常重要的某种属性，例如机翼的维度与飞机的全局纬度之间的关系。描述则是一个约束条件下的某种表示，甚至是某种无用的细节，如飞机有一个球状的剖面。

17.5.1.1　数学模型的特征

在形式化方法的上下文中，最为有用的模型是抽象表示的，关注对象的基本特征，利用合理的通用词汇来表示，利用精心选择的数学来形式化表示。

（1）抽象

通过分析建模和指定具体对象之间的关系，可以增加对抽象模型的特征的深入了解。构建恰当的抽象模型可以消除分散注意力的细节，避免去实现那些不成熟的设计。

（2）聚焦

模型定义了一个探索空间。一个模型并不会描述系统的所有可能空间，但是它可能聚焦到某种关键的特征上。这种聚焦的思想也可以应用于形式化方法的抽象模型上。对于任何模型，都必须确定它反映的是现实的哪些侧面，并且必须忽略其他侧面。换句话说，模型的边界必须十分清楚。

（3）表达能力和分析能力

模型的表达能力和分析能力是两个相互冲突的属性。一个模型能够描述的系统特征越多，越难确定性地分析它们。在形式化方法上下文中，表达能力主要是指自然、有效地刻画系统的行为或者属性的能力。一般而言，表达能力越强的模型，它的一般性更高。但是，一般性并不是表达能力的唯一特征。分析能力是指根据模型对系统进行精确的计算或者预测的能力。分析能力是形式化方法应用的关键点。

（4）直观表示与非直观表示

直观性是指模型表达的自然程度，即模型表示的元素、元素关系等与它表示的物理对象之间的相似程度。它们之间的相似度越高，越容易被理解。直观性强并不一定更容易分析，尤其是模型的深层次特性。

（5）精确性

对于形式化模型而言，除了需要明白模型的限制，还要知道模型的精度。规约和分析的最终效果和有效性受到模型的精度限制，即模型是否精确地表示真实系统。

17.5.1.2　数学模型的优点

数学模型与形式化方法的严格程度相关，主要包括：

1）数学模型比自然语言书写的非形式化描述或者半形式化符号更为精确。虽然传统的软件工程使用了伪代码、图表、CASE 符号等，它们仅属于半形式化的符号，描述的准确度不够，因此无法进行自动化分析。准确度的一个方面就是是否能够检查和弄清其潜在假设。因此，数学模型倾向于迫使开发人员进行更为完全的分析。

2）数学模型可以被用于计算和预测被建模系统或者现象的行为。

3）可以对数学模型进行分析，分析过程使用的是公认的数学推理方法。公理化方法是一个典型的例子。公理化方法提供了一个分析的范式，它能够证明模型是否满足某种属性，也能够根据已知的行为来预知系统是否有新的行为。

17.5.2　离散和连续域的数学模型

根据模型描述系统的方式，可以分为离散域模型和连续模型。离散域模型采用原子的形式来描述所有的自然和数学特征，也即是说将描述对象看成一个个完全不同的、可以识别的个体元素。连续模型则关注自然或者系统的持续演变。对于形式化方法而言，它更关注离散域模型。尽管离散域中模型所使用的数学比连续域模型使用的数学简单，但是很难被工程领域的人员所理解。

离散域模型是计算机系统中的典型模型。根据领域特点不同，研究者们提出了许多离散域模型。形式化方法的语境中，经常用到 4 种类型的离散域模型，即函数模型、抽象状态机模型、自动机模型和面向对象模型。

17.5.2.1　函数模型

函数模型是一种特殊的形式化模型，它利用纯数学形式的函数符号作为模型的基本结构，配合以一个隐含的非常简单的计算模型作为建模基础。令人惊奇的是，如果假定最基本的计算模型是函数组合操作，那么大量的算法可以被描述为递归函数。函数模型是一种有效的模型，可以完成很多看似复杂的问题建模。例如，对拜占庭协定的规约和分析过程表明，简单的函数型计算模型足以描述这个复杂问题，无需独立构建协议执行的分布式计算环境。

下面以一个简单的同步硬件电路为例说明函数模型的作用。假定一个二进制加法器（adder），它有 3 个 1 bit 输入 x、y 和 c_i（进位输入），产生 1 个输出位 s 和进位输出 c_o。虽然这个加法器可以用块图的形式直观表示，也可以被描述为几个函数，函数的组合可以被用于对两个输出之间的关系建模。简单地说，这个加法器可以被建模成两个函数，即：

$$s(x, y, c_i) = (x + y + c_i) \text{rem} 2 \qquad (17 - 1)$$

$$c_o(x, y, c_i) = (x + y + c_i) \text{div} 2 \qquad (17 - 2)$$

关系模型是函数模型的一个变种，它使用更为通用的数学关系符号来表示模型。在关系模型中，一个函数被表示为输入和输出之间的一个单一关系。如果使用关系模型，上述加法器可以被表示为以下形式：

$$\text{adder}(x, y, c_i, s, c_o) = (s = (x + y + c_i) \text{rem} 2)$$
$$\text{and}(c_o = (x + y + c_i) \text{div} 2) \qquad (17 - 3)$$

在关系模型中，需要通过以下操作完成组合操作：

1）识别出通过变量形成的结合点；

2）将表示独立块的关系联接起来；

3）利用存在量词隐藏内部结合点。

利用函数方式建模的优点非常明显。如果一个问题能够通过函数的方式建模，那么对它的证明非常简单有效。通过函数的重写，然后执行函数就可以产生出计算结果，从而能够生成一个快速的原型。作为函数模型的一种特例，利用关系建模可以处理更为复杂的问题，并且可以与直观的线路图直接对应，支持处理反馈循环的问题。

17.5.2.2 抽象状态机模型

抽象状态机是最为典型的形式化建模方法，也是计算机领域应用最广泛的方法。一个抽象状态机由两个部分构成（见图 17 - 1）：

1）系统状态的抽象表示；

2）状态迁移操作集合，是对抽象状态进行处理的一组操作，每个操作都使得系统从当前状态迁移到下一个状态。

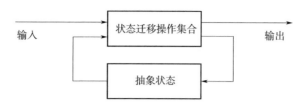

图 17-1 抽象状态机结构

抽象状态由一组反映系统特征的抽象的常量、变量构成。抽象常量和变量的一个取值被称为一个状态。抽象状态机的一个迁移操作可以被明确定义为一个数学函数，该函数以输入值、当前状态值为输入，将系统映射到输出和下一个状态值。如果将状态、输入、输出分别表示为矢量 S、I、O，那么状态迁移可以表示为函数 T：

$$T:I \times S \to [O \times S] \qquad (17-4)$$

状态表示系统的静态特征，状态迁移表示系统的动态特征。因此，状态迁移函数 T 就能够捕捉住给定系统的功能，也能形式化地表示出系统行为的抽象属性。

对于一个给定的状态机 $M = (S, T)$，设 $I(n) = <i_1, \cdots, i_n>$ 和 $O(n) = <o_1, \cdots, o_n>$ 分别表示状态机 S 上的 n 次状态迁移的输入和输出。那么状态机 M 的行为属性可以表示为 $I(n)$ 和 $O(n)$ 之间的关系 P。那么，最终需要验证的就是 P 是否在所有的迁移中都成立。

17.5.2.3 基于自动机的模型

自动机与抽象状态机非常类似，也是计算机领域中最关键的模型。一个自动机是一个有限状态的迁移系统，它也包括一个状态集合和一个状态之间迁移的集合，此外还包括一个字母表作为输入。状态机的迁移是根据字母表输入选择迁移集合中的一个或者多个迁移动作。

17.5.2.4 混合自动机

混合自动机是有限自动机的扩展，包括连续的活动，通常被用于集成了连续和数字构件的系统建模，可将其看作时间自动机的泛化。在这种自动机中，每个状态变量的行为由一组微分方程控制。根据微分方程不同，存在各种类型的混合自动机，如线性混合自动机、混合输入/输出自动机等。线性混合自动机具有以下两方面特点：

　　1）所有变量随时间的变化率应当是常量；

　　2）不变量、条件、赋值语句中使用的各项都是线性的。

17.5.2.5　面向对象的模型

　　面向对象的开发方法是当前主流的软件开发方法，基于对象进行建模是这种开发方法的基础。面向对象的模型将系统表示成为有结构的类以及对象。对象具有明确的封装、继承概念，对象之间存在有关系。目前，大部分面向对象的软件开发采用非形式化的方式，典型的方法包括 Booch、Coad 和 Yourdon、UML 等。这些面向对象的方法提供了一种非常便于理解的途径来组织应用程序，以多种类型的图形视图来描述系统。

17.6　形式化规格说明

　　形式化规格说明书是基于特定的形式化语言对系统的刻画。通常，形式化规格说明书包括公理、定义、推导规则等几个部分内容。为了保证规格的准确性和一致性，形式化语言必须具有精确的数学基础。因此，定义和规则含义是清楚、准确的。

17.6.1　形式化规约语言

　　一个形式化语言由一组符号图形和一组语法规则构成。符号图形构成规格说明的基本字母表；语法规则控制如何根据符号图形构成有效的语言表达式。在纯粹的形式化语言中，形式化规约语言及其推导规则通常也被称为逻辑。它们通常采用命题逻辑或者谓词逻辑来支持形式化系统。虽然纯逻辑的形式化规约语言具有精确、简洁的特点，但是它们的表达能力通常有限。因此，许多形式化规约语言也引入一些现代程序设计语言的概念和结构来丰富形式化语言的特征，如类型系统、封装、参数化等。

形式化规约语言和程序设计语言是有区别的。从理论上讲，可将一个程序看作一个形式化规格说明。但是，形式化规格说明并不一定是一个程序，通常包括许多不可执行的成分，如高层结构、逻辑元素等。程序和形式化规格说明的本质区别是：程序完整地给出了如何执行计算；一个规格说明则表示计算什么、计算上有什么约束。因此，规格说明可以是不完整的，不完整的程序是无法执行的。

到目前为止，学术界和工业界开发出了许多形式化规约语言。每种语言都有自己的特点和应用范围。下面详细介绍形式化规约语言的通用特征。

17.6.1.1　形式化规约语言的基础

正如前文所述，形式化规约语言的基础是数理逻辑。但是，就逻辑而言，也存在各种类型，如命题逻辑、等式逻辑、量词逻辑、模态逻辑、时态逻辑、集合论、高阶逻辑等。基于不同逻辑的形式化规约语言的用途、表达能力也是不同的。

但是，有一点是相同的。形式化规约语言主要适用于形式化地描述系统需求、设计、算法和程序，进一步为推导需求、设计等的属性奠定有效的基础。虽然形式化方法基于数学或者逻辑，但是直接利用数学家们开发的语言来描述计算机系统开发中的问题并不恰当。

通常，一个具有较好表达能力的、通用的规约语言的逻辑基础或者是公理化集合论，或者是高阶逻辑。公理化集合论是许多形式化规约语言的基础，它通过限制集合形成的规则，避免了逻辑学中的一些知名的矛盾。Z 语言就是基于公理化集合论的形式化规约语言，已经被广泛应用于计算机软件系统的规约中。

形式化规约语言的另一个基础是类型理论。简单的类型理论可以通过严格的类型约束来防止循环矛盾。HOL、PVS 等知名的形式化规约语言中使用类型理论来支持形式化规约的描述和定理证明。

类型理论可以提供许多优点：非常强的机械化的类型检查；对量词和高阶结构的表达能力；通过支撑类型理论的全函数方法的定理证明。

17.6.1.2　形式化规约语言的特征

形式化规约语言的数学基础非常重要，它确定了形式化规约语言的表达能力和自动化证明的可能性。形式化规约语言的表达能力和其他特征描述如下。

（1）显式语义

为了给出一个数学上明确定义的、值得信赖的规格说明，并且提供理解规格说明的一个标准框架，形式化规约语言必须自身具备一个数学上安全的基础。理想的情况下，该语言应当有完备的形式语义。当然，如果语言完全建立在标准逻辑之上，没有做重大的扩展，可以不需要完整的形式语义。另外，如果一个形式化规约语言不是以标准逻辑为基础，或者使用了新的、非标准的结构，那么就应当提供形式语义。例如，Z 语言就单独定义了形式语义。

（2）表达能力

形式化规约语言的表达能力受到底层逻辑制约。一个具有合理的表达能力的形式化规约语言的最小逻辑基础是带有相等关系的一阶谓词演算。对于大多数形式化规约的编写和验证需求而言，通常需要更为具有表达能力的逻辑基础，集合论和高阶逻辑目前能够满足计算机软件形式化规格说明的要求。

17.6.2　形式化规约语言风格

形式化规约语言的风格包括多种含义，如可读性、易证明性等。典型的形式化规格说明的风格有两种：面型模型的风格和面向属性的风格。面向模型的风格是一种结构性的风格，它使用定义作为规范的连接手段。而面向属性的风格是一种描述性的风格，它采用公理作为连接手段。

描述性规约或者公理化规约鼓励尽可能少地编写形式化规约，

尽可能的进行抽象，避免冗长的规约描述，把注意力集中到如何实现描述的概念上。面向模型的风格倾向于过度规范化，在规约中增加更多细节和专有属性，将实现阶段应当考虑的问题提前。从其特点可以看出面向属性的规约风格可能引入不一致，并且难以阅读和理解。面向模型的规约风格能够更好地对应过程性需求。最终选择何种规约风格需要更具应用来确定。事实上，一旦选用了规约语言，其风格已经确定。

17.6.3　形式化规约和生存周期的关系

在软件开发的哪个阶段使用形式化规约成为软件开发的重要决策。一个极端是在整个软件研制生存周期中进行形式化规格编制。在这种场景中，软件系统开发团队将构建一个层次化的规格说明体系：

1）每个规格说明处于一个抽象的层次；

2）每层对应与不同的软件生存周期阶段；

3）每一层的规格说明都是上一层规格说明的细化或者求精。

在这样的规格说明层次体系中，必须保证各层规格说明的一致性，因此需要利用形式化证明来确保每层的设计都是上一层规格说明的正确实现。另外，还可以产生一条完整的证据链来证明在各层的规格说明中，期望的属性都是满足的。跨层的证明证据链通常使用映射函数完成，任意两层之间的映射函数都是将上层的对象映射到下一层，并且需要证明的属性在映射过程中是永远成立的。

但是，构建这样的一个完整的形式化规格说明层次体系是非常困难的事情，成本极高、技术难度非常大。因此，形式化规格说明仅被用于软件开发生存周期中影响最大的那个阶段。

从经验上看，形式化规格说明在软件开发生存周期的早期的性价比最高。首先，传统的验证和确认活动都处于生存周期的后期，前期需求和设计中存在的问题往往只有在后期才能发现，形式化方法将问题发现的时间提前到早期，因此可以发挥较大作用；其次，在软件开发生存周期的后期，由于实现细节多，难以构建一个完备的形式化规格说明，因为实现层面的细节、实现层面的模型非常复杂；最后，形式化方法主要解决系统的关键的、重要的属性，而不是保证系统全部正确。基于这个因素，在需求开发和高层设计期间使用形式化规格说明效果最好，并且形式化规格说明应当作为开发过程整体的一部分，而不是完成了需求和设计再重新编写形式化规格说明。

17.6.4　检测形式化规格说明中的错误

虽然通过形式化规格说明的形式描述系统特征可以发现系统的潜在设计问题，但是形式化规格说明自身也可能存在错误。形式化规格说明的错误可能来源于以下几方面：

1）形式化规格说明不完整，存在没有指定、没有描述的内容；

2）描述内容过多，这些描述或者与主要问题不相关或者为后期增加了不必要的约束；

3）形式化规格说明可能是错误的，它可能存在内部不一致、对问题描述错误、存在非预期行为等。

在上述的问题中，描述过多的问题通常难以自动化地检测出来。发现这类问题需要经验丰富的专业人员，只有他们才能识别和避免此类问题。其他两类问题都可以通过各种方法来检测和弥补。

总体来讲，至少有 5 类技术来检测形式化规格说明中的异常问题。大部分方法都可以利用工具来实现检测的机械化、自动化。另外，每种检测技术都有独特的效果，如果将它们集成在一个环境中，可以充分发挥各种技术的长处。下面详细介绍每一种形式化规格说明的错误检测技术。

17.6.4.1　审查

审查是一种最简单的错误检测方法，包括同行评审、明确结构的评审以及具有正式过程的评审。典型的审查是 Fagan 风格的审查。从理论上讲，人工审查可以发现任意类型的错误。实践表明，人工审查难以发现比较细微的、深层次的问题，尤其是规格说明上下文相关的错误。尽管如此，Fagan 风格的审查可以与形式化方法形成相互补充的关系。

17.6.4.2 解析

语法解析是整个分析的基础，主要检查形式化规格说明中的语法不一致、语法错误等问题，包括关键字拼写错误、缺少分隔符、括号不匹配等。通过解析，可以保证形式化规格说明满足形式化规约语言的语法规则。

17.6.4.3 类型检查

类型检查比语法解析更进一步，它检查形式化规格说明是否存在语义上的不一致或者错误。例如，未声明的名字使用、不清楚的类型等。如果形式化规约语言的基础是高阶逻辑，那么它可以支持非常有效的类型检查。但是，如果形式化规约语言基于集合论，那么它不支持类型检查。如果可以进行类型检查，这类检查活动可以非常有效地确定一个规格说明是否在语义上是正确的。

17.6.4.4 执行

由于模型的基础是数理逻辑或者集合论，模型可以被直接执行、仿真或者模仿。这些活动也能够检查一个规格说明是否存在错误。如果一个形式化规约语言是可以执行的或者包括可以直接执行的子集，那么可以将形式化规格说明置于一个与规约相同的形式化上下文中执行和模仿。如果规约语言是不可执行的，那么形式化规格说明必须被重新解释成为高层的动态可执行的程序文本。许多规范语言既包括了可执行子集，又包括了不可执行子集。

17.6.4.5 定理证明、定理检查和模型检测

定理证明、证明检查、模型检查都是众所周知的形式化方法，它们可以检测逻辑上存在的冲突以及一些细微的缺陷。虽然这些技术经常被用于证明程序的正确性，但是它们的效果在设计探索和错误检测上更为明显。这些方法提供的分析不仅涉及规格说明本身，

而且还涉及逻辑推导。在确认一个形式化规格说明时，需要考虑几方面的问题：

1）规格说明的内在一致性，即规格说明的各组成部分之间是否在逻辑上是一致的。如果规格说明自身在逻辑上就存在不一致问题，那么就没有必要讨论规格说明的其他问题。

2）规格说明陈述的含义，即规格说明书是否表示出了所需要表达的内容。

3）规格说明书的完整性，即规格说明书应当详细描述各种可能出现的情形，并且为每种情形定义恰当的行为。

17.6.5　形式化规格说明的效用

规格说明可以起到多方面的作用。Lamport 认为一个形式化规格说明应当是系统使用者和系统开发者之间的一个"合同"，该合同应当告诉系统用户关于使用该系统所需要的一切信息；同时它应当告诉系统开发人员实现该系统应该知道的一切信息。一旦双方就这个"合同"达成一致，那么双方就没有必要进一步沟通了。

从 Lamport 的形象比喻可以归纳出形式化规格说明的 3 方面问题：

1）一个形式化规格说明的最重要功能是它的分析功能。利用支撑形式化系统的演绎机能，可以把一个形式化规格说明作为计算、预测、测试系统行为的基础。当然，一个形式化规格说明可以作为描述系统的一个手段，用于记录、沟通和原型化系统行为和属性。

2）一个完整的形式化规格说明可以表示对系统的行为和属性的正式确认。如果把注意力集中到软件开发生存周期的早期，形式化规格说明可以作为客户、需求分析师、形式化方法使用人员之间的合同。

3）尽管理想的情况是一旦达成合同，各方没有必要进一步沟通，但是实践中，软件开发过程总是一个迭代过程。将非形式化的需求转换成为形式化的规格说明和高层设计，需要多个迭代才能完成。开发形式化规格说明时可能暴露出问题，将形式化规格说明转换成高层设计时也可能暴露出问题，都需要反馈到前一个阶段加以解决。

当一个形式化规格说明没有经过证明确认时，可以将其看作为一个没有被调试过得程序。但是，将需求和高层设计形式化地表示出来，可以获得以下好处。

17.6.5.1　澄清需求和高层设计

形式化规格说明通常采用简洁、无歧义的语句来陈述需求和设计。这可能暴露出许多非形式化方法难以发现的根本性问题。例如，航天飞机的引擎选择的反作用力控制系统采用形式化的需求描述，增强的需求的准确性。

17.6.5.2　明确地表示出隐含假设

形式化可以帮助设计人员和需求分析人员识别和表示出需求和设计中的隐含假设。在逐渐演化的系统设计中，识别出那些未记录的假设尤其重要。例如，航天飞机的非形式化需求文档中，状态变量的概念一直没有被明确提及，但是通过功能分析和局部变量的存活时间分析，应当存在状态变量。通过形式化地对状态变量建模和制定，增强了需求的准确性和明确性。

另一隐含假设密集的地方是系统和环境的交互部分或者系统的运行上下文，它们在需求和设计中通常不会明确定义。利用形式化的方式将输入约束和环境假设明确地表示出来，可以暴露出需求和设计中忽略的问题。

17.6.5.3　暴露缺陷

形式化的过程不可避免地暴露出需求和高层设计中存在的大量问题。这个过程暴露的缺陷甚至不是通过证明和分析获得，而是编写形式化规格说明书时发现原有的需求和设计中的逻辑不一致。当然，形式化开发环境提供的类型检查、语法解析等也能够辅助缺陷暴露。

17.6.5.4　识别异常

在形式化需求和高层设计的过程中，形式化的一些要求和规则可以帮助识别出各种极端情况和异常情况。

17.6.5.5　评估测试覆盖

如果一个形式化规格说明是可以执行的，那么它就可以被用于评估系统测试集，并且在生存周期的早期就可以度量测试的覆盖率。

17.7　形式化分析

形式化分析用于对形式化规格说明进行探索、调试和验证，最终达到预测、计算和求精系统行为的目的。形式化分析技术范围非常广，它们在目标、方法、形式化程度等方面都有一定的区别。典型的形式化分析技术包括直接执行、仿真、模仿、有限状态方法以及定理证明等。

17.7.1　自动演绎

自动演绎也被称为自动定理证明，它是演绎推导的机械化过程。演绎方法为无限状态系统的推导奠定了基础，它通常被应用于抽象的高层的规约。有时也被用于面向数据的应用。目前，各种各样的形式演绎的方法的成熟度各不相同。

17.7.1.1　形式系统及其模型的背景

一个形式系统包含以下三部分：

1）一个非空的原语集合。一个原语是一个有限长度的字符串，字符串则由字母表中符号组成。

2）一个公理集合。公理集合是一组无需论证的陈述，涉及原语的特征。

3）一个推导规则的集合。推导规则可以在公理、原语的基础上产生新的陈述，这种陈述被称为定理。

一个形式系统的公理和推导规则被称为形式系统的演绎系统。在一个形式系统中,公理、定理的集合被称为一个理论,定理的证明是一个符合推导规则变换的序列。

对于纯形式的或者语法属性的问题研究被称为证明理论,主要包括判定性、一致性、简单完备性和依赖性。一致性对于证明理论非常重要,它是对一个证明理论的公理集合是否恰当的最基本判定。一个形式系统是否一致,主要看能否从公理系统中同时派生出一个陈述和该陈述的否定陈述。形式系统的完备性有许多解释,但是它的基本思想是:能够产生出满足给定条件的所有陈述。

17.7.1.2 自动推理的技术

自动推理是形式系统的基础。形式系统的推理自动化程度受多方面的约束。一般而言,通用的定理证明器可以支持各种逻辑,但是自动化程度稍微低一点。相反,专用的证明器可以利用面向领域的逻辑,并且根据应用领域进行了优化,因此,推理的自动化程度较高。自动化的程度还与支撑逻辑的封闭性密切相关;如果形式证明的过程与底层的形式逻辑偏差较小,那么它更容易自动化。

(1)一阶谓词逻辑演算

原则上,推导规则有两种用法。第一种用法是从公理开始,反复应用推导规则,直到生成被证明的公式。这种方法称为演绎演算。另外一种用法是从公式开始,反复应用推导规则,直到产生逻辑公理。这种方法称为测试演算。至于被证明的公式是有效的还是不可满足的,需要根据演算是正向演绎演算还是否定测试演算来确定。对于一阶谓词逻辑,存在许多不同的演算方法,每种演算方法对有效性有不同的理解。典型的演算方法有 Gentzen 演算和 Robinsion 求解演算。前者被称为推理演算,是一种正向演绎演算;后者是一个否定测试演算。

(a)正规范式

正规范式是谓词逻辑公式的一种标准格式,它使得谓词逻辑公式更容易理解和处理。典型的范式包括前束范式和斯科伦标准范式。

对于形如 $A \Leftrightarrow B$ 的有效范式，包括许多重要的等价关系，如量词分布规律、量词移动规律等。这种等价关系可以与变量重命名规律一起使用，避免产生意外的变量绑定，从而保证公式变换过程中的值保持性。这些变换规则可以产生一个逻辑上等价的前束范式；前束范式的所有量词都在最左端。斯科伦化可以产生一个斯科伦范式，它可以表示对变量赋值的量化依赖关系。对于一个前束范式 $\forall x_1,$ $\cdots, x_n \exists F$，它可以被转换成为 $\forall x_1, \cdots, x_n F^*$ 的形式，这里 F^* 将自由变量 y 的每一次出现都用一个斯科伦函数 f_y 替换；斯科伦函数 f_y 的形态是 $f_y(x_1, \cdots, x_n)$。但是，这个斯科伦化的过程并不是模型保持的，即原始公式和斯科伦型不是等价的。这个过程的一个好处是可以论证公式是否是可以满足的：一个公式是可满足的，仅当它的斯科伦范式是可满足的；一个公式是不可满足的，仅当它的斯科伦范式是不可满足的。在斯科伦化以后，仅保留了全称量词，那么量词可以被隐含地假设成立，那么公式可以被表示为 F^* 形式。

（b）推理演算

推理演算是演绎演算的一个变种，它由逻辑学家 Gentzen 提出。其出发点是证明的局部化。推理演算有两个优点：推导规则直观上容易理解；具有对称的结构。这两个优点可以生成一个相对系统化的自然的证明结构。

（2）扩展谓词演算

在形式化方法应用中，单纯的谓词逻辑无法满足大部分应用的需求。这就需要对一阶逻辑理论进行增强，主要的增强手段包括相等性、数值计算、简单的计算机科学数据类型和集合论等。通过对这 4 方面的内容的增强，谓词逻辑就可以满足大多数应用的需求。从证明的角度看，形式化方法还需要增加归纳技术支持。

（a）相等性推理

相等性的基本概念就是：如果 x 和 y 是相等的，那么 x 和 y 的所有属性都是公用的。即，当且仅当 x 有 y 的每一个属性，y 具有 x 的每一个属性，那么 $x = y$。相等性是自反的，对称的，传递的，因此，相等性是一个等价关系。

（b）数值计算推理

在实际应用中，形式化方法需要处理好实数或者自然数表达式的算术运算。但是传统的数理逻辑、一阶逻辑并不支持数值运算。数值运算的普适性和复杂性问题将极大地制约形式化方法的大量使用。从应用的角度看，谓词逻辑应当扩充加、减、乘、相等、小于、大于等算术和逻辑表达式特征。

17.7.1.3　自动演绎技术的效用

与有限状态验证技术相比，自动演绎技术支持的抽象模型的种类和数量更多，能够支持更多的规格说明，能够验证更多的属性，验证结果更易复用。定理证明或者定理检查的基本用途包括以下几方面：

1）保证类型正确性。某些规格说明的类型正确性是不可判定的。针对这种情况，可以利用定理证明或者定理检查方法来探索类型检查期间产生的证明义务。

2）确保公理的一致性。通过证明一个规格说明的公理存在一个模型，就可以论证该规格说明是一致的。

3）检查隐含的假设。形式化规格说明将隐含的假设明确化了。一旦如此，就可以通过公式化表示和证明技术来检查这些假设是否合理。

4）确保各层之间的逻辑正确性。

5）确认关键属性和不变量永远成立。通过演绎验证可以确定系统属性和不变量是否成立。

6）预测和计算系统行为。

7）方便重复和复用。

17.7.2　有限状态方法

一个系统的状态空间可以粗略地被定义为程序或者规格说明的状态变量的取值范围。系统的行为就可以通过列出状态变量的各种取值组合来描述。如果状态空间是有限的，并且相对较小，那么就可以系统地列举出系统的所有行为。但是，大部分系统的状态空间都非常大，甚至是无限的。因此，通过枚举的方式描述系统的行为是不可行的。进一步对系统的属性进行判定也非常困难。

为了能够全面掌握系统的行为和属性，就需要采取各种手段来降低或者缩减系统的状态空间，同时保持系统的基本属性不变。有限状态方法就是对有限状态系统进行自动验证的技术，它也包括对能够缩减为有限状态系统的无限状态系统的验证技术。具体来说就是：给定一个描述系统属性的公式，有限系统方法可以确定该公式在给定的有限模型中的真值。

有限状态方法的基础是时态逻辑、固定点理论、模态演算。

17.7.2.1　时态逻辑

时态逻辑是命题逻辑的一种扩展，它增加了时态运算符。时态运算符可以描述时间相关的条件。最简单的时态逻辑包括两个时态运算符，即弱将来运算符 F 和弱过去运算符 P 。当 q 在未来的某个时间点 p 为真，那么 Fp 为真。相似地，如果在过去的某个时间点 p 为真，那么 Pp 为真。此外，可以增加强将来和强过去运算符 G 和 H ，分别表示将来或者过去的每个时刻命题都成立。

时态逻辑包括一个完备的公理集合和一个完备的推导规则集合，它们可以证明逻辑中的有效语句。时态逻辑使用时需要确定选用的时间模型，典型的时间模型包括偏序时间、线性序时间、离散时间、分支时间等。基于不同的时间模型，可以产生不同的时态逻辑方法。典型的时态逻辑方法包括线性时态逻辑（LTL）、分支时间时态逻辑（BTTL）等。

17.7.2.2　固定点理论

功能逻辑是一个将函数映射到函数的函数，即它以函数为参数，并且以函数作为返回值。功能逻辑可以被记为 Lamda 表达式 $\lambda x. f$，这里 x 是一个变量，f 是一个公式。事实上 x 是一占位符，当将一个

参数 p 应用于该功能逻辑时，p 替代 f 中的所有 x。

对于一个功能逻辑 γ，如果 $p \subseteq q \rightarrow \gamma(p) \subseteq \gamma(q)$，那么 γ 是单调的。如果任意 p 使得 $\gamma(p) = p$，那么 p 是功能逻辑 γ 的一个固定点。假定一个函数 $\tau = \lambda x.(x \wedge y)$，那么 $\tau(x \wedge y) = (x \wedge y) \wedge y = x \wedge y$，那么 $x \wedge y$ 就是 τ 的一个固定点。

17.8　工具支持

随着形式化方法的发展，针对上述形式化方法产生了一系列工具，并且在实际应用中取得了很好的效果。

17.8.1　模型验证工具

根据检验规格的特点，模型验证工具可以分为时态逻辑模型检验工具、行为一致检验工具和复合检验工具。时态逻辑模型检验工具有 EMC、CESAR、SMV、Murphi、SPIN、UV、SVE、HyTech、Kronos 等；行为一致检验工具有 FDR、Cospan/FormalCheck 等，复合检验工具有 HIS、VIS、STeP、METAFrame 等。

贝尔实验室对其高级数据链路控制器在 FormalCheck 下进行了模型检验功能验证，对 6 个性能进行规约，发现了一个影响信道流量的错误。研究者通过 SMV 输入语言建立了 IEEE Futurebus＋896.1—1999 标准下的 Cache 一致协议的精确模型，验证了转移系统模型满足 Cache 一致性规约，发现了潜在的协议设计中的错误。

17.8.2　定理证明工具

现有的定理证明器包括用户导引自动推演工具、证明检验器和复合证明器。用户导引自动推演工具有 ACL2、Eves、LP、Nqthm、Reve 和 RRL，这些工具由引导定理或者定义序列引导，每一个定义采用已建立的推演、引理驱动重写和简化启发式来自动证明；证明检验器有 Coq、HOL、LEGO、LCF 和 Nuprl；复合证明器 Analytica 中将定理证明和符号代数系统 Mathematica 复合，PVS 和 Step 将决策过程、模型检验和交互式证明复合。

　　基于符号代数运算的自动定理证明用于证明 Pentium 中 SRT 算法的正确性，检查出了一个由故障数字选择表引起的错误；Power-PC 和 System/390 中寄存器传输级、门级、晶体管级的硬件设计模拟为布尔代数转移函数，基于 OBDD 算法验证不同设计上状态转移函数的等价性；Nqthm 用于 Motorola 68020 微处理器的规范，证明不同来源的二进制机器码的正确性；ACL2 用于 AMD5K86 的浮点除位代码的规范和证明，还检验浮点方根微的正确性，发现了其中的缺陷。

17.9　小结

　　形式化方法是高质量、高可靠软件开发的有效途径，但是其抽象数学符号及理论给开发人员带来一些不便。具有良好用户界面、容易学习、操作简单的形式化方法支撑工具，对于形式化方法多的推广应用有重要影响。在航天型号软件工程化中追求通用和完善的形式化方法及支撑工具是不现实的，侧重于一个或某几个特色方法和工具是研究的重点，考虑的内容包括：使用后尽早能取得明显的效益；支持渐进软件开发，允许部分规约和验证；工具应当像编译器那样易于使用、输出；概念和工具应当易于入门和学习掌握。此外，特定问题域的形式化方法和工具研究也是非常重要的。

　　考虑到形式化方法实施的难度和适用性，在航天型号软件研制中，形式化软件开发方法不会完全取代传统的软件开发方法，软件工程师们需根据所解决问题的特点结合或选择使用，结合到具体的软件开发过程中需要考虑以下因素。

17.9.1　应用类型

　　形式化方法不可能对所有的应用类型都适用，对于一个项目，应该衡量其问题领域的特点以及模型的复杂性，从而确定是否采用形式化方法。

17. 9. 2　规模和结构

应用形式化方法之前，应评价项目的规模和结构复杂性。形式化方法适用于中等规模的系统，对于大型系统，要将其分解为定义良好的组件，对关键部分采用形式化方法。

17. 9. 3　类型选择

应用形式化方法前，要明确目标。不同目标对开发过程有不同的影响，从而影响到对形式化方法类型的选择。

17. 9. 4　形式化级别

系统的描述可以分为非形式化、半形式化或者高度形式化，从项目的目标出发，必须先确定关键程度、项目规模、可用资源以及适合的形式化程度。

17. 9. 5　使用范围

一方面需要对形式化方法所应用的开发阶段进行选择，虽然形式化方法可用于开发过程的所有阶段，但是通常只是有选择地使用；另一方面，需要决定哪些软件采用形式化，安全关键的软件需要高度形式化。

17. 9. 6　工具支持

为了足够精确地实施形式化方法，工具的支持是必需的。针对一个项目，需要综合上面的所有因素来选择合适的工具。

参 考 文 献

［1］ 徐晓春，李高健. 软件配置管理［M］. 北京：清华大学出版社，2009.

［2］ 郑人杰，殷人昆. 软件工程概论［M］. 北京：清华大学出版社，1998.

［3］ 张泊平. 现代软件工程［M］. 北京：清华大学出版社；北京交通大学出版社，2009.

［4］ 吕云翔，王昕鹏，邱玉龙. 软件工程——理论与实践［M］. 北京：人民邮电出版社，2012.

［5］ 殷人昆，郑人杰，马素霞，等. 实用软件工程［M］. 北京：清华大学出版社，2010.

［6］ 李代平. 软件工程［M］. 北京：冶金工业出版社，2002.

［7］ 王安生. 过程改进方法与实践案例［M］. 北京：清华大学出版社，2010.

［8］ 吴清才，郑琪，王首一. 军用软件的工程研制与管理［M］. 北京：国防工业出版社，2013.

［9］ 汤铭端. 航天型号软件研制过程［M］. 北京：宇航出版社，1999.

［10］ Nancy Leveson. The Role of Software in Spacecraft Accident［J］. AIAA Journal，Spacecraft and Rocket，2004.

［11］ Marcello Spagnulo，Rick Fleeter，Mauro Balduccini，等. 航天项目管理——方法与工具［M］. 周建平，译. 北京：国防工业出版社，2013.

［12］ 王忠贵. 载人航天工程软件工程化论文集——从个体开发到工程化研制［M］. 北京：中国宇航出版社，2013.

［13］ 杨海成，乔永强，等. 航天型号软件工程［M］. 北京：中国宇航出版社，2012.

［14］ 程华颜，等. 宇航软件标准体系框架探析［J］. 质量与可靠性，2008（4）：45－49.

[15] 苗宇涛，等. ECSS 产品保证标准体系 [J]. 航天标准化，2012 (1)：29 - 34.

[16] 载人航天工程办公室. 载人航天工程软件工程化技术标准 [S]. 2014.

[17] Software Engineering Institute. CMMI for Development，Version 1. 2 - Improving Processes for Better Products. CMU/SEI - 2006 - TR - 008，Carnegie Mellon University，Pittsburgh，2006.

[18] Johnson P. ISO 9000 Meeting the New International Standards [M]，MCGraw - Hill，1993.

[19] NASA. Software Safety Guidebook [S]. NASA - GB - 8719. 13，2004.

[20] NASA. NASA System Engineering Processes and Requirements [S]. NPR 7123. 1B，2013.

[21] NASA. Software Engineering Requirement [S]，NPR 7150. 2A，2009.

[22] NASA. Software Engineering Handbook [S]，NASA - HDBK - 2203.

[23] NASA. Software safety standard [S]，NASA - STD - 8719. 13C，2013.

[24] Space engineering：software [S]，ECSS - E - ST - 40C.

[25] Space productassurance：Software product [S]，ECSS - Q - ST - 80C.

[26] Space project management：configuration and management [S]，ECSS - M - ST - 40C.

[27] 中国航天科技集团公司. 航天型号软件工程化要求 [S]. 中国航天科技集团公司标准 Q/QJA - 30，2013.

[28] 中国航天科技集团公司. 航天软件产品质量问题归零实施要求 [S]. 中国航天科技集团公司标准 Q/QJA10，2002.

[29] 中国人民解放军总装备部. 航天型号软件 C 语言安全子集 [S]. 中华人民共和国国家军用标准 GJB5369，2005.

[30] 刘斌. 软件验证与确认 [M]. 北京：国防工业出版社，2011.

[31] Glenford J Myers，Tom Badgett，Corey Sandler. 软件测试的艺术（第 3 版）[M]. 张晓明，黄琳，译. 北京：机械工业出版社，2012.

[32] 徐晓春，李高健. 软件配置管理 [M]. 北京：清华大学出版社，2002.

[33] 赵延弟. 安全性设计分析与验证 [M]. 北京：国防工业出版社，2011.

[34] 古天龙. 软件开发的形式化方法 [M]. 北京：高等教育出版社，2005.

[35] 权巍，李莉，徐晶. 基于模型的软件开发方法 [M]. 北京：国防工业出版社，2011.

[36] Peter HFeiler，David P Gluch. Model – Based Engineering with AADL [M]. United States：Addison – Wesley，2012.

[37] 蔡铭，程胜，王瑞. 航天型号高可靠软件系统调试原理与技术 [M]. 北京：中国宇航出版社，2008.

[38] Clifton A Ericson. 危险分析技术 [M]. 赵延弟，焦健，等，译. 北京：国防工业出版社，2012.

[39] 张万军，郑宁，等. 基于 CMMI 的软件工程及实训指导 [M]. 北京：北京交通大学出版社，2011.